自 然 文 库
N a t u r e
S e r i e s

A New History of Life

The Radical New Discoveries
about the Origins and Evolution of Life
on Earth

新生命史

生命起源和演化的革命性解读

〔美〕彼得·沃德　　乔·克什维克 著

Peter Ward　　Joe Kirschvink

李虎　　王春艳 译

吴倩 审校

商务印书馆
The Commercial Press
创于1897

A NEW HISTORY OF LIFE

The Radical New Discoveries about the Origins and Evolution of Life on Earth

目 录

前言 ……… i

第一章　辨别时间 ……… 1

第二章　形成一颗类地行星：46亿～45亿年前 ……… 8

第三章　生、死和新发现的中间状态 ……… 23

第四章　形成生命：42亿～35亿年前 ……… 40

第五章　从起源到氧化：35亿～20亿年前 ……… 65

第六章　漫漫长路，肇造动物：20亿～10亿
　　　　年前 ……… 92

第七章　成冰纪与动物的演化：
　　　　8.50亿～6.35亿年前 ……… 104

第八章　寒武纪大爆发：6亿～5亿年前 ……… 128

第九章　奥陶纪—泥盆纪动物大扩张：
　　　　5.0亿～3.6亿年前 ……… 159

第十章　提塔利克鱼和进军陆地：
　　　　4.75亿～3.50亿年前 ……… 179

第十一章　节肢动物时代：3.5 亿～3.0 亿年前 ⋯⋯⋯206

第十二章　大灭绝——缺氧与全球停滞：

2.52 亿～2.50 亿年前 ⋯⋯⋯230

第十三章　三叠纪大爆发：2.52 亿～2.00 亿

年前 ⋯⋯⋯246

第十四章　低氧世界的恐龙霸权：

2.3 亿～1.8 亿年前 ⋯⋯⋯268

第十五章　温室性海洋：2 亿～6500 万年前 ⋯⋯⋯303

第十六章　恐龙之死：6500 万年前 ⋯⋯⋯321

第十七章　姗姗来迟的第三哺乳动物时代：

6500 万～5000 万年前 ⋯⋯⋯333

第十八章　鸟类时代：5000 万～250 万年前 ⋯⋯⋯348

第十九章　人类和第十次大灭绝：250 万年前

至今 ⋯⋯⋯358

第二十章　地球生命：可知的未来 ⋯⋯⋯376

注释 ⋯⋯⋯388

新生命史：生命起源和演化的革命性解读

前言

任何形式的历史，大概都是学生最厌恶的学科。对此，最交心 1
的检讨来自詹姆斯·洛温（James Loewen）的著作《老师的谎言》
（*Lies My Teacher Told Me*）[1]。他的结论可以用一个词来概括："无
关"。洛温写道："历史课本讲的故事，都是可以预见的；每一个问题
要么已经解决了，要么即将解决……作者们几乎从没有**将今论古**——
因为对于历史课本的编写者来说，当下不是其信息的来源。"

洛温的意思非常明确：在现在高中所教的美国历史中，过去和当
下是断裂的，这样一来，历史对我们的日常生活就没有影响，也毫不
相关。然而，这个结论大错特错，特别是对于生命的历史而言——生
命的历史是如此地古老，它镌刻在岩石中、分子中、模式以及每个细
胞的 DNA 链之中。它的中肯在于它给了我们方位和背景。只要我们
以（此）史为鉴，警钟长鸣，生命的历史还很有可能拯救我们免于近
期的灭绝。

20世纪60年代早期，美国大作家詹姆斯·鲍德温（James Baldwin）写

道："人类困于历史，历史也困于人类。"[2] 他写下这些话的时候，指的是种族问题。但如果把"人类"替换成"古今地球众生"，这个说法也同样成立——因为我们每个细胞里的每一条 DNA 链都是生物史的一段古老的记录，它们写在简单的密码里代代相传。可以说，DNA 就是历史，它是在亿万斯年之中历经了最无情的自然选择后，慢慢地融合积累而成的一种物质性体现。DNA 是我们身体深处的历史，它同时还是我们的主宰、是我们身体的蓝图，并且发号施令，决定着可以把什么遗传给孩子们，它们是保佑我们的幸运礼物，也可能是夺命的定时炸弹。我们的确深陷于这一特殊的历史载体之中，就像这种载体被困囿于我们的身体一样。

2　　　生命史，为我们面临的许多令人困惑的问题提供了答案：**我们人类如何得以栖身于生命巨树那后生的、边缘性的细枝上？我们这一物种，需要经历怎样的战争？** 40 亿年生命古树上的人类分枝中，有哪些标志性的灾难？历史可以很好地**帮助我们理解**人们在两千万乃至更多的现存物种（以及数十亿已经灭绝了的物种）中的位置。当一个物种不复存在，同样被摧毁的还有说不尽的未来物种的不能实现的演化。

　　在本书中，我们将回顾让我们走到今天的漫漫长路，以及久远的祖先不得不经受的长久试炼：火焰、冰雪、来自太空的撞击、有毒气体、捕食者的獠牙、残酷的竞争、致命的辐射、饥馑、栖息地的剧变，以及在不断殖民这颗行星所有宜居角落的过程中发生的一次次战争与征服的插曲——每一段插曲都在现存的 DNA 中留下了它的印记。每一次危机和冲突都是一次历练，它们通过增加或减少各种基因的方式来改变基因组；我们中的每一位，都是幸存者的后裔，我们的祖先

　　　　　　　　　　　　　　新生命史：生命起源和演化的革命性解读

都曾被灾变所历练，被时间所淬火。

关注生命史，还有第二个（或许更为重要的）原因，可以概括为诺曼·库辛（Norman Cousins）的一句话："**历史是一套庞大的危机预警系统。**"[3]这种智慧，可以回溯到不久之前"冷战"快要结束的时候。新世代的人们很少知道"在20世纪50年代和60年代长大"是怎样一种体验——当时每周的午间防空警报测试，告诉了我们这些孩子自己所处的黑暗时代，和世界末日的善恶决战之间只隔着一段警报，而深夜喷气式飞机的每一次微弱响动，都可能开启世界末日。

人类的战争不断重演，好像丧钟无休无止地在身体上、经济上和情感上，对人类连连敲响。从很多角度来说，生命史与人类的冲突和战争之间，具有不容否认的相似性。**捕食者**共同演化发展出进攻性的武器（更尖锐的爪牙、毒气袭击，甚至是用来捕获、杀死那些被当作食物物种的带倒钩的毒牙），导致**被捕食者**同样快速地进行反制，包括更好的身体防护、速度、隐蔽能力，有时也会出现防御性武器——这一切在技术上被称为"生物军备竞赛"。许多演化中的大事件都无法重演；演化过程花费了漫长的时间，将很有竞争力又高效的生物填满整个生物圈，使之难以重演，比如寒武纪大爆发的时候，所有的动物身体构造变为现实。但是可能重演的，是生存与多样化对跖（正相反）事物，例如灭绝，或者是"大写"的**灭绝**——深邃地质时间中可怕的大灾变——**大灭绝**。

随着我们排入大气中的每一个二氧化碳分子，我们都在忽视一个早期的警报：二氧化碳含量快速增长，是亘古以来那十次大灭绝时的常态，也是当代正在发生的事情。造成那些大灭绝的原因，并不是小行星撞击，而是爆发般快速增加的大气温室气体，以及它们造成的全球变暖。本世纪已经兴起了关于大灭绝的一个可怕的新范式：人们公然选用了"温室效应大灭绝"这样一个名字，来描述历史上**消灭绝大多数物种之大灭绝**的原因。[4]

温室灭绝在何时、何地及如何发生的证据，现在正通过庞杂多样的各种数据，向我们厉声报警。对于那些听到警报的人来说，危险似乎千真万确。前事不忘，后事之师。然而，已经有太多的人忽视或错失了历史中浩瀚的道德故事，从而也可能失去未来。生命的历史提供了一个危机预警系统，告诉我们必须减少人为排放的温室气体，可是，人类自己的历史又告诉我们，我们**很可能**既不会留意这些警告，也不会逆转这些损害，直到一连串由气候引发的人类大规模死亡事件让我们别无选择。

从所谓的深时中发掘的科学信息，是气候变化之争中最常被忽视的一个方面。关于历史，乔治·桑塔耶拿（George Santayana）写下了最脍炙人口、有些老生常谈的格言："忽视历史的人，注定重蹈覆辙。"[5] 鉴于大气二氧化碳水平升高导致大灭绝的清楚历史，而大气二氧化碳在不久的将来，将快速接近这种状况，无论如何，我们需要特别重视桑塔耶拿预言中的话："注定"。

4   《新生命史》中有哪些新东西？

单纯一本书，无法公平地论述生命的历史。我们必须有所选择，而这些选择在很大程度上取决于我们围绕着"新"这个字所展开的行动。上一本"完全的"单卷本生命史成书于 20 世纪 90 年代中期：

新生命史：生命起源和演化的革命性解读

即精致而畅销的《生命简史：地球上最初四十亿年生命的自然志》[6]，作者是英国古生物学家兼科学作家理查德·福提（Richard Fortey）。他的成就惊人，阅读此书仍然大有乐趣——虽然这本书现在出版了已经快 20 年。不过，因为科学前进得太快，当时不为人知的许多事情，已经呈现在我们面前。甚至有两个科学学科在 20 世纪 90 年代中期几乎不存在：天体生物学和地质生物学。这些手段上的进展引领了全新的认知，以前岩层出露中包含的未知年代或类群的化石也逐一为人所知，甚至关于"科学是怎样形成"的社会学，都发生了改变，因为最重要的科学突破被认为发生在各学科的边界处，像是早期权威而熟悉的地质学、天文学、古生物学、化学、遗传学、物理学、动物学和植物学等。这些学科在大多数大学里都被象征性地分入了他们各自的院系，不仅每一个学科都是一个拥有自己的条律和界线的专业，而且其整个领域也有自己的术语和偏好的手段来传播研究中得到的信息。

在接下来的几页，我们利用了三个主题，作为我们挑选出来描述历史的磁石，希望能吸引读者。首先，我们认为生命的历史受灾难的影响大过其他外因，包括由查尔斯·达尔文（Charles Darwin）首先发现的缓慢、逐渐的演化——这些是基于持**均变论**的主流导师们对他的教育。最先由詹姆斯·赫顿（James Hutton）和查尔斯·莱伊尔（Charles Lyell）在 18 世纪末所阐发的均变论原则，指导地质学超过两百年。[7]这些原则被传授给了包括查尔斯·达尔文[8]在内的年轻一代博物学家，最终对他们产生了最主要的科学影响。6500 万年前，小行星撞击我们的行星，导致恐龙灭绝，对这一事实的发现带来了朝 5

向（有时被称为）"新灾变论"[9]的范式变迁，是对均变论之前的"灾变论"范式的一种继承发扬。

第一条主题，正如我们在书中所展示的：（所谓既适用于远古世界，又适用于演化的模式和节奏的）**均变论**已经过时，基本上被驳倒了。现代世界**并不是**解释很多史前时代和事件的最好工具，因为这些时代与事件是突然的，而非渐进的。举例来说，没有任何现代的例子可以用来解释"雪球地球""大氧化事件"，或者持续了超过十亿年、阻碍动物等级复杂性之初次演化的富硫"坎菲尔德海洋"（Canfield oceans）。甚至杀死恐龙的 K-T（白垩纪—第三纪）大灭绝（现在变成了 K-Pg 界线，或白垩纪—古近纪界线，不过希望同行们原谅我们可能会坚持使用听起来更顺耳、也广为人知的 K-T 界线）——如今也是前无古人，迄无来者；允许地球上出现生命的这种大气与海洋类型，也是如此古今无双；此外，大气二氧化碳水平也没有高到让这地球上无冰可寻。现代，不是理解大部分历史的钥匙；事实上，现代甚至很难说是理解**更新世**（Pleistocene）的钥匙。误以为可以"以今解古"，限制了我们的眼界和认知。

第二，虽然我们可能是以碳为基础的生命，由"长链"的含碳分子（碳原子串在一起形成了蛋白质）组成，但是对生命历史有着巨大影响的，其实是三种不同种类的（简单气体）分子，即氧气、二氧化碳、硫化氢。实际上，硫可能是所有元素中，对于追溯这颗行星上生命的性质和历史来说最为重要的元素。

最后，虽然生命的历史是由各类物种构成的，但同样生态系统的演化，是到达今天这种生命群落现状的最重要的影响因素。珊瑚礁、

新生命史：生命起源和演化的革命性解读

热带雨林、深海"烟囱"动物群，还有许许多多——每一个都可以看作是漫长世代中、同一脚本下不同演员演的一场戏。然而，我们知道，史前有时会出现全新的生态系统，充满新型种类的生命。鹰击长空、鱼翔浅底，万类霜天竞自由。这些会飞翔、会游泳或会行走的生命的出现，每一个都是演化变革中的主要转变，这些转变可以改变世界，每一种情形又都会有助于创造一种新的生态系统。

6

我们带来了什么？

作者的背景，影响着他所书写的任何一段历史的内在偏好。彼得·沃德（Peter Ward）从 1973 年开始从事古生物学研究，其著述广泛地涉及现代与古代的头足类动物，以及脊椎动物与无脊椎动物的大灭绝。乔·克什维克（Joe Kirschvink）是一位地质生物学家，他最初的工作是研究关于前寒武纪—寒武纪的过渡，不久便扩展到了更久远的时代（大氧化事件），以及成为了"雪球地球"（生命史主要的部分）的发现者。我们后来一同研究了泥盆纪、二叠纪、三叠纪—侏罗纪，以及白垩纪—第三纪（这段时间最近被重命名为古近纪）的诸次大灭绝。

从 20 世纪 90 年代中期开始，我们就一起进行野外考察。旅程罗列如下：1997 年到 2001 年在南非研究二叠纪大灭绝；在下加州、加州和温哥华岛地区研究晚白垩纪菊石类；在夏洛特皇后群岛研究三叠纪—侏罗纪大灭绝；在突尼斯、温哥华岛、加州、墨西哥和太平洋研究 K-T 界线处大灭绝；在澳大利亚西部研究泥盆纪大灭绝。

我们有意把在这本书中所要表达的内容，着力表现为一种配合默契的"二重奏"，但其中包含只是我们中一人"特别"认同的段落，那是因为这些话题十分接近我们的某些具体的兴趣，或者是因为构成了我们所报告的某些科学问题不可或缺的部分。

名称与术语

我们前面提到，地球上的生物有数百万种。大多数研究生命的学者都承认，当前正式定义的物种（要求种名、属名皆备）数量很可能还不到现有实际生物的 10%。[10] 那么，过去曾有过多少物种呢？肯定数以十亿计。这使得为其编史的任务，令人望而生畏。古生物学、生物学和地质生物学，都有着完备而十分具体的术语词库，而我们的工作就是用简明易懂的语言去解释大量的复杂术语。或者举个例子，对于 NASA 这种词语来说，我们的工作就是去解释这些无穷无尽的缩写字母：NASA，美国国家航空航天局。也许更令人望而却步的是，我们还有必要去引进那些大大小小的生物的拉丁名，因为正是它们创造了，并且时刻延续着地球上生命的历史。

最后，我们要鸣谢众多在我们撰写本书过程中给予帮助的人。但是沃德特别想朗声致谢两位对他有深刻影响的科学作家：罗伯特·伯纳（Robert Berner），您在氧气和二氧化碳方面的研究工作对我们写作本书绝对不可或缺，还有高产的科学家兼作家尼克·莱恩（Nick Lane），您的著作都做到了极致的明晰和洞彻，您的工作至少深刻地影响了合著者之一，您的这些著作现在仍然具有突破性和当代性。[11]

　　　　　　　　　　　　新生命史：生命起源和演化的革命性解读

第一章 辨别时间

直到近来，生命的历史仍然在使用一把晦涩难解的时间标尺，衡量它的不是"年"，而是散布在地壳中的岩石的相对位置。在这一章，我们将审视"地质年代表"这一用来揭示地球上生命历史的相对顺序的工具。

"地质年代表"是一套老迈欲坠的旧装置，由19世纪的规则和当前的欧洲规矩结合在一起。新一代的地质学家，不喜欢这一时标相关的一系列陈旧且古板的规矩，但受过旧传统教育的、日渐老迈的地质学家们，仍然在要求年轻人使用这一时标。直到今天，任何改变都必须经过各种委员会[1]的批准；所有时间单位都必须匹配"标准剖面"（type section）——最能代表给定时段的一套真实的沉积岩（sedimentary rocks），标准剖面应该容易获取，并且必须不受构造作用、高温和"结构"复杂性（如断层、褶皱和其他对原始水平的沉积床的微妙混搅）干扰。标准剖面不应是倒置的（这比大家想象中的更经常发生），应该具有大量的化石（宏观和微观），也应该具有可以通过联合应用放射性测年、磁性地层学或某种形式的同位素年代测定（如碳或锶同位素地层学）来测定"绝对"年龄（实际的年份）的矿床、化石标本或矿物。

这个时标是复杂的，也常常是无用的——当有人说某一块岩石的年龄是侏罗纪，他们实际上指的是，讨论中的这块岩石和在欧洲侏罗山上指定的侏罗系标准剖面是一样的年龄。但是，为了能通过化石获取岩石的年龄，也为了能彼此交流岩石的实际年龄，我们这些地球史和生命史学家必须使用这个时标。尽管比起"基于它们在成堆沉积岩
9 中的相对位置对事件和物种进行定年"，我们可以使用更现代的工具[2]（包括使用同位素确定化石的实际年龄，如利用著名的碳14，或利用各种元素在岩石中的已知衰变率，进行其他类型的放射性定年）。但是，允许应用这种绝对测年方法的化石地层或化石的构成材料，事实上非常少见。通常我们只有化石的内容物可用，而只能从其中得出岩石的年龄。

地质年代表不仅仍然是为地球上所有岩石定年的主要工具（按其年龄分类，而不是按其岩性特征分类），也是为生命历史事件定年代的方法。因为地质年代表使用复杂的名称和看似随机而不同的时段，它仍然是一个彻底的 19 世纪的工具。阻碍它发展的，与其说是它的发展方式，不如说是它在形式化和成文过程中的死板和官僚风气。一直到了最近十年，人们才增加了新的地质"纪"：8.50 亿到 6.35 亿年前的成冰纪（the Cryogenian period），和紧跟着的从 6.35 亿到 5.42 亿年前的埃迪卡拉纪（the Ediacaran period）。这两个**新时代**的编列完成和频繁使用，对于重新理解生命历史至关重要。

得出 2015 年的地质年代表

18 世纪上半叶，既是**地质科学诞生**的时代，也是我们现在所知的**地质年代表**形成的时代。在这段时间，人们定义了各种代（eras）、世（epochs）和纪（periods），并以此取代了更古老的体系[3]。1800 年之前，人们认为在地球上观察到的各类岩石都各有其特定的一个年龄。人们认为坚硬的火成岩和变质岩，即所有山脉和火山的核心，是 10 地球上最古老的岩石。沉积岩系的年代较近，因为它是一系列洪水淹没世界（world-covering floods）所导致的结果。这个观点叫作水成论（Neptunism），它曾盛极一时，甚至发展到认为特定类型的沉积岩本身具有特定的年龄的程度。从欧洲次大陆北部的边界延续到亚洲的、无处不在的白垩地层，被认为形成于同一个时代，它不同于砂岩（sandstones），又不同于更细的泥岩（mudstones）和页岩（shale）。但 1805 年的一个发现改变了这一切。威廉·"地层"·史密斯（William "Strata" Smith）[4]第一个认识到决定岩石年龄的不是岩石类型的顺序，而是岩石内部能够联系远隔四方岩层的化石顺序。他指出，各种不同的岩石类型，可以有不同的年龄——而在相隔辽远的诸地，可以发现相同化石类型的演替。

动物区系演替（faunal succession）原则为构建**现代意义上的时间标尺**打开了大门。[5]打开这扇大门的钥匙就是生命——以化石形式保存的生物，以及化石内容物的相对差异，可以用来区分地球表面的一系列岩石。其中，最大的一处区分，就是在通常存在化石的岩石的下方，那些没有化石的古老岩层。最古老的承载化石的时间单位被命名为寒武纪（Cambrian，以英国威尔士一部落的名称命名），所有比之更古老的岩石，因此都被称为前寒武纪（Precambrian）。从寒武纪向前看，携带化石的岩石被称为显生宙（Phanerozoic）岩石，显生宙即"显现生命的时代"。动物演化出来之前的最后一个时代是元古宙，再往前是太古宙（Archean）和冥古宙（Hadean）。

人们均基于化石所含的内容，很快定义了显生宙。经过几十年真正的**科学地**对化石进行收集、管理和"记账"（某些具体的化石类别最先和最后出现的记录汇编），我们看到显生宙分为三个主要的时间段和岩石累积。最古老的称为古生代（或古老的生命时代），居中的是中生代，最近的是新生代。

甚至在这些代确定之前，人们就已经定下来了大多数如今仍在
11 使用的纪的名称。依次是寒武纪、奥陶纪（Ordovician）、志留纪（Silurian）、泥盆纪（Devonian）、石炭纪（Carboniferous；这是欧洲的用法；在北美，石炭纪分为密西西比纪和宾夕法尼亚纪）和二叠纪（Permian），它们组成了古生代；三叠纪（Triassic）、侏罗纪和白垩纪（Cretaceous）组成了中生代；古近纪（Paleogene）和新近纪（Neogene，原第三纪），以及第四纪（Quaternary）组成了新生代（Cenozoic）。

至1850年，各纪已基本确定，人们很少再接受新的纪。尽管19世纪后期，许多地质学家都试图通过定义一个全新的纪来获得荣誉，但到了那个时候，已经只能靠"吞食"已经存在的纪才能实现。实际上，这样的尝试只有一次获得了成功，那就是1879年，英国人查尔斯·拉普华兹[6]在下伏的寒武纪和上覆的志留纪中"抠出"了一个奥

代	纪	（百万年）	代		纪	（百万年）
新生代	新近纪	0			埃迪卡拉纪	542
		23		新元古代	成冰纪	635
	古近纪	66			拉伸纪	850
中生代	白垩纪	145	元古宙		狭带纪	1000
	侏罗纪	200		中元古代	延展纪	1200
	三叠纪	252			盖层纪	1400
古生代	二叠纪	299			固结纪	1600
	石炭纪	359		古元古代	造山纪	1800
	泥盆纪	416			层侵纪	2050
	志留纪	444			成铁纪	2300
	奥陶纪	488		新太古代		2500
	寒武纪	542	太古宙	中太古代		2800
新元古代	埃迪卡拉纪	635		古太古代		3200
				始太古代		3600
			冥古宙			未定义
						4567

（左侧纵排：显生宙；右侧纵排：前寒武纪）

地质时间标尺的现有版本。（由菲力克斯·M. 格拉德斯坦等人更新。详见："A New Geologic Time Scale, with Special Reference to Precambrian and Neogene," *Episodes* 27, NO. 2（2004）: 83-100）

陶纪，他主张这些岩石理应有自己的地质年代，并且设法说服了足够多的地质学家认同其观点。那时，英国引领纪之命名的两位"斗犬"去世了（即命名了寒武纪的亚当·塞奇威克和命名了志留纪和二叠纪的罗德里克·默奇森），留给拉普华兹一个可以利用的所有权真空。所有这些地质学家都自视甚高，奋不顾身地为"他们的"纪而战斗。

就生命史来说，地质年代表**最重要的实质性变化**，是在元古宙中增加了成冰纪和埃迪卡拉纪，而元古宙是生命准备好了要推出动物的时代。但是，在动物（事实上是生物本身）演化出来很久以前，地球必须经历重大的改变，才能支撑生命。1990 年国际地层委员会（the International Commission on Stratigraphy, ICS）和国际地质科学联合会（the International Union of Geological Sciences, IUGS）这两个地质学名称裁决机构，批准了从 8.50 亿年前持续到 6.35 亿年前的成冰纪（Cryogenian period，来自希腊语中的"cold"和"birth"）。[7] 成冰纪构成了新元古代的第二个地质年代，紧随其后的是埃迪卡拉纪（与其他纪相比，同样是新设的）。正如我们将在接下来的章节中详细介绍的，在生命历史上，这两个时段都属于万物萌生的时代。埃迪卡拉纪得名于澳大利亚南部的埃迪卡拉山，它是新元古代和元古宙最后的地质纪，刚好位于显生宙中古生代的第一个纪（寒武纪）之前。2004 年，国际地质科学联合会批准埃迪卡拉纪成为官方正式的地质年代。[8]

这样构造出来的地质年代表，就是一盘 19~21 世纪的科学组成的"大杂烩"。它类似于生物学中对**生物分类**的处理，两者都是基于**历史主张、观察报告**以及**术语和定义的优先权**，又往往和新式的定义方法发生冲突。在后一种情况（生物分类）中，这种冲突既发生在时间方面，又发生在物种方面。正如 DNA 分析已经从根本上改变了我们的演化观，同样地，根据岩石及化石的叠覆关系来测定岩石年龄的新方法与旧的"相对"时标相互碰撞，而这些碰撞的结果往往相当严重。我们好奇一百年以后，特别是当现代的大学不再培养（现实定义地质年代所必需的）具有高水平化石鉴定能力的专家时，地质年代表会是什么样的？

新生命史：生命起源和演化的革命性解读

如果有类似电影《星际迷航》(*Star Trek*)里面的一些新工具,让我们仅仅通过轻触开关或进行扫描,就能测定所有岩石的年龄,那这就不会有大的影响。不幸的是,这种情形可能不会发生。岩石和它们的历史年代测定方法及定义把我们困囿在历史之中。这种地质年代表甚至被扩展运用到其他行星和卫星上,它们基于这些天体单位面积上的陨石坑的数量,而且每个天体也都有其独特的、我们必须要学习的地质术语。

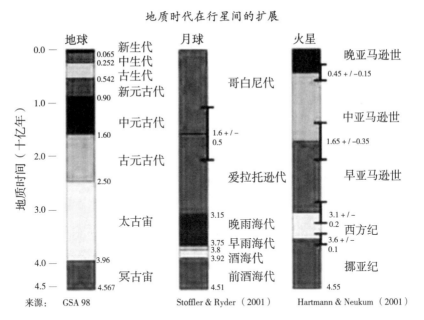

地质时代在行星间的扩展   13

来源: GSA 98   Stoffler & Ryder(2001)   Hartmann & Neukum(2001)

第二章　形成一颗类地行星：46 亿～45 亿年前

我们早已超越了文艺复兴时代最进步的思想家——**不再相信**"地球是宇宙的中心或太阳系的中心"，不再相信"地球是宇宙中唯一居住着智慧生物的地方"，以及"神通广大、肇造世界的上帝，按自己的形象造出来了这些智慧生物"。现在，我们知道，地球只是众多行星中的一颗；同样地，生活在地球上的生命可能也很寻常。对此的最新佐证，就是我们对类地行星（Earthlike planets, ELPs）的探索。每一年都有越来越多的类地行星被发现，[1]改变着人们对"宇宙生命是否常见"的讨论。但是，"类地行星"就意味着存在生命吗？首先，让我们来看一看地球经历了怎样的早期演化，才达到适宜生存的状态，并最终使得生命得以繁衍生息。

从 20 世纪 90 年代至今，两个非常具体的、范式变迁性的大变革席卷了学界，它们一起为地球生命的历史的研究提供了新观点。在此之前，地球历史学家很少注意到"我们的地球只是众多行星中的一颗"。同样地，也很少有人会关注到地球上的生命，因为他们认为浩瀚宇宙中只可能存在地球上的这一类生命。然而，发现环绕其他恒星运行的行星，从科学上和社会上彻底地改变了这种状况。[2] 这些发现造成了一种巨大的震动，挑战和超越了对研究地球以外的行星感兴趣的主要领域，如天文学和现在被称作（太阳）系外行星的地质学专业分支等，在生物学领域甚至是宗教领域都引起了强烈震动。太阳系外行星最早的发现者之一，杰夫·马尔西（Geoff Marcy）回忆道，在做出系外行星的重大发现之后，他接到的第一个电话竟然来自梵蒂冈（教廷）。深谙天文之道的天主教会，想知道这颗行星是否适宜生命存活，这将牵涉攸关宗教信仰的各种含义。

1992 年，人们发现了第一颗系外行星（围绕一颗脉冲星运行的行 15 星）；[3] 紧接着，1995 年发现了一颗围绕"主序星"运行的行星。生命在这种行星上演化，远比在围绕脉冲星的行星上更有利，因为脉冲星有一种恶劣的习惯，即定期向其绕轨行星发射强烈的脉冲，灭绝生命。

就在发现第二颗系外行星的一年之后，另一个不同寻常的天文发现进一步振奋了科学、政治和公共领域。那是一份关于火星[4]的陨石报告，据美国国家航空航天局的科学家推断，陨石里可能包含生物的指纹（甚至可能是微生物化石）。这些发现汇合起来，开启了天体生物学这个新领域。

人们把大量经费投入到（以前门庭冷落的）生命史课题研究中，研究以前被忽略的问题，比如研究地球上第一个生命的起源和性质。这个重大的改变始于约 1995 年，到了新世纪，生命史已成为最令人鼓舞的科学领域之一。它改变了科学，继而也改变了本书的主题：地球生命史，以及我们对其他行星**存在生命的可能性**和对"**其他**"生命 16 **之历史**的理解。

哪颗行星是类地行星？

它们都是——从46亿年前到70亿年后。

当谈到"类地行星"这个现在常用的词汇，我们应该思考我们讨论的是
"类哪一颗地球"：是类似历史上最早的地球——左上角，一个完全的"水
世界"？还是类似右下角，几十亿年之后当海洋都蒸发到太空中的地球？

　　如今，许多天体生物学家认同：地球是许多潜在的适宜居住的行
星之一，地球上的生命只是众多可能的化学配方之一。但是，等效于
地球现存动物和高等植物的复杂生物体，它们的许多需求，绝对不容
小觑！生命可能不是独一无二的（至少在复杂性方面）。但笔者之一
沃德认为，用"罕见"一词是恰当的，因而他的"地球殊异假说[5]"
认为：尽管宇宙中可能普遍存在微生物，但一颗环境稳定、在体系上，
特别是时间上允许最终演化形成**生命等价物**的行星，可能确实罕见。

什么是"类地行星"？

也许这就是"地球沙文主义"，也许宇宙中只可能存在像我们这样的生物。但不管怎样，寻找系外行星的核心目标就是找到其他的"地球"。问题就变成了去定义"类地行星"到底是指什么？我们对如今的地球都有一个概念：一个海洋占据主导的、绿色和蓝色的世界，我们的家园。但当我们回顾历史及展望未来，我们会发现，过去的地球和我们现在称作家园的地球完全不同，而未来的地球也会和今天大不一样。事实证明，"类地"不仅是一个"区位"概念，也是一个**时间**概念。

我们居住的行星到底是一颗什么样的行星？当前最关心这一定义的两个学科（天文学和天体生物学）对它有着各种各样的定义。涵盖最广的定义是，类地行星要具有岩石表面和高密度的核心。而其中最严格的理解则是，它应该具有对"我们所知道的生命"来说重要的必需因素，包括适宜的温度和允许在地表形成液态水的大气层。"类地行星"通常表示类似于现代地球的行星，但我们知道，地球自形成以来，在过去的45.67亿年里曾发生天翻地覆的巨变。在其历史的某些时期，我们自己的这颗"类地行星"完全不可能支持生命存在，并且在超过一半的历史 17 时间里，都无法支持如动物和高等植物这类复杂的生命存在。

事实上，在整个历史中，地球都是潮湿的。在1亿年的月球形成事件中，一颗火星大小的原行星撞击了地球大小的、仍在增长的天体，而那里有液态水。这是巧合吗？或者只是因为含水丰富的一颗颗彗星纷至沓来，砸到地球表面而造成的"来自外星的大洪水"所带来的后果？

证据见于小粒的锆石[6]中，这些锆石经放射性定年可追溯至44

亿年前。它们具有海水通过板块潜没过程被卷入地幔时形成的同位素指纹。虽然在地球历史的早期，太阳远没有那么大的能量，但在大气中已经存在足够的温室气体使地球保持温暖。不过，比来自太阳的热量更重要的是——地球上早期的火山活动的活跃程度，可能是现在的十倍，因此频繁从地球内部溢出大量热量，温暖了海洋和陆地。现在一些天体生物学家认为，当行星的热量降至远远低于地球历史上最初十亿年的温度之时，地球上的生命才可能发轫，这是认为地球生命有可能开始于另一颗行星（如火星）的众多理由之一。但是，在太阳系历史的早期，有另一颗类地行星：金星。

在历史早期[7]，金星应该曾位于太阳系的宜居区，但是由于失控的温室效应，金星现在的表面温度接近 900 ℉（约 500℃），这必然会杀灭殆尽其表面的生命（尽管有些人认为在它的大气层中可能有微生物，但在我们看来，这几率微乎其微）。相比之下，火星的地质记录清楚地表明，火星上曾经有过流动的水，甚至可以在主要河流和小溪中打磨出鹅卵石，并形成冲积扇。[8] 现在，液态水消失了、冻结了，或者只表现为其**接近真空状态的大气层**中的稀薄水蒸气。可能是火星较小的质量阻碍了其地壳循环中必不可少的板块构造过程，降低了其金属核心的热梯度，而这是形成保护大气层的磁场所需要的；而火星距离太阳更远，使得它更容易陷入永久的"雪球地球假说"状况。如果火星上存在过生命，它有可能仍然存在于其地下，由放射性衰变的轻微地质化学能量支撑着。

18　　　约 46 亿年前[9]，黄道面上的大小"星子"或岩石和冰冻气体浓缩聚结的小天体形成了原始地球（黄道面是指所有行星运行轨道所在的平面空域）。而 45.67 亿年前（这是相当精确的年代，数字也很容易记），一

　　　　　　　　　　　　　新生命史：生命起源和演化的革命性解读

颗火星大小的天体撞上了原始地球，导致两颗行星的镍铁核融合为一，并且从其后短暂存在的硅蒸气"大气"中凝聚形成了月球。在这颗新行星形成之后的几亿年间，不断遭受着流星的猛烈撞击。

地球的成形曲面具有岩浆一般的炽热温度，以及在这一阶段流星猛烈撞击所释放的能量，必然给生命造成极其恶劣的条件。[10] 约44亿年前，单单巨型彗星和小行星持续不断的撞击所带来的能量，就足以让地表的温度融化所有表层岩石，并使其保持熔融状态。水没有机会在地表以液态的形式存在[11]。

在最初的聚结后不久，这颗新行星就开始迅速发生改变。大约45.6亿年前，地球开始分成不同的层。最内层的区域（主要由铁、镍组成的地核）被低密度区域（即地幔）包围着。在地幔外面，形成了一层薄且迅速硬化的地壳（由密度更低的岩石组成），而天空中充斥着厚重混沌的蒸气和二氧化碳。尽管地球表面没有液态水，但地球内部锁住了大量的水，水也以蒸气的形式大量存在于大气中。随着较轻的成分向上沸腾，较重的成分向下沉积，水和其他挥发性化合物从地球内部排出，增添到大气中。[11]

早期的太阳系有着数颗新形成的大行星，以及大量未纳入大行星形成的碎块，它们都围绕太阳公转。但它们的轨道，并不都像现今大行星所遵循的那样——稳定的、低偏心率的椭圆。其中很多轨道极其偏斜，而且很多与大行星的轨道交叉在一起。因此，太阳系的所有"地产"都受到了宇宙"炮弹"的猛烈轰击，42亿到38亿年之前更是如此。这些小天体——特别是彗星，可能对地球上的水平衡做出了贡献，但这是一个大有争议的主题。我们实在不知道天体撞击给早期的地球带来了多少水。最近发现，从月球上带回的样本中所存在的微量水，匹配地球上的大多数水体样品，这或可表明，地球大部分水圈和大气圈，曾经溶解在地球被一颗火星大小的原行星撞击后形成的全球性岩浆海洋中。

但碰撞发生的时候，任何当时存在的生命，肯定都会付出代价。美国国家航空航天局（NASA）的科学家构建了这种撞击事件的数学模型。一颗直径 500 千米的天体撞击地球，将导致难以想象的大灾难。地球岩石表面的大片地区会蒸发，创造出过热的"岩气"云，或者数千度高温的蒸气。正是大气中的这种蒸气，气化了整个海洋，在海底留下熔盐浮渣。因为向太空发出辐射，地球将发生降温，但这个事件发生之后至少几千年内，地表落下的雨都不足以填满一片新的海洋。一颗大如得克萨斯州的行星或彗星产生的撞击，可以蒸发一万英尺深的海洋，同时在此过程中消灭地球表面的生命。[12]

约 38 亿年前，即使地球已经度过最糟糕的"流星撞击的岁月"，其遭到猛烈撞击的频率仍然高于近代。因为当时地球的自转速度更快，所以一天的长度也不同——不到现在的 10 个小时。太阳与今相比显得很黯淡，也许只是一颗热量不多的大红球，这不仅是因为它燃烧产生的能量远低于今天，还因为它的光必须通过有毒的、混沌的地球大气，而当时组成大气的是滚滚的二氧化碳、硫化氢、蒸汽和甲烷，大气层或海洋中还未包含氧气。天空本身可能是橙偏砖红的颜色，而几乎覆盖了地球表面的海洋，是泥泞的棕色。但它是一处包含气体、液态水和岩石外壳的不动产，拥有无数矿物、岩石和各种环境——亦包括现在被认为是**生命演化必不可少的两部分**：制造许多"零件"，然后在一间"厂房"中把它们组装在一起。

　　　　　　　　　　　　新生命史：生命起源和演化的革命性解读

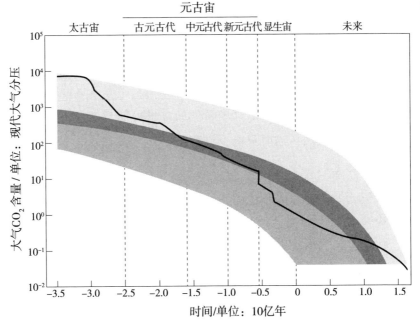

历史上（以 10 亿年为单位）和未来估计的二氧化碳与现代大气分压之比，横坐标"0"代表了当今的时间。

必要的生命保障系统及其历史

大气中要有足够的"还原性"气体才能形成生命起源前的分子，即地球生命的基石，这是地球生命起源最关键的先决条件之一。这个被称为氧化还原的化学过程可以记为"失去电子—得到电子"。这指 21 的是一种化合物失去电子被氧化，或得到电子被还原的过程。电子就像钞票，可以兑换成能量：在氧化过程中，为了获得能量，就要"支付"电子；在还原过程中，获得电子就像把"钞票"存入银行，这笔钞票的形式是能量。例如，石油和煤炭就是"已还原的"。也就是说，这些燃料在"银行"里存有大量的能量，当我们燃烧它们使其氧化时，这些能量就会释放出来。换句话说，我们将它们氧化，这个过程中产生了能量。

早期的地球大气层由什么成分构成，是一个有争议的话题，人们进行了大量的研究。虽然其中氮气的含量可能与今天接近，但丰富多样的证据表明，当时只有少许氧气，甚至没有氧气，而二氧化碳的含量远远高于今天，这一富含二氧化碳的大气层通过高出今天一万倍的二氧化碳气压带来的超级温室效应，创建了如同桑拿房一般的环境。[13]

如今，我们的大气由78%的氮气、21%的氧气和不到1%的二氧化碳及甲烷构成——而这种构成似乎是比较新的。很明显，大气可以相对迅速地改变其成分，尤其是改变那极小的1%的成分，包括二氧化碳和甲烷这两种所谓的温室气体（还有水蒸气），其重要程度要远远超过它的大气丰度。

元素循环和全球温度

人体需要大量复杂的过程来支持我们称之为"生命"的奇怪状态。这些系统中有许多涉及碳元素的移动。以类似的方式，碳、氧和硫元素的迁移运动，构成了维持适合生命稳定存在所需的地球环境的关键方面。其中，最重要的是碳的循环。

碳经历着固态、液态和气态的活跃循环。碳在海洋、大气和生物中的迁移，被称为**碳循环**。正是这种迁移，具有最关键的、通过改变温室气体的浓度来改变行星温度的作用。我们所指的碳循环，由两个

22

新生命史：生命起源和演化的革命性解读

不同的（但有交集的）循环构成：短期碳循环和长期碳循环。[14] 短期碳循环由植物主导。植物在光合作用过程吸收二氧化碳，其中一些碳作为植物组织被"锁了起来"，这样的碳是还原性的化合物，因此蕴含着可以释放的丰富能量。当植物死亡或枝叶飘落，碳便转移到土壤中，然后进入土壤微生物、其他植物或动物的体内，再次转化为其他含碳化合物——在这里，还原态的碳化合物被氧化，使得发生氧化过程的生物获得能量。

同时，生物体也将其他含碳分子转换为可以产生能量的还原态。通过食物链，这些现在处于还原态的碳可以被氧化，然后以二氧化碳气体的形式，被动物或微生物呼出，从而重新开始循环。但是其他时候，植物或动物组织中仍然封存着能量丰富的还原性碳，它们可能被掩藏起来不被其他生物消耗掉，从而变成地壳中巨大的有机碳储蓄库的一部分。如此一来，这种碳便不再是短期碳循环的一部分。

第二类碳循环，即长期碳循环，涉及的转化类型大不相同。最重要的是，长期碳循环涉及碳从岩石转移到海洋或大气中，再迁移回来的过程。完成这种迁移的时间尺度通常是百万年。这种碳在岩石内外迁移的过程，比起短期碳循环，会引起地球大气层更大的变化，因为岩石中所储存的碳，要多于海洋、生物圈（生物的总和）和大气层的碳的总和。这似乎令人惊讶，因为单单生命体的数量就是巨大的。但耶鲁大学的鲍勃·伯纳（Bob Berner）计算过，如果地球上每一株植物都突然被烧毁，植物体内所有的含碳分子都进入大气层，这种短期 23 碳循环会使大气中的二氧化碳含量增加约 25%。相比之下，在过去的长期变化中，二氧化碳的上下波动范围则超过 1000%。

地球碳循环的一个重要方面与碳酸钙（或称为石灰岩）有关。这种普通的地球物质，构成了大部分有骨架的无脊椎动物的骨骼。它也存在于微小的浮游植物（颗石藻）中，其骨骼堆积形成的沉积岩即白垩岩。颗石藻的骨骼是使地球宜居的重要成分，因为它们有助于将温度长期控制在稳定的水平。由于板块构造理论中的俯冲过程，一些白垩岩最终被板块构造输送带传送到俯冲带，即地球地壳的长凹陷处，在这里海洋地壳下沉进入地球内部。地表之下数英里，即远低于海底表面的地方，有足够的热量和压力引起钙质和硅质骨骼发生改变，形成新的矿物，如硅酸盐以及二氧化碳气体。然后，这些矿物和炽热的二氧化碳气体形成上升的岩浆，回到地球表面。岩浆中富含气体，矿物质以火山岩浆的形式被挤压出来，于是气体被释放进入大气层中。

这就是碳循环的关键过程。二氧化碳转化为活体生物组织，最终腐烂，帮助其他种类的动物和植物形成骨架，最终在地球深处熔合成熔岩和气体，然后回到地表，重新循环。因此，长期碳循环对大气的气体成分有着巨大的影响，而大气的气体成分在很大程度上控制着全球温度。由于决定海底有机物骸骨中碳酸盐和硅酸盐数量和形成速度的关键是沉积物的埋藏、侵蚀以及化学风化的过程，所以，最终塞入潜没带"饥饿的胃里"的矿物质数量，将决定有多少二氧化碳和甲烷通过火山泵回大气层。于是，这整个过程主要由生命所控制，也最终使地球上的生命得以存在。它不仅决定了大气浓度，还产生了一种所谓的"行星恒温器"，因为这个循环中有一个可以调节地球长期温度的反馈机制。

新生命史：生命起源和演化的革命性解读

这个"行星恒温器"是这样运作的:

我们假设,地球火山喷涌出来的二氧化碳总量增加,导致更多的二氧化碳和甲烷进入大气中;进入上层大气后,这些分子使得热量首次以阳光的形式到达地球表面之后,从地球表面上升,又反射回地球,这就是温室效应。随着更多的热量被困在大气层中,整个地球的温度上升,在短期内造成更多的液态水蒸发为水蒸气,而水蒸气本身也是大气层中的一种温室气体。然而,这种变暖造成了有趣的结果:随着气温的升高,化学风化的速率加快。这对硅酸盐矿物的风化而言是最重要的。正如我们所见,风化过程最终导致形成了碳酸盐或其他新型硅酸盐矿物,但风化过程本身也将二氧化碳从大气中排出。

随着风化速率的提高,越来越多的二氧化碳从大气中"抽离"出来,形成对全球温度未产生一阶效应的其他化学物质。而随着大气中的二氧化碳含量的下降,大气中的温室气体分子减少,导致温室效应减弱,全球温度也随之降低。同时,随着气候变冷,风化速率下降,可供选择的重碳酸根离子和硅离子减少,于是骨骼沉淀也减少。最终,这将导致冲入潜没带的骨骸物质减少,降低了火山二氧化碳的释放量。这时,地球开始迅速变冷。在这一过程中,珊瑚礁或海洋表层浮游生物区等许多生态系统规模减小,从而减少对大气中二氧化碳的吸收。在这样一个世界中,火山开始排放出的二氧化碳比生物能利用的更多,于是开始新一轮的循环。

影响这个关键的风化速率的,不仅仅是温度。不管温度如何,山脉的快速隆起都会加强硅酸盐矿物的侵蚀。因此,不断隆升的山脉,25加速了这些矿物的风化,从大气中移除了更多的二氧化碳。地球迅速变冷。许多地质学家认为，巨大逶迤的喜马拉雅山脉的快速隆起，导致大气中的二氧化碳水平突然下降，从而导致（至少促成）全球变冷，最终导致了大约始于250万年前的更新世冰期。[15]

影响化学侵蚀率的第三个因素是植物的种类和丰富性。**"高等"植物**（多细胞植物）能够高效地造成岩石物质的物理侵蚀，从而形成更多化学风化可以作用的表面区域。植物物种丰富度的突然上升（或演化出一种新的深根植物，例如在大多数树木中发现的那样），与短期内隆升出一条新的山脉具有相同的效果：风化率提高，导致全球温度下降。与之相反，**植物消失**（无论是大灭绝造成的还是人类毁坏森林造成的）则会引起大气的快速升温。

即使是板块的运动也可以影响全球的风化速率，从而影响全球气候。由于在温度更高的情况下，风化速率更快，所以如果一块大陆从高纬度地区漂移到赤道，即使当时世界处在一个非常寒冷的时间段，气候也会因此变得更加寒冷。

在北极和南极，化学风化速率非常缓慢，但在赤道却很迅速。大陆若移动到赤道地区将影响全球温度。大陆位置造成的另一个影响来自各大洲的相对位置。如果构成骨骼的重要溶质和矿物种类不能进入海洋，再多的化学风化作用也不能改变全球气温。而流动的水可以把它们带入大海，但是如果所有的大洲合并，形成像约3亿年前的盘古超级大陆，该超级大陆内部很大一片地区将失去降雨，也没有河流能够入海。尽管这片超级大陆的中心会产生无数吨的碳酸氢盐、可溶性钙和硅离子，但是它们中的大部分从来都没有汇入世界的海洋。

26   最终，随着降水量的减少，即使在较高温度下，风化率也会降低，而反馈系统也不可能像在彼此分离的大陆中一样有效地发挥作用。大陆合并使得大陆海岸线的总长度大大缩短，严重影响全球气候，因为很多曾经受海洋影响的地区或曾是湿地的地区，会被改造成远离海洋及海水的地区。沙漠和北极地区相似，都呈现出较低的风化率，这样就通过降低**风化的矿物副产品**对大气二氧化碳的吸收速度，助力全球变暖。

显生宙的二氧化碳和氧气曲线

除了**温度**外，影响地球生命历史最重要的物理因素，也许就是能够维持生命的二氧化碳（供给植物）和氧气（供给动物）的量的变化（表现为大气中的气体压力）。纵观时间长河，大范围的物理和生物进程决定了（并将继续决定）地球大气中二氧化碳和氧气的相对含量。并且令大多数人惊讶的是，一直到相当近的地质年代，两者的水平仍有明显的波动。但是，为什么这两种气体的含量会变化呢？主要的决定因素是一系列化学反应，它涉及地壳表面及内部许多丰富的元素，包括碳、硫和铁。这些化学反应包括氧化和还原。在每一种情况下，游离氧（O_2）与含有碳、硫或铁的分子结合，形成新的化合物，这样一来，氧气就从大气中被移除，存储在新形成的化合物中。氧通过其他反应（包括化合物的还原反应）被释放回大气中，这就是植物光合作用的过程，植物通过一系列复杂的中间反应，以还原二氧化碳所释放的副产品的形式释放出自由氧。

一直以来，有很多模型专门推导过去 O_2 和 CO_2 的水平，其中最古老、最复杂的是被称为 GEOCARB 的方程（全球碳平衡模型）。[16] 27

这个用于计算碳含量的模型是耶鲁大学的罗伯特·伯纳设计的。除了GEOCARB，伯纳及其学生还开发了单独的模型来计算 O_2。把这些模型组合起来，就能显示历史上 O_2 和 CO_2 的主要趋势。这项工作的完成代表了科学方法的一次伟大胜利。认识到氧气和二氧化碳含量随时间推移而升降的重要性，是对地球生命史的最新、最基本的理解之一。

有些人认为，从 40 亿年前开始，地球上的环境和物质已经适宜形成生命。但事实上，一颗行星适合居住，并不意味着它必将有生物居住。下一章的主题——从没有生命到形成生命，看来是有史以来最复杂的化学实验。而天体生物学家似乎总是在说**地球生命的开始必定是如何"容易"**，但是，用略微不同的视角去观察，结果则表明——完全不是这么回事儿。

很显然，比起其他任何方面，地球大气中各种成分的相互作用和浓度，不仅决定了地球会存在哪一种生命（或是否存在生命），也决定了这种生命的历史进程。越来越多人接受了在理解地球生命进程的大型模式和细微差别中，**氧气和二氧化碳含量所扮演的主要角色**，这在诠释地球历史的许多方面都是 21 世纪的一大创新。同样的创新是，我们发现了在生命故事中另外两种重要的气体——硫化氢（H_2S）和甲烷（CH_4）同样发挥了主导作用；我们接下来将讨论它们。它们的故事镌刻在岩石之中，既包括生，也包括死。

第三章　生、死和新发现的中间状态

　　2006 年，科学圈子里开始流传一则令人十分好奇的消息，说到一组关于生、死和似乎奇怪、让人不安的两者混合状态的实验。一开始，这些发现像谣言一样在同行间萌生、流传，接着，它在各种科学会议的连续会谈中慢慢成熟，最终在此前默默无闻的一位生物学家的一系列优秀论文中完全盛放。不久特别是在 2010 年麦克阿瑟基金会授予他此项工作"天才奖"之后，马克·罗斯（Mark Roth）就不再"名不见经传"。罗斯是一位开拓者，率先进入到一片遥远的国度，这一国度不仅可以告诉我们很多关于什么是"生命"的信息，也可以告诉我们什么是"活着"，以及（不只是现在，还有很久以前——地球上的生命第一次"活过来"的时候）两者是否缺一不可。

　　罗斯发现，亚致死剂量的硫化氢会使哺乳动物进入一个只能称为"假死"的状态。[1]虽然这个名称中附加了大量通俗文化的包袱（主要来自科幻领域），但实际上这个词相当恰当地描述了发生在这些中毒动物身上的事情。这些受试动物的活跃性或运动能力，不仅在能够观察的范围内停止了（它们不再运动，其呼吸频率和心率大大减慢），而且在更基本的层面停止了。正常组织和细胞功能大大降低。然后发生了更加出乎意料的事情：哺乳动物失去了调节体温的能力。它们不再是恒温的了，而是回到了更原始的脊索动物状态：变成外温性的，或冷血的状态。但它们既没有死，也不是真正地活着，虽然就哺乳动物最基本的一项特征判断，它们好像死了，但那是暂时的。它们的生命活动在一段有限的时间里暂时停止，但当停止施用这种气体的时候，所有功能都恢复了正常。除了明显的医疗应用外，这一新的认识在很大程度上阐释了生命是什么，以及生命不是什么。

　　罗斯的直觉很简单，他认为生与死之间存在着一种状态，这种状态既未被探查过又具有着潜在的医疗价值，而且为解释某些生物在大灭绝中为何能幸存下来提供了线索。也许死亡并不像通常假设的那样是一了百了的"最终结局"。[2] 他希望能够把生物带入这个状态，然后再把它们带回来。事实上，没有任何一个英语单词能够准确捕捉到（表达出）这个状态的本质。电影制作人赋之以"僵尸"之类的名称，也许顽固的科学（界）最终会采用这个词。但我们对此表示怀疑。

　　这是他的一个关键实验：他用扁形虫（一种简单的动物，但仍然是动物）做实验。然而，与微生物相比，任何动物都不"简单"。他降低了扁形虫呼吸的氧含量。像所有的动物一样，扁形动物不仅需要氧气，而且需要很多氧气。随着盛有扁形虫的密闭容器中的氧含量降低，扁形虫们逐渐放慢了动作，进而停止运动。即使刺它们、戳它们，都不会引起任何反应。但是，罗斯并没有就此结束实验。事实

　　　　　　　　新生命史：生命起源和演化的革命性解读

上，他不停地降低扁形虫水箱中的氧含量，结果它们又恢复了生命状态。[3]扁形虫经历了不死不活的"休眠"状态。生和死，是两种**更为复杂的状态**，似乎远远超过我们大多数人目前的认知。

最简单的有机体的生与死

哺乳动物是最复杂的动物。在这些实验中，有趣的实验对象显然是活着的：它们的心脏依然跳动，血液继续流入静脉和动脉，神经活跃，生命必要的离子转运继续发挥作用，只不过是以较慢的速率。然而，在更简单、更小的生命体中，如细菌和病毒，仍然存在生命运作的问题，特别是当它们被放置在没有气体或非常寒冷的环境中时。这些，都不是理论问题而已，因为每一天，微生物都被猛烈的风暴抛向地球大气层的最高层，并发现自己到达如此之高的位置，以至于失去了地球的臭氧保护层的庇护（臭氧层是抵御来自太空的紫外线的主要防卫物）。这是研究"生与死"的第二个前沿领域：对地球"最高的生命"的研究。 30

在高层大气中待了数天或数周之后，这些地球上最新发现的生态系统中的成员又重返地球（正在研究对流层生物群的科学家，把这些生物命名为"高层生命"，这个名称不太精准）。[4]但在太空时，它们是活的吗？

虽然从太空时代早期开始，我们就知道在飞机能到达的最高海拔，可以发现细菌和真菌孢子，但这并无助于我们回答"在地球这一最大栖息地中，可以找到多少不同的物种"这一问题。这块最大的栖息地，在空间容量上令第二大栖息地（从上到下的整个海洋）相形见绌。但一项从 2010 年开始的工作证明，在任何给定的时间里，这块栖息地都可能有成千上万种细菌、真菌和数不清的病毒类群。华盛顿大学的研究团队也发现，在俄勒冈州的一座高山上所探测的空气中，中国的沙尘暴经常把真菌、细菌和病毒抛到北美西海岸。[5]

然而，可以在如此之高的大气中发现微生物（等于大气可以作为运送**洲际病毒武器**的传输系统）除了具有内在的生物学意义，还有一个新的基本的理解，构成本书故事的一部分，那就是：地球上最初的生命远离起源地、分散传播出去的方式，可能是通过大气传输。既然在不到一天的时间内，生命就能通过空气从一个大陆移动到另一个大陆，为什么还要通过反复无常的涌流慢慢地漂浮在海洋里呢？稍后，

31 我们将再议地球生命史上高层生命的意义；但这里的问题是——在洲际大气旅行中，它们是活着的还是休眠了？在最基本的生命类型中，我们发现，生死之别，即使不是伪命题，也是相当不完备的。

人们通过三种途径收集高空生物：用退役的美军高空侦察机；用高空气球；以及当大风暴在亚洲升空、越过太平洋，充分地"吃入"大气，使用高山上的空气"嗅探器"可以捕捉到的一丁点儿下降的对流层空气。这一点儿空气中充满微生物。我们从现在已知常出现细胞和病毒的**浩瀚大气层**的高空中收集细菌，收集到的细菌是濒死的。但将它们带回地球，置于它们可能曾经生活、演化的高度一些时间之后，它们又恢复了生机。

我们大多数人会同意，对于哺乳动物，甚至对于所有的动物来说，死的就是死的。但在更简单的生命中，情况并非如此。事实证明，在我们对什么是生、什么是死的传统理解之间，还有一片广大

新生命史：生命起源和演化的革命性解读

的处女地值得探索。这一新发现的领域对地球生命史的"开篇"有着重要的启示，它告诉我们，"死"的化学物质，当受到适合的结合和刺激，也可以变成活的。生命，至少是简单的生命，不总是活着的。但现在，科学试图探寻是否存在一个介于两者之间的状态。地球上最初的生命可能就诞生在我们所称的"死地"，或者说某一处接近于"活"的地方。

生命的定义

"生命是什么"这个问题，是几本书的书名，其中最著名的是20世纪早期物理学家欧文·薛定谔所著。[6]这本小薄书之所以构成一座里程碑——不仅是因为它书写的内容，还因为作者所研究的科学学科。薛定谔是一位物理学家，在他生活的时代及以前，物理学家一直蔑视生物学研究，因为他们认为这些不值得研究。薛定谔开始以物理学家的方式思考有机体，用物理术语表达即"生命体里最关键部分中的原子排列以及这些排列间的相互作用，从根本上不同于物理学家和化学家迄今为止试验性和理论性研究的对象。"虽然《生命是什么》[32]这本书的大部分都在讨论遗传和变异的性质（这本书写于DNA发现前的20年，当时遗传的性质还是一个难解之谜），但在书的最后，薛定谔慎重考虑了"生命"的物理学原理，他写道"生命物质避免了朝向静寂的衰败"和生命以"负熵为生"。

生命通过新陈代谢来实现这一点，表现为进食、饮水、呼吸或物质的交换，新陈代谢一词的词根来自于其原始的希腊语定义。新陈代谢就是生命的密钥（关键）吗？也许是。——至少对一位生物学家来说，答案是肯定的。作为物理学家的薛定谔，领会到了一些更为深刻的东西："认为最基本的事儿是物质交换，这是**一个荒谬的观点**。氮、氧、硫等任意原子，都不亚于其同类的其他原子；在交换它们的过程中能得到什么呢？"那么，这种包含在我们的食物中、让我们远离死亡、被我们称为生命的**珍贵"东西"**究竟是什么？对于薛定谔来说，这很容易回答。"每一个过程、事件，每一个自然发生的事情，都意味着在它发生之处的那部分世界的熵在增加。因此，一个活的有机体在不断地增加它的熵。"这就是薛定谔的"生命的秘密"：生命是引起熵增加的物质。由此，一种比较生与死的新方法形成了。

于是，对于薛定谔来说，生命的维持要依赖从环境中摄取"秩序"，他称之为"负熵"（他自己也承认这是一种笨拙的表达）。因此，生命是大量分子通过不断从所处环境中吸取"秩序"，从而在**高度有序的水平**上维持自身的装置。薛定谔提出：生物体不仅从无序中创造了有序，而且从有序中创造了有序。

那么，生命就是一台改变有序和无序的性质的机器吗？从物理学的角度来看，生命可以被理解为一系列的化学机器，全部紧密地安放在一起，并以某些方式整合起来，通过消耗能量保持有序。几十年来，这是对于生命最具影响力的定义。但半个世纪之后，其他人开始质疑并修正这些观点。有些人，是像薛定谔这样的物理学家，如
33　保罗·戴维斯（Paul Davies）和弗里曼·戴森（Freeman Dyson）。但其他人都是训练有素的生物学家。

保罗·戴维斯，在其著作《第五个奇迹》[7]（*The Fifth Miracle*）中，用一个不同于"生命是什么"的**提问**，靠近了"生命是什么"的

　　　　　　　　新生命史：生命起源和演化的革命性解读

问题。这个**提问**就是——生命做什么？根据他的主张，定义生命的是活动。这些主要活动如下：

生命进行新陈代谢。所有生命体都加工化学物质，以此把能量注入体内。但这种能量有什么用呢？我们所说的新陈代谢，是指有机体对能量的处理和释放，它们也是生命获取负熵、维持内部秩序所必需的方式。思考这个问题的另一种方式是根据化学反应。如果生命体从主动发生化学反应（不是在生命体内部）的状态转变为停止反应，生命体就不再是活的。生命不仅可以维持这种非自然的状态，而且也可以找到能发现和收获必要能量的环境来维持这种状态。地球上的一些环境比其他地方更适合生命的化学反应（如一个温暖的、阳光明媚的珊瑚礁之上的海面，或黄石国家公园的一眼热泉），在这样的地方，我们发现了大量的生命。

生命具有复杂性和组织性。事实上，不存在由少量（即使是几百万）原子组成的简单生命。所有生命都是由大量的原子以错综复杂的方式排列组成的。这种复杂性的组织是生命的一个特征。复杂性不是一台机器，而是一种属性。

生命进行繁殖。戴维斯讲出了关键性问题，即生命不仅必须复制它本身，还要复制允许进一步复制的机制。正如戴维斯所说，生命还必须包括一套复制装备。

生命进行发育。复制完成之后，生命会继续改变，这可被称为发育。这个过程完全不像机器。机器不会生长、改变形状，甚至改变功能。

生命进行演化。这是生命中最基本的特性之一，也是它存在的 34

不可分割的部分。戴维斯将这一特性描述为"永久性与变化性"的悖论。基因必须能够复制，如果它们不能非常有规律性地做到这一点，生命体就会灭绝。然而，另一方面，如果复制是完美的，就不会有变异，也不可能发生通过自然选择的演化。演化是适应的关键，没有适应就没有生命。

生命是自主的。这一点可能最难定义，然而却是"活着"的核心。一个生命体是自主、自决的；没有其他生物体的不断输入，它也可以生存。但这里仍然有一个未解之谜："自治"是如何在一个生命体的许多部分和运作中产生的？

活动和构造是一体的，对生命体系来说，两者其实是同一件事。这一系统包括**将其组合为一个运行单位**的所有工序和构件的不断产生以及再生（一个蛋白质分子只存在大约两天）。在这一观点中，生命形式的不断复制和更新，定义了生命本身。

这最后一点，对生命至关重要的分子的短暂寿命，作为理解生命最早在哪里形成的一条重要线索被严重低估。美国国家航空航天局（NASA）对生命的定义更简单，但最受卡尔·萨根（Carl Sagan）的青睐，即生命是一套具有达尔文演化能力的化学系统。[8] 这里有三个关键概念。首先，我们正在处理的是化学物质，而不只是能源或电子计算系统；第二，这不仅是化学物质，还涉及化学系统。因此，存在化学物质之间的相互作用，而不仅仅是物质本身。最后，化学系统必须经历达尔文式的演化，这意味着如果环境中存在的个体超过可用能量能够维持的个体数量，其中一些生命将难以维系。那些幸存下来35 的，是因为他们携带了有利的遗传性状，可以传递给它们的后代，因

新生命史：生命起源和演化的革命性解读

此给了后代更强大的生存能力。卡尔·萨根和美国国家航空航天局的定义的优点是——不再混淆"生命"和"活着"。

"死"的化学物质以这样的方式结合形成"活"的生命，其"驱动力"是什么？产生生命的主要驱动力是一种新陈代谢系统，是后来增加了复制能力，还是相反——先有复制能力，后添加了新陈代谢系统？如果是前者，就是原始代谢系统（必定封闭在细胞样的空间中）后来获得了复制和整合一些携带信息的分子的能力；如果是后者，则是复制的分子（如核糖核酸或一些变体）获得了使用能量系统帮助其复制的能力，并在后来被封闭在细胞中。所以，在化学分子层面，我们可以看到代谢与复制问题存在非常鲜明的对比：是先有蛋白质，还是先有核酸？两者在什么情况下，能在化学反应之间为生命赋能？然而，如果一个活细胞的基本特征是动态平衡（在不断变化的环境中保持稳定且基本不变的化学平衡的能力），就必须先有新陈代谢。摄食之后再繁殖似乎是目前公认的观点，但在处理生命起源的问题时一样，仍然存在令人不安的问题。

能量和生命的定义

现在，我们可以把"能量在维持生命中的作用"添加到对生命的定义中了。我们已经把生命定义为新陈代谢、复制和演化。但是，让我们不要从能量流和"有序—无序"的连续统一的角度来考虑生命。仅仅拥有能量显然不足以作为生命的基础；必须存在一种和这种能量的交互，需要这种交互在一种相当基础的层面上，来维持一种**非平衡状态**。没有能量，生命就难以维系，所以**生命**定义的本身，就必然结合着能量的获取和释放。生命通过"输入能量流使得自身逐渐变得更加有序"的状态，得以维持自身。我们的生命是通过保持相对少量的碳、氧、氮、氢（以及其他少量元素）的组合来实现这一点的。最终，能够达到并且保持着一定程度的复杂性和一体化，我们就称之为生命。能量的流入，必须足以克服生命体内化学物质回归"无生命"这一**平衡状态**的倾向。

人们普遍接受的有关生命的定义之一是，生命进行代谢。对于地球生命，能量的主要来源是地球或太阳的热量（其本身来自于太阳的热核聚变反应）。到目前为止，生命利用太阳能的最常见的方式是光合作用。在这个过程中，阳光提供了能量，将二氧化碳和水转化为复杂的碳化合物（其内具有许多储存能量的化学键）。通过打破这些化学键释放出能量。

地球上的生命发生着多种多样的生化反应，它们都涉及电子的转移。但是这个系统只在存在**电化学梯度**的地方才发挥作用：电化学梯度越陡峭，可以释放的能量就越多。这意味着某些类型的新陈代谢产生的能量比要远多于其他类型，正如在某些环境能比其他环境收获更多的能量一样。储能最多的有机（含碳）化合物是脂肪和脂类长链碳，它们的化学键中含有很多能量。

新陈代谢是生物体内发生的所有化学反应的总和。病毒体形非常微小：典型病毒的直径是50到100纳米（1纳米 $=10^{-9}$ 米）。它们一般分为两种类型：一种类型封闭在蛋白质外壳之中；另一种封闭在蛋白质外壳和一个额外的薄膜状的包裹物中。被包裹的是病毒最重要的

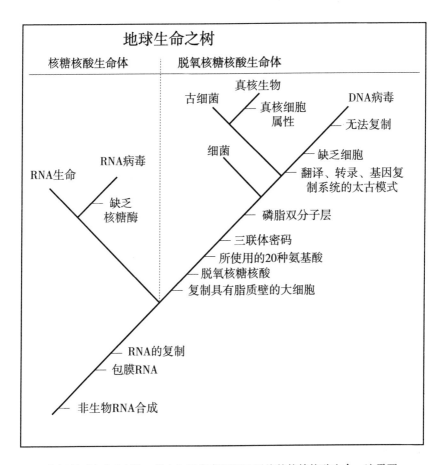

地球生命之树

核糖核酸生命体　　脱氧核糖核酸生命体

真核生物
古细菌
　　真核细胞
　　属性
DNA病毒
　　无法复制

细菌
　　缺乏细胞
RNA病毒
　　翻译、转录、基因复
　　制系统的太古模式
RNA生命
　　缺乏
　　核糖酶
　　磷脂双分子层
　　三联体密码
　　所使用的20种氨基酸
　　脱氧核糖核酸
　　复制具有脂质壁的大细胞

　　RNA的复制
　　包膜RNA

非生物RNA合成

修订版"生命之树"，其中包括病毒和现已灭绝的核糖核酸生命。这需要
一个高于结构域的新分类范畴（在 dingdoms 上方）。在人们接受的生命
之树上，目前无法定义 RNA 生命。——彼得·沃德《我们所不知道的生
命》（*Life As We Do Not Know It*，2006）

部分，即它的基因组，由一种核酸构成。有些病毒中有脱氧核糖核酸（DNA），有些只有核糖核酸（RNA）。其基因的数量也有很大的不同，有些只有 3 个基因，而有些（如天花）则有多于 250 个的独特基因。事实上，病毒种类多种多样，如果人们认为它们是有生命的，病毒将是一个巨大的分类。但它们通常被视为无生命的。仅含有 RNA 的病毒表明，RNA 本身可以在没有 DNA 的情况下储存信息，从而在事实上承担 DNA 分子的作用。[9] 这一发现作为有力的证据，表明在 DNA 和我们所知的生命起源之前，可能有一个"RNA 世界"。[10] 而 "RNA 病毒的存在"有一种更加惊人的意义。

37

病毒是寄生生物。在专业术语中称为胞内寄生生物，因为没有宿主细胞，它们就不能繁殖。在大多数情况下，病毒侵入生物的细胞，劫持蛋白质形成的细胞器，并开始复制更多的自己，把入侵的细胞转化成病毒生产工厂。病毒会极大地影响它们宿主的生理习性。

38

"反对把病毒当作活物"的最大论据是"它们无法独立复制自己"这样一个事实，病毒也因此貌似无法通过"判断一个物体是死是活的主科考试"。但是，必须记住，病毒是专性寄生生物，寄生生物会为了适应宿主，做出实体形态和遗传的变化。

我们还可以问——其他的寄生物是活的吗？寄生，本质上是一种高度演化的捕食形式，通常是漫长演化史所形成的结果。寄生物不是原始的生物，但是它们像病毒一样，都具有看似并非"完全活着"的阶段。隐孢子虫和贾第虫，都是寄生在人类和其他哺乳动物体内的寄生虫，它们就像脱离了宿主的病毒一样，有一个假死的休眠期。离开宿主，这两种生物（以及成千上万的其他物种）都将无法存活，也许不能被归类为活物。然而，当找到宿主，它们却表现出我们知道的所有生命特征：它们进行代谢，进行繁殖，经历达尔文式的选择。但是如果我们接受病毒是活的这一观点（接受这一点的人已经越来越多），就必须从根本上重新审视日前公认的生命之树。

在研究地球上的生命时，人们会提出两个问题："活着的最简单的原子组合是什么？地球上最简单的生命形式是什么，它需要什么来保持生命？"要回答这些问题，我们必须审视当前的地球生命需要什么，才能获得并保持上面描述的生命状态。为此，我们必须岔开话题，简要地了解地球上所有生命（获取并维持生命）所需的物质的化学性质。

地球生命的无生命建筑模块

组成地球生命的所有分子中，也许没有比水更重要的了——这里指单一相的水：必须是液态水，而不是水蒸气（气体）或冰。组成地球上生命的，是浸泡在液体中的分子，而可以见于生命之中的分子数量大得惊人，但事实上，地球生命所使用的主要分子只有四种：脂类、碳水化合物、核酸和蛋白质。这些分子要么都浸在液体中（这里指含盐的水），要么包含其他分子和水形成一道外墙。

脂类——我们称为脂肪，是地球生命的细胞膜中的关键成分。由 39 于含有大量的氢原子，它们是防水的，但也含有少量的氧原子和氮原子。脂类是细胞壁的重要组成部分，把外界环境和我们称之为生命的、充满流体的内部环境隔开。这些膜虽然纤薄，却能够控制物质进出细胞。

碳水化合物是构成地球生命的第二大主要结构，我们通俗地称之为糖。通过连接若干单糖化合物，我们可以得到一个多糖（意思是"许多糖"）。聚连的或单个的糖分子，是能够结合其自身或其他有机和无机分子、形成更大分子的重要模块。

糖在形成下一层次的建筑模块（核酸）的时候也很重要。这一类别包含任何细胞所存储的遗传信息。它们是结合糖和含氮化合物的大分子，被称为核苷酸，也是由碱基、磷和更多的糖形成的亚基。在这个组合中，碱基是决定性的，因为它们成为了遗传密码的"字母"。

DNA 和 RNA 是组成所有生命分子中最重要的糖类。DNA 由两个主干组成，即由其发现者詹姆斯·沃森和弗朗西斯·克里克所描述的著名的双螺旋结构，是生命本身的信息存储系统。这两条螺旋通过一系列的突起结合在一起，就像一架梯子上的层级，由独特的 DNA 碱基或碱基对组成，它们是腺嘌呤、胞嘧啶、鸟嘌呤和胸腺嘧啶。"碱基对"这个名称来自于碱基总是联合在一起的事实：胞嘧啶总是与鸟嘌呤配对，胸腺嘧啶总是与腺嘌呤配对。碱基对的顺序为生命提供了语言：这些都是对某一具体生命形式的所有信息进行编码的基因。

如果 DNA 是信息的载体，单链变体 RNA 就是它的"奴隶"（一个将信息转化为行动，或者说是在生命体中将其转化为实际生产蛋白质的分子）。在螺旋结构和碱基方面，RNA 与 DNA 相似。它们通常是（但不总是）单链或螺旋，而不是 DNA 的双螺旋结构，这点上是不同的。

为什么 DNA 和 RNA 如此复杂？答案就在于首先需要按照蓝图获得信息，然后维持活着所必需的许多任务。DNA 作为蓝图、操作工序说明书、维修手册，是关于建造自身拷贝和它所要编码实现的一切的说明。用计算机术语来说，DNA 是软件，它承载着信息，但它本身不能处理信息；可以认为蛋白质是计算机的硬件，它需要DNA软件，来提供在何时何地特定的化学变化应该发生的时间段和空间范围等信息，并生成必要的生命物质。RNA十分有趣，它有时是硬件，有时是软件，在某些情况下，既是硬件也是软件。

最后一种"建筑砖块"是蛋白质，它们在地球生命中发挥四个功能：构建其他大分子、修复其他分子、四处运输物质，以及确保能源供应。蛋白质也可以修饰大分子和小分子，以实现各种不同的目的，并参与细胞信号的传递。目前存在着大量不同的蛋白质，我们才开始了解它们是怎么运作的，以及它们做什么。一个新的见解：它们的拓扑结构，或者称为折叠模式，如同它们的化学组成一样，对它们的功能也具有重要影响。

地球生命体内使用的所有蛋白质，都是由同样的20种氨基酸组成。21世纪一个新的研究领域提出了一个老问题：使用这20种相同的氨基酸，是因为它们是最好的建筑模块？还是因为它们在生命诞生的地方很常见，之后便成为了生命永久的"编码"？事实上，答案似乎是前者。至少根据2010年的研究来看，它们运作得最好。[11] 这些 41 化合物是地球特有的，可能是地球生命的诊断性特征。

蛋白质在细胞中制造而成，只有当所有的氨基酸在一起时，线性长链中的各种氨基酸才能串联在一起，从而折叠成最终的形状。有时，它们会一边合成，一边折叠。因为氨基酸是一次性按照线性和特定的顺序组装形成一个蛋白质的，所以蛋白质通常被喻为一个句子，每个氨基酸就是一个字。一个活细胞壁里挤满了分子，它们按照杆状、球状和片状排列，漂浮在一种含盐的胶状物中。其中大约有一千个核酸和超过三千种不同的蛋白质。所有这些都经过了某些化学反应，这些化学反应组成了我们称之为**生命**的过程。在这个"房间"中可以同时进行许多种化学过程。

细胞内还有大约一万个独立的球体，相当均匀地分布在细胞中，被称作核糖体。组成核糖体的成分，是 3 种不同类型的 RNA 和大约 50 种蛋白质。此外还有染色体，即连接到特定蛋白质的 DNA 长链。细菌的 DNA 通常集中在细胞的一部分，但没有细胞膜使其与别的内部物质分离，正如在真核生物这一更高的生命形式中一样，它有一个内部的细胞核。我们正好可以发问：在这个细胞中，"活着的"是什么？

细菌是由非生命的分子组成的。无论如何，任何讲道理的人都会承认："一个 DNA 分子肯定不是活的"。细胞本身由无数化学反应维系，每个化学进程都可以单独发生，但都是无生命的化学反应。也许没有什么是活的，但整个细胞本身却是活着的。如果我们要理解生命是怎么出现的，就需要找到可以用最少的分子和反应**实现这一点**的最小的细胞。

棘手的问题之一是，当人们详细检查这个简单的细胞时，会发现它一点也不简单。弗里曼·戴森（Freeman Dyson）已经明确研究了现代生命的这个方面，并提出"为什么生命（至少现今的生命）这么复杂"的疑问[12]。如果体内平衡是生命的一个必要属性，如果所有已知的细菌都含有几千种分子（由 DNA 的几百万碱基对编码而成），那么这可能是最小尺寸的基因组。然而，存活至今的所有细菌，都是经历了 30 多亿年（或许超过 40 亿年）的演化的产物。也许，最简单的地球生命，亦位列宇宙中最复杂的生命形式之中。[13]

　　　　　　　　新生命史：生命起源和演化的革命性解读

生命之树

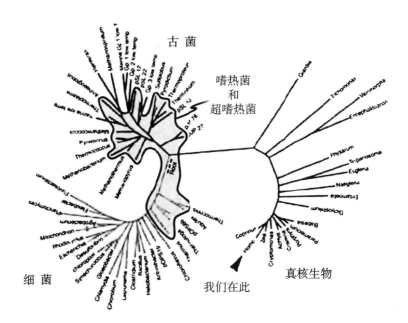

目前认为的最终的生命之树。阴影区域是在高温环境中繁盛的生物，缺少的是据推测从无机物一步步演化产生第一个活细胞之前的许多种生物和"前生物"。

第四章　形成生命：42 亿～35 亿年前

　　1976 年 7 月 28 日，从一架重达 1 吨的巨大机器中伸出了一只"机器爪"（几天前，这台机器刚完成从地球到火星的无声的长途飞行，成功着陆火星）。这只"机器爪"把火星土壤铲进"海盗"号火星探测器。这次样品采集是人类首次在地月系以外完成这样一项工程。现在，NASA 的海盗号火星探测器，利用从其复杂内部所获取的这些沉积物，进行了四项基础实验，旨在寻找生命或其进程的化学证据。这就是海盗号来到火星的全部原因——寻找生命。

　　实验的初步结果[1]增加了"火星的土壤中确实存在活着的生命"的希望，因为人们很快发现，土壤中含有的氧多于原先的预想，而且土壤中的化学反应至少暗示了在火星的风化层存在着微生物。这些初步的实验结果在海盗号科研团队中营造了一波乐观的气氛，以至于项目的首席科学家之一卡尔·萨根博士十分乐观地告诉《纽约时报》，他认为"火星上存在生命，甚至大型生命也不无可能"。他口中的**大型生命**真的很大，在同一个采访中，他还推测火星上有北极熊！

但是，探测器上搭载的光谱仪仔细分析了火星土壤之后，未在其**中找到**任何存在有机化合物的证据。在海盗一号看来，火星不仅看起来是死的，而且对生命有害，人们因此推测，土壤中的有毒化学物质会很快杀死任何现身此地的生命。在此之前总是非常乐天的萨根，现在只能寄希望于在同一天环绕火星运行的海盗二号，能发现泄露天机的生命迹象。

1976 年 9 月 3 日，海盗二号探测器成功伞降到火星表面一个名为"乌托邦平原"的地方。和海盗一号探测器一样，巨大的海盗二号 44 运转良好，堪称完美。[2] 但同样地，它在任何独自的和关键的生命探测实验中，都没有发现生命的迹象。海盗号的构思、实施，是作为一个执行多种科研项目的计划。虽然关于土壤和大气的化学和地质学研究很重要，但海盗号的根本使命是寻找外星生命，因此，正如前面提到的，被勉强塞进这拥挤的航天器之中的大多数仪器，正是为了寻找外星生命。

海盗号的探测结果表明，火星上没有生命，[3] 于是 NASA 开始失去对火星的兴趣（过去和现在驱动 NASA 的动力都是寻找地外生命）。NASA 兴趣的缺失，开始有利于另一个科学分支——另一群同样专注于研究异域世界或奇异生物的科学家：海洋学家。

在海盗号探测不久后的几年，巨额新经费投入到深海勘探的必要技术中，所以很快地，另一种"航天器"也成功地降落到了"外星"表面。不过这一次发现了生命——一类完全出人意料的生命。黄色的"阿尔文"号小潜艇首先潜入大西洋，然后潜入加利福尼亚海湾，接下来连续快速地潜入加拉帕戈斯群岛附近的深海，它拍摄到一种（使用完全不同于阳光作为能源的）生命，并且提取到了样品！

深海"热液喷口"生物群的发现，从根本上改变了我们对"地球生命在哪里形成""地球生命怎么形成"以及"生命到底是不是起源于地球"的理解，因为生命有可能是在其他地方形成，然后被运送到地球上来的。如果地球合并形成一颗巨大且最终宜居的行星之后不久，就形成了地球生命，这就表明生命的产生一点儿也不困难。但是，地球上最古老的生命到底有多老，第一个生命又是在哪儿形成的？

通常，当历史学家试图找到任何东西中的"第一"，他们会查看更古老的时间单位中的历史记录，地球历史学家也是这么做的。他们的问题在于缺乏足够老的岩石，而且早期的类菌细胞又几乎不可能变成化石。

二十多年来，人们公认地球上最古老的生命迹象，来自格陵兰岛的一个名叫伊苏（Isua）的冰冻角落。[4]在那里没有发现任何化石，而是报道称其磷灰石矿物颗粒中含有两种不同的微量的碳同位素，显示出的比率相当接近**当今生命的标志性比率**。在格陵兰岛的伊苏地区，岩石可以追溯到37亿年前，后来新的测定认为它们甚至更早——事实上大约是38.5亿年前，长期以来载入教材的正是这一年代。

对于寻找"地球上最古老的生命"的科学家而言，37亿到38亿年前的年代有很大的意义。正如我们前面看到的，大约42亿到38亿年前，小行星轰击地球和早期太阳系中的每一位成员，以及行星形成后剩下的其他碎块。我们前面提到的生命，虽然可能已经形成（或者更早），但可能时运不济，又将在"撞击挫折"的过程中消亡。[5]因

新生命史：生命起源和演化的革命性解读

此，伊苏岩石的年龄是恰好的：小行星的猛烈撞击刚好结束，生命能够开始。不幸的是，我们不能接受这一份天上掉下来的简单"套餐"——21世纪新研制的仪器发现，格陵兰岛伊苏样本里的少量碳，并非来自于生命。[6]

第二古老的生命出现在35亿年前，此处的断言基于化石，而不只是化学信号。美国古生物学家威廉·萧普弗（William Schopf）在玛瑙般的岩石中发现的丝状形态可以追溯到35亿年前。[7]这些化石来自一个曾经默默无闻的、古老的岩石组合之中，位于当前地球上最不宜居之地——澳大利亚西部高度变形的岩石组合"埃佩克斯燧石"（Apex Chert）。这些化石的具体地理位置在"北极"（North Pole，澳大利亚西部干燥多尘的不毛之地），"北极"这个古怪的名字是几年前取的，因为事实上它位处地球上最热的地方之一，并在地理位置特别是在气候上，和北极差得最远。

萧普弗的发现刺激了科学界，因为它表明，这颗行星上的生命确实很早就在地球历史上发轫了。近二十年来，这些古老的澳大利亚化石是人们公认的地球上最古老的化石生命。然后，这些也遭到了牛 46 津大学的马丁·波拉西尔的质疑。他断言，所谓的地球上最古老的化石里只有细微的晶体痕迹，完全没有生命的残余。[8]

接下来发生的是一场科学大混战。双方科学家都发动了攻击和反击，大多是礼貌的（但有些不算是）。牛津大学的全体圈内人不仅攻击萧普弗对埃佩克斯燧石中小痕迹的解释，而且不久又攻击埃佩克斯燧石自身的年龄，论战来来回回好几年，萧普弗逐渐失利。

2005年左右，华盛顿大学的罗杰·别克声称，即使埃佩克斯燧石中的微小物体是化石，岩石本身的年龄也远远小于比尔·萧普弗（Bill Schopf）所宣称的年龄——小了10亿多年，事实上，这仍然很古老（诞生年代带有"10亿"字样的任何化石都很古老），但远不是地球上最古老的生命。遭受了这一两记重拳之后，埃佩克斯燧石化石就被淘汰出局了。

于是，事情一直没什么进展，直到2012年夏天，马丁·波拉西尔与人合著的一篇论文[9]证明，至少34亿年前就已存在生命。据研究者称，这是已发现的最古老的化石生命。更凸显这个发现重要性的，是化石本身的身份——它们都是微体的，大小和形状符合现今仍然生存在地球上的一种特定的细菌种类。地球上最古老的生命生活在海里，它们的生存似乎需要硫，如果暴露在少量的氧气分子中就会很快死亡。虽然这种生命仍然是我们所谓的碳基生命形式，但它把硫元素带到了我们对"生命如何产生"的猜想的前沿和中心。[10]

波拉西尔在论文中描述的化石，似乎与仍然生活在地球上的微小细菌有亲缘关系，这种现存的细菌需要依靠硫元素生存，即使暴露在最稀薄的氧气中，也会很快死去。如果这一发现成立，它将证实，我们地球上的生命开始于一个与现今地球近乎完全不同的地方，并且它依赖于硫，而不是氧。

伴随地球生命的通常是我们今天地球上的森林、海洋、湖泊和天空——这些生物生活在清澈的空气、湛蓝的水体、绿草覆盖的山丘之中。然而，波拉西尔发现的微小化石，来自一个温度远高于今天、空气由毒气（甲烷、二氧化碳、氨气和相当量的有毒气体硫化氢）组成的环境。[11]它生活在一颗没有任何大陆的行星上，或者说，除了即生

47

即没的成串火山，实际上几乎没有任何重要的陆地。在这种背景下，生命开始了（或者降临了——接下来的内容将探索这样一种重大的可能性），然后，数十亿年来蓬勃地发展着。大多数人的观点认为，我们诞生于地球这个地狱摇篮，承载着富含硫的生命起源的伤痕和基因。

"地球上最早的生命起源于一个缺氧、富硫的环境"这一观点发表之后不久，美国国家航空航天局的"好奇"号火星车[12]便降落到火星表面。马丁·波拉西尔本人发现地球上最早的生命之后不久，就有人问他，他刚刚发现的化石中的硫细菌是否可能在火星上存在过，或者现在还存在着？经过短暂的沉思后，他给出了肯定的回答。[13]

如果能证明这个34亿年前的生命是地球上最古老的生命，那么许多目前备受青睐的诞生地球生命的"育儿所"将受到质疑。当时地球本身就已堪称古老——正如我们看到的，45.67亿年前，地球就已聚合形成了。如果这确实是最早的生命，那么这就意味着：首先，生命的形成，必然相对地容易。

但是，至于有多容易、以什么顺序形成，让我们来看一看，在地球上形成生命需要些什么？生命要想出现，必须经历四个步骤：

1.有机小分子的合成和积累（如氨基酸和称为核苷酸的分子）。化学物质磷酸盐的积累（常见植物肥料的成分之一）将是一个必要条件，因为这些是DNA和RNA的骨架。

2.小分子连接成更大的分子，如蛋白质和核酸。

3.蛋白质和核酸聚合成液滴，呈现不同于周围环境的化学特性：48 形成细胞。

4.复制较大的复杂分子，并建立遗传的能力。

虽然在实验室中能够复制一些 RNA 合成（甚至是更难的 DNA 合成）的步骤，但复制不出来其他的步骤。正如 20 世纪 50 年代的米勒–尤里实验所表明的：在试管中创造生命的基本构件——氨基酸不成问题。但人们已经证明，与难度甚高的人工合成 DNA 课题相比，在实验室中制造氨基酸实在微不足道。问题是，复杂的分子（如 DNA 或 RNA）不能通过结合各种化学品，在一只玻璃瓶中简单地组装出来。这些有机分子遇热时很容易分解，这说明它们的最早形成，一定发生在一个适度寒冷的温度环境中，而不是在高温之下。地球上的生命有 RNA 和 DNA 两种核酸。一旦合成了 RNA，通向生命的道路就豁然开朗了，因为 RNA 最终会产生 DNA。但是"第一个 RNA 是在什么条件和什么环境中形成的"，成为了那些试图找出生命起源的地点和方式的科学家关注的核心问题。而这里，并不缺少生命诞生地的假设。

生命起源的步骤

地球的形成	稳定的水圈	生命起源前的化学物质	RNA产生前的世界	RNA世界	第一个DNA/蛋白质生命	最近的众生的共同祖先
4.5	4.4	4.2–4.0	~4.0	~3.8	~3.6	3.6至今

单位：10亿年

　　　　　　　　　　　新生命史：生命起源和演化的革命性解读

达尔文的池塘

关于地球生命的出现，最早、最著名、被接受最久的模型出自达尔文。他在给朋友的一封信中表示：生命始于某种"浅浅的、阳光照耀的温暖池塘"。这种环境类型（不管是淡水池塘还是海边潮池）至今仍是一些圈子或教科书中可行的候选项。20世纪早期的其他科学家，如霍尔丹（J. Haldane）和奥巴林（A. Oparin）赞同达尔文，并拓展了这一想法。[14] 他们各自独立地提出假说，认为早期地球有一层"还原性"大气（一层能产生与氧化相反的化学反应的大气，铁在这样的环境中从来不会生锈）。当时的大气可能充满甲烷和氨，形成一种理想的"原始汤"，就是在这样的大气中，一些浅水体中出现了最早的生命。

因此，直到20世纪50至60年代，人们仍然认为由甲烷和氨组成的早期地球大气，仅仅通过加入水和能量，就能合成出来叫作"氨基酸"的普通有机建筑砖块。[15] 这一切，需要的只是一处"便于累积各种不同化学物质的地方"。最能实现的地方似乎应是一个恶臭的浅池塘，或是在温暖的浅海岸滨被海浪冲刷的潮池。这种理念进一步认为，在这样一处地方的原始汤里，充满了排排坐着的有机分子，端端等待弗兰肯斯坦博士出现来肇造生命。

如今，许多研究早期地球环境的科学家已在怀疑这一情境设想。形成生命的必要有机化合物是复杂的，并且在热溶液中容易分解。此外，要保持原始汤不至沉寂成一片死水，大量的能量必不可少。达尔文在其时代所不能领会的是：在历史早期，导致积累形成地球的机制却产生出一个严酷的、有毒的世界，完全不同于 19 世纪和 20 世纪早期所想象的田园诗一般的潮池或池塘。

然而，如本章前面所述，20 世纪 80 年代初，"阿尔文"号潜入深海火山裂缝，让现任职于华盛顿大学的约翰·鲍罗什（John Baross）开始提倡一种新的可能性：地球生命始于新发现的深海热液喷口。[16] 很快地，用于热液微生物分类的新分子技术，给这一想法带来了确认性信息。DNA 告诉我们，第一代生命要么在很烫的水中度过了最早的纪元，要么在一个凉快的地方形成后，又在一些古老而高能的过程中以某种方式被烫得几近死亡。

最终，人们发现，大多数热液微生物属于古菌域。古菌属于地球上已知的、最古老的生物谱系，它们嗜热，或者说酷爱高温，因为它们能在接近沸腾的水中茁壮成长，在池塘中可找不到这样的"热汤"。这一发现启发了我们：在热液喷口的微生物，历史极其古老。[17]

在 44 亿至 38 亿年前的猛烈撞击时代，即上一章中描述的猛烈轰炸时代，一次次撞击事件（由直径大至 500 千米的彗星造成）将部分汽化甚至完全汽化海洋。地球岩石表面的巨大区域也蒸发升空，形成了大量几千度高温的岩石蒸气或水蒸气。正是大气中的这种蒸气，让整个海洋蒸发为水蒸气，从而可以杀死其表面所有的初期生命。接着，地球的热量辐射至太空而变冷，但这个事件以后，至少几千年内，降雨都无法灌满一个新的海洋，很难想象生命会在行星表面的任何地方幸存下来。

以前，**大型小天体撞击地球**从未被纳入人们对于生命起源的思考中。但现在我们知道，在地球生命最初形成之后，唯有深海或地壳本

新生命史：生命起源和演化的革命性解读

身，能使它们隔绝开猛烈轰击产生的巨大能量，保护其不受伤害。也许只有深海或岩石，才能为早期生命幸存下来提供必要的"防空洞"。

约 40 亿年前，陆地面积仍然很小。火山活动和来自地球内部的岩浆喷发比现在更频繁、更猛烈。因此，20 世纪 70 年代中期几艘深潜器所探索的深海山脊和烟囱系统，在那很久很久以前，要比现今更漫长、更活跃。所有这一切，都形成了一个能量非常激荡的火山世界，地球深处的大量化学物质和化合物喷涌进入海洋环境。和现在相比，海水的化学成分有巨大的不同。因为没有自由氧溶解在海水中，那时的海洋应该被我们称为还原性的（与现今的氧化性海洋相反）。海洋的温度应该是滚烫的。

当时大气层中的二氧化碳含量可能高出今天成百上千倍。地球表面也承受着持续不断的致命水平的紫外线辐射。你要有一汪池塘，就必须先有陆地，但当生命最初在地球上形成时，地球上可能没有任何陆地。从南极到北极，也许只有一个又热又毒的海洋。

热液喷口的矿物表面

热液喷口和这一生境中的嗜极微生物，包括大量的喜热古生菌，仍然是比较受认可的生命起源地点，而且不同于早期地球的海洋和大气，这一环境**的确**是强还原性的。热液喷口喷出的化学物质（如许多热液中的硫化氢、甲烷和氨）适合生命的演化。热液喷口的化学物质在很大程度上脱离于大气，因此，生命的演化可以不依赖大气而发生，这就解决了"当时的地球大气在化学组成上还不适宜形成生命"这一问题。但所谓的"热液喷口起源"也有其自身的问题。RNA 这种高度不稳定的分子，怎么能够在高温高压的喷口形成呢？[18]

52   至少，根据令人尊敬的早期生命理论家君特·威驰特萧瑟（Günter Wächtershäuser）的观点，早期生命可能形成于硫化铁矿物的表面。他把这个想法叫作"铁硫世界理论（iron-sulfur world theory）"。[19]这个假设是，最早的生命（威驰特萧瑟称之为"先锋生物"）是在水下深海热液喷口范围内的高压高温环境中组装而成的，由海底火山活动形成的富含热量、矿物质的液体，通过沿着深海裂缝成千上万英里分布的岩石林立的热液喷口，向上冒泡而形成。生命可能开始于地表能烧开水的温度（100℃）之中。在压力之下，水并不像它在地表上那样烧开、沸腾；从热液喷口出来的水，是一整套名副其实的单质和化合物的混合物。但要发生任何有机性质的累积，来自热液喷口的液体必须溶解足够体积的一氧化碳、二氧化碳和硫化氢，为氨基酸的合成（及最终核酸、蛋白质和脂类的合成）提供所需的碳和硫元素。

最终，随着热且富含矿物的液体从火山似的热喷口中喷射出，水中积累了含有铁、硫和镍的矿物。这使得能够捕捉含碳分子的小区域得以形成，并从化学组成上改变它们，首先释放出碳原子，而后把这些新分离出来的碳原子连结成前所未有的复杂的富含碳的分子。当有毒气体硫化氢接触到同一地区的各种矿物中的铁原子，便产生了黄铁矿（也称愚人金）。这种反应会生成含有能量的分子，因此，它能够将产生生命的合适元素和推动必要化学过程的能量来源（这两个生命中的重要方面）结合起来。但黄铁矿反应产生的能量非常小，仅凭它自身的能量，不足以推动任何形式的原始生命形成。威驰特萧瑟意识到当时应纳入第二种

             新生命史：生命起源和演化的革命性解读

气体——一氧化碳作为燃料参加反应。这种能量将作为**最重要的驱动力量**，推动发生以下这些事件：分子像积木一样缓慢积累，慢慢拼凑在一起，形成一个完全不同于"各种化学反应的总和"的最终产品。

矿物表面能充当生命形成的附着板，这并不是新观点。这些扁 53 平矿物，如黏土和硅酸盐矿物或黄铁矿晶体的表面，可能是早期的有机分子累积的微观区域。正如地质学家 A. G. 凯恩斯-史密斯（A. G. Cairns-Smith）几十年前设想的那样，最早的生命会有几个特点：它可以发生演化，"技术含量"很低，只含有很少的基因（DNA 上为特定蛋白质的形成进行编码的位点），分化程度低，而且它是由地球化学（来自黄铁矿或硫化铁膜的固体表面上的缩合反应）产生的。然而，许多研究早期生命的学者仍然对这种情况持怀疑态度，特别是因为"生物这样接管世界"缺乏一个涉及生命通过自然选择而演化的过程。

一氧化碳和硫化氢是动物杀手，前者已经有意或无意地毒死了无数人。然而，如果以下想法是正确的，那么将两种致命气体和愚人金组合起来，反而会构成通往生命的道路。尼克阐述了这一观点："生命最近的共同祖先……不是一个自由的活细胞，而是坚硬复杂的矿物小室们，其催化壁布满铁、硫、镍，并由一个自然的质子梯度提供能量。因此最早的生命是由分子和能量产生的多孔岩石，直到蛋白质和DNA 本身形成。[20]"威廉·马丁和迈克尔·拉塞尔在 2003 年和 2007 年再次发表了这一想法的一种变体。[21] 他们把"热液喷口起源"的理念向前推进了一大步，认为这样的环境不仅能提供所有必需的原材料和能源，还能提供形成生命的关键因素之一：细胞。他们的观点是，生命起源于高度组织的矿物硫化亚铁中。生命形成的地方介于恶魔

（过热）和深蓝色大海（过冷）之间，在这种情况下，从地理上看，这个地方介于喷射出含硫液体的热液喷口或裂缝与富铁的古老海水之间。但这不只是理论上的。现今观察到的热液喷口和渗透处的化石确实有三维框架，而这些可能是细胞壁的初期形式。有机分子"生命起源前的综合体"在热液喷口或渗透处附近形成的矿物内部的微小隔间中出现。接踵而至的"RNA世界"的化学作用，发生在这些矿物化的细胞壁中。

世纪之交出现了许多线索，人们提出并讨论了很多潜在的生命起源的地点。地球上存活下来的最古老的生命肯定是嗜热的，类似于仍然可以在热液喷口处找到的某类生命。虽然生命不一定是从那里演化出来的，但在喷口处有生命必需的所有化学物质和能量。最后，热液喷口在早期严峻的地表环境中提供了避难所。更重要的是，在地球的前十亿年里，为抵挡凶残的小行星撞击扮演了防空洞的角色。但是，要人们一致接受这一理论，还存在一个很大的障碍：RNA以及少数DNA，在热液喷口的高温中很不稳定。RNA一旦产生，从RNA到DNA的飞跃将更直接。RNA将作为合成DNA的模板。但是，从小分子如何发展成像RNA那样复杂的分子（即使其最简单的形式，也是由许多原子在非常精确的位置组合而成）仍然是一个谜。然而，尽管这是一个谜，但不代表任何方式都不可能实现，况且人工合成（本质上是试管实验）的快速进步，虽然不能展现每个细节，但却向我们显示了总体途径。

生物学家卡尔·伍斯[22]提出了另一种生命起源可能的途径——甚至在地球完全形成和分化成我们今天看到的地心、地幔和地壳之前，生命就已开始。在这些时间的早期，地球表面出现了大量的金属铁，在充满了二氧化碳和氢气的大气中和蒸汽、液体水接触。最令人关注的是氢气，因为氢气是化学反应中一种强有力的驱动力。但由于氢分子的质量轻，在地球、火星和金星等质量小的大行星上，它很容易逃逸到太空中（气态巨行星大到可以紧紧保住它们的氢）。此时，地球 55 遭受着大大小小的太空碎块的攻击，导致粉尘颗粒和水蒸气构成的烟雾包围了地球。这将形成高的水气云，而且，这些微小的水滴可能充当原始细胞——类似于细胞的微小物体。有阳光作为一种能量来源，小行星撞击所导致的从地表冲向天空的过程中，带来含有有机分子的灰尘，携带了大量制造生命的原材料。因为也存在大量的氢，所以最早的原始生物演化可能使用二氧化碳作为碳源产生甲烷。今天利用这一生化途径（氢气作为能源，二氧化碳提供碳）的微生物是产甲烷菌。随着地球变冷，海洋形成，生命可以从天空中降落，入住海洋。

沙漠中的撞击坑

佛罗里达大学的史蒂夫·本纳[23]和本书的合著者乔·克什维克提出一项最新的观点。如前所述，纷纷诸事中，制造 RNA 是最难的一步。这是因为 RNA 是一种非常脆弱的分子，大而复杂，因此很容易被破坏。水能够攻击、分解组成 RNA 的核酸聚合物（更小的分子链）。事实上，制造 RNA 似乎需要许多步骤，而且，每一步都需要不同的条件或不同的化学环境。生物化学家安东尼·拉斯卡诺如此描述这个问题：“RNA 世界模型面临一些严峻的挑战，包括缺乏核糖形成和积累的**合理的原始非生物机制**。”[24] 一个可能的出路是，假设核糖可以在当前的温度下，从常见的沙漠矿物中合成。

　　本纳指出，主要的问题不是制作合成化合物（包括核糖），而是防止它们继续疯狂地反应而产生黏稠的褐煤焦油，粘住了一切。通过
仔细地观察合成模式，紧紧地凝视离子半径表之后，他意识到，钙离子（Ca^{+2}）和硼酸根（BO_3^{-3}）离子的反应，能够明确地阻断煤焦油产生的途径。这些经常用在肥皂中的硼酸钙矿物（如硬硼钙石、钠硼解石）是在干燥炎热的环境中通过盐卤水的蒸发而成的。再有一个额外的步骤，即一个以氧化钼催化的微妙的重新排列，就足以产生具有生物活性的核糖。

　　本纳也通过观察现存的生命来寻找线索。他分析了各种细菌的稳定性，发现其大多数古老的类群可能形成于65℃。这要热于任何"温暖的小池塘"，但要冷于通常高达数百度的深海热液喷口。事实上，现在的地球表面，或者甚至37亿年前的地球表面，都很少有地方达到这种温度——除了沙漠。

　　"沙漠的条件，其整体环境为碱性，并且有大量的硼酸钙"可能是有利于从硼酸盐矿物中形成核糖的唯一环境。在这样的环境中，各种类型的黏土矿物也很常见，而且越看越有可能的是，从黏土中形成的附着板，将有助于合成生命所必需的有机化合物。

　　要形成稳定的RNA所需的硼酸盐矿物质，就必须有一个**液体系统**在一系列相互关联的步骤中反复注入和提取液体。克什维克与麻省理工学院教授本·韦斯（Ben Weiss）博士合作，假设了一种自然环境状况，以史蒂夫·本纳提出的那种大略方式能够从硼酸中形成RNA。在加利福尼亚州有一个很好的例子。在这里，硼从内华达山

脉的火成岩中过滤萃取出来，穿过一连串的暂时性湖泊（水库），包括莫诺湖、欧文斯湖、中国湖、瑟尔湖、帕纳明特湖，最后进入死亡谷的底部。在最后的这几个水库中形成硼酸盐的大量累积。至少在地球早期，特别是在生命可能最早形成的42亿至38亿年前，最明显的"候选系统"是一系列与沙漠连接的陨石坑，具有勾连着高、低海拔的陨石坑上的**水交流系统**。以这种方式就能完成一系列的提取和注 入。但40亿年前，地球上不大可能有这样的地点发生所有这些早期的化学反应。当时地球也是强还原性的，阻碍氧化钼形成，最终合成了核糖。

所有地球上最早的岩石，似乎都形成于某种水环境中。事实上，没有充足的证据证明地球30亿年前存在着陆地，在地球46亿年的年龄里，最古老的碎屑锆石表明——至少在44亿年前，地球上已有海洋。根据我们最好的证据，生命最初形成时，地球表面几乎都是海洋，至多有一些岛链。然而，地球并不是唯一的一颗内环类地行星。金星和地球大小差不多，但它太靠近太阳，不可能形成生命。但我们知道，还有另外一个可能性——有一颗深受科幻小说青睐的行星：火星。

新世纪到来之后，我们在理解火星的古代地质史方面，有了很大的进步。我们非常肯定，火星**从未有过**覆盖全球的海洋，因为火星上古老的岩石仍然在那里，暴露在表面。但来自各种火星探测器的大量最新数据告诉我们，在这颗所谓的红色行星上，曾经有大的湖泊，也许是小的海域，也许在其北极盆地中曾有古代海洋。也有证据表明，火星上的氧化还原梯度比地球的还大，这是生命能够获得能量的重要方法。火星地幔深处的还原性如此之强，使得生命起源中**前生命阶段**

合成富碳化学物质所需要的甲烷、氢气和其他气体能够存在，从而提供生命形成所需的原材料。有一些支持激进想法的人们认为，生命不仅早在 40 亿年以前的火星上就形成了，而且通过陨石来到了地球，那生命就是我们——共同作者乔·克什维克就是持这种观点的人之一。问题是，火星早期的生命，到底能不能到达地球？

宇宙胚种论和火星的案例

今天，地球表面被大致分为几块广大的海洋盆地（覆盖约 75% 的地表）以及高耸的大陆块，超过平均海平面。根据简单的大陆年龄测定和其他各种地球化学指标，我们可以知道，大陆随着时间在缓慢地扩张。在大陆边缘的潜没带，增加了新的花岗岩基底岩石。在那里，潮湿且满载沉积物的岩石被带到几百公里深处，并部分熔化形成花岗岩。因此，当我们追溯到更深的地质年代之时，就可以相当合理地期待——当时相比于海洋面积，陆地面积愈加地小。

但是，其实还存在更多的限制。我们从地球物理学的模型中得知，在 45 亿年前形成月球的巨大撞击事件之后，整个地球都被熔化。撞击带来的结果是：形成一个巨大的岩浆海洋，以及镍—铁金属析出、沉降到地球的核心。在这一事件发生之后的 5 亿年或更长的时间里，强烈的热流**伴随着**地球岩石圈最上层的壳层逐渐凝固。增加的热流限制了任何陆地高于平均海拔高度。大陆能高耸地超越海底，仅仅是因为在大陆之下有密度较小的材料使其"浮"上来。如果热流很高，大陆的底部就会熔化。这阻止了高大山脉的形成。

最后，地球化学家推测，地球海洋的体量可能随时间慢慢递减。

地球形成事件之后，系统中存在的许多水蒸气很可能凝结成了**初期地球**表面上的蒸汽，而后通过板块构造过程逐渐回归到地幔。前面提到的44亿年前的**锆石的化学指纹**中一定有这个迁移。估计这个原始海洋的体量，大概介于**和现在的海洋同样大小及三到四倍之间**这样一个范围。考虑到这一切限制，35亿年前除了曾经有一些火山倾斜的顶部高于海平面，其他地方不可能高于海平面。

一个水的世界，并不是一个很好的"形成核糖的地方"。对于形成如蛋白质和核酸等大分子来说，水世界也是一个糟糕的地方，它们每添加一个新的亚基，都要释放出一点点水。因为这些原因，直到35亿年前，地球可能都不是一个适合生命起源的地方。即使在那时，也不可能有像死亡谷那样的一系列湖泊，能够富集硼酸钙矿物，达到所需要的水平——来导致核糖和其他早期生命必需的碳水化合物的稳定。这一世界当然没有足够强大的化学进程，生产出足够的能量，来推动慵懒的早期新陈代谢。

过去10年中进行的大量实验已经明确表明：陨石可以从火星表面抵达地球表面，而不被高温杀灭其中的生命，因此，它们可以从火星携带生命抵达地球。[25] 鉴于在过去的45亿年里，超过10亿吨的火星岩石来到地球。因此，很重要的一点考虑是，生命可能最先起源于火星，然后被陨石携带抵达地球。

火星的直径大约只有我们地球的一半，质量大约只有地球的10%。火星作为一颗较小的大行星，引力场较弱。因此，像陨石或气体分子等物质更容易完全逃逸。因为这个原因，当一颗小行星以15～20千米/秒的速度撞击火星表面，可以溅出很多表面物质，进入围绕太阳的轨道，而且从它们的行星抛出火星岩石时不会受到足够的加热或"震动"来使生命消亡。在地球上，**更强大的引力**意味着需要更多能量才能把物质溅入深邃的太空，通过这个方式发射出的物质很可能被熔化。科学记录表明：通过自然过程从地球上发射出去的物质，都无一例外地被"杀菌"了。

而如果生命曾经是在火星上演化出来的，它就很容易逃脱；另一方面，地球强大的引力场意味着在漫长的地质年代里，地球在保持水圈和大气圈完好无损方面，要大大地优于火星。火星上的大气压力是如此之低，以至于液态水在室温下就会沸腾。最新的火星探测器——2012 年登陆的**"好奇"**号探测器的数据明确表明：曾有咕咕冒泡的水流，欢快地渗透到冲积扇中，流向"好奇"号着陆的地方——位于
60 盖尔陨坑（Gale crater）的一个大湖泊或者海洋。一个有火山岩、充满了咕咕冒泡的水流、海洋以及活跃水循环的世界，应该有生命。或者它有可能有过生命。我们主张，有可能目前地球上的生命实际上最早是在这种地方演化出来的。

如果我们回溯到有关更久远的冥古代地球的记录，很明显早在 44 亿年前就已存在海洋。克什维克和维斯[26]在本世纪提出的新的可能性是：生命采用的本纳假设的硼酸盐路径，最初在火星环境形成，然后经过沙漠环境中相连接的陨石坑。现在，大量实验证实，复杂的有机分子，甚至休眠期的微生物，可以从火星运输到地球，阐释这一过程的学说被称为宇宙胚种论（比如说 3.6 亿年前，火星表面的大撞击把大量的火星陨石撞掷到地球上）。由此一来，火星生命便被播种到了我们的行星。

　　　　　　　　新生命史：生命起源和演化的革命性解读

支持**火星起源说**的还有一点证据，基于加州大学圣克鲁斯分校的大卫·笛默的一项新研究。[27] 使 RNA 链足够长来做任何事情的一个大问题是，要让它链接到 RNA 的其他部件来形成"聚合物"（一个由许多亚基形成的 RNA 长链，称为 RNA 核苷酸）。笛默发现冻结单核苷酸的稀溶液会使冰晶的边缘聚集很多核苷酸。那时地球上没有冰，但是火星正像现在一样曾有很多极地冰，特别是在其历史早期，太阳比较暗弱的情况下。

形成生命：一份 2014 年的总结

研究早期地球怎样从无生命中产生生命，在一定程度上取决于**我们做的试管实验能在多大程度上接近于"形成生命的过程"**。即使在五年前，答案仍然是——还差得很远。但是，多亏了由 2012 年度诺贝尔奖获得者、生物化学家杰克·索斯塔克（Jack Szostak）带领的一支哈佛大学研究队伍，我们比大多数公众所认知的**更近了一步**。[28] 索斯 ⁶¹塔克及其同事已经花了近二十年的时间做 RNA 的化学实验。最早的信息分子是 RNA，或是它后来演变成了很像我们所知的 RNA 的东西。在本世纪，索斯塔克团队正是在 RNA 研究方面取得了长足的进步。

这个诀窍是试图让溶液中的核苷酸一个个连接起来，形成长度较短的 RNA。一旦形成短的 RNA，那么把它们连接成一个链，就要比让它们复制更容易。然而，当约 30 个左右核苷酸连接起来时，它们就会形成一个链，因为在这样的长度及更长的长度，核糖核酸分子就拥有了一种**全新的属性**：它会成为一种化学催化剂（一种有助于加快化学反应的分子）。在这种情况下，反应速度加快，无异于把一个核糖核酸分子复制成两个相同的复制品。

在早期的地球，要让 RNA 链至少有 30 个核苷酸那么长，可能需要黏土作为一个附着板。黏土矿物蒙脱石似乎最有利。根据这一假说，漂浮在液体上的单核苷酸偶然撞上了黏土。它们与黏土弱结合并固定住。在黏土矿物的某些部分上，产生了 30 个或更长的核苷酸链。因为它们只是弱的结合，所以容易分离，而如果有一些这样的 RNA 链的富集被包裹进脂类丰富的液泡中，颇像肥皂泡那样，就会造出最早的原始细胞。

生命所必需的两个主要因素：一个是可以复制自己的细胞，一个是可以携带信息以及进行化学催化的某种分子（催化剂会改变条件，使某一个原本不会发生的化学反应发生）。如果足够的 RNA 新成分能被带入细胞，那么随着适当的新化学物质被带入细胞本身，RNA 的催化作用会复制出更多的 RNA。旧的想法是，细胞和携带信息的小分子各自在某处形成，然后再合并起来。现在看来，它们是协同演化的。

62　　许多生物学家认为，最早的生命就是这样的：一个"赤裸裸"的 RNA 分子，漂浮在一种核苷酸汤里，然后一遍又一遍地自我复制。但更为人赞同的观点是，细胞和 RNA 作为一个单组演化——在脂肪的双壁细胞中，小的 RNA 核苷酸通过获取更多的脂肪和核苷酸生长，它们可以通过脂肪细胞壁中的缺口；而其内部联接着的核苷酸的分子由于过大则无法通过这些壁。早期地球形成原始细胞必要的可利用的物质，是会结合形成脂肪（脂质）的分子，它们本身就很容易连接在一起形成片状，再形成球状。

　　　　　　　　　　　　新生命史：生命起源和演化的革命性解读

华盛顿大学海洋学家在中北大西洋迷失之城（Lost City）洋中脊喷口的新发现。它们由石灰质岩组成，因此颜色比太平洋更常见的黑色烟囱要白。人们认为，这些地点是地球上最有可能首先组装生命的地方。（图片来自华盛顿大学，经准许翻印于此）

63　　　　由于脂肪分子的化学特性，充足的脂肪分子不断积累，被搅动时，很容易形成空心球，就像水会在一个短时间内在表面形成一些小水滴一样。随着这些球体的形成，如果可以形成 RNA 的分子（核苷酸）存在于液体中，这些球体将充满这些可形成 RNA 的分子。在这里浓度又一次地构成了关键，也是我们为什么不断使用"原始汤"这个类比的原因。如果 RNA 在里面有任何形成的机会，就会有大量核苷酸卷入突然形成的原始细胞球体中。当然，除非新的原始细胞具有某些特性，可以通过细胞壁主动或被动地从外向里运输核苷酸。

　　细胞壁不仅以核苷酸为"食"，而且会积累更多的脂肪分子，从而变长，成为一只香肠的形状。最终，它会分裂，变成两个球体，每一个现在携带大约一半的 RNA，当然还有很多其他的成分，不只是RNA。为了在任何持续时间里起作用，细胞就必须获得能量，而这需要由蛋白质制成的"化工机械"。因此，在它的内部必须有很多化学物质，使需要的化学物质以有序的方式进入，丢弃不需要的化学物质，而且还要有足够的备用品（各种分子）。

　　这是演化开始的阶段。一些细胞可能基于新细胞内分子的性质而复制得更快。因此自然选择开始发挥作用，而且，正如我们知道的，生命的引擎已经打开，细胞能自治、代谢、繁殖和演化。其他的，就像伟大的弗兰西斯·克里克很久以前所说的名言：其他的已载入历史。

达尔文的门槛

　　早期的地球生命细胞可能像组合屋一样，每一部分都是在不同的

地方被安装上，然后被运送到了某一个地方。运输系统可能是通过水
或空气。后一种情况受到始于 2010 年的新工作的大力支持，新工作着眼于在高层大气中发现的生命数量及生命物质。

最早的生命可能是由具有多孔细胞壁的细胞组成，从而允许整个基因组进行交换，这一过程称为基因水平转移。终于在某一个时代，这一细胞系统从短暂过渡到永久。生物学家卡尔·伍斯称这一点为"达尔文门槛"。在某种意义上，这一点接近现代意义上可以辨识出物种的点，是自然选择（即演化）接管的点。比起简单的前体细胞，自然选择更青睐功能更复杂的完整细胞，这些细胞以更简单的模块种类为代价，取得蓬勃的发展。

当基因巨变停止时，现代地球生命也就诞生了。一些研究生命早期演化的人（如卡尔·伍斯）认为这种等级组织的形成，是演化史上最重要的事件。然而，这些最初的细胞肯定不是单独的，因为生态系统可能挤满了各种各样复杂的化学聚集物，它们至少具有一些生命的特征。我们可以想象一个由生命、接近生命之物、向生命演化之物组成的一个"巨大动物园"。那动物园里有什么呢？有种类繁多的核酸生物，它们现在已经不复存在，也因此没有名字。我们可以想象，结构复杂的化学混合物已大致定义为 RNA 蛋白生物、RNA-DNA 生物、DNA-RNA—蛋白质生物、RNA 病毒、DNA 病毒、脂质原始细胞、蛋白质原始细胞。所有这些生命（或近乎生命）的物质存在于一个繁荣的、混乱的、富有竞争性的生态环境（这是地球生命最具多样性的一段时期，大概是 39 亿到 40 亿年前），但我们的新观点认为它出现得已经相当晚，而不能说早。自然选择把近

千种原本各不相同的生命减少到了一种。

诺贝尔奖得主克里斯汀·德·迪夫表示，一旦早期地球熔炉中各种成分各就各位，然后施以适量的能量，生命很快就会从无生命物质中浮现出来，也许就在几分钟内。

第五章　从起源到氧化：35亿～20亿年前

　　澳大利亚西北部人烟稀少，过客不至，几乎构成了一个"地球之最"。它涵盖的陆地面积接近美国西部落基山脉到太平洋海岸的范围，而且这个巨大的区域非常干旱，土地主要是红色的，包含一些可用于"理解地球生命历史"的最重要的遗址。其中最重要的，就是发现地球上已知最早生命的遗址。至少，在一个被称为皮尔巴拉（Pilbara）的荒凉地区，富含氧化铁的古老山脉为地球生命最早的遗迹提供了一块红棕色画布——皮尔巴拉的红色山丘由大量的铁矿石堆积而成，因为它古老的含铁层，该地区成为大型的露天开采矿，其中大部分都被尽快地装上无穷无尽的货船，接连不断地运往中国。

　　然而，在皮尔巴拉古老的山脉中，还不止发现了铁矿石。人们长期以来一直认为这荒芜且岩石裸露的景观中，包含地球上最古老的化石遗址——包括在前一章描述的埃佩克斯燧石，以及参与"最古地球生命"大赛的后起之秀——斯特雷利池，距离皮尔巴拉埃佩克斯燧石岩层的位置不到20英里。

埃佩克斯燧石岩层和斯特雷利池没有大力鼓吹它们有化石（或没有化石，在顶燧石的情况中）。然而，其周围的乡野中具有早期生命存在的确凿证据，因为景观里有丰富的叠层石——这是由浅水产生的分层隆起的沉积物和宣告生命存在的潮间带细菌滑层，从其起源之后大概 5 亿年的时间里，它们确实是地球生命中最常见的种类。讽刺的是，完全巧合地，在澳大利亚西部一段很长的河口——"鲨鱼湾"的尽头，也是亘古世界最后的海洋遗迹之一，这个亘古世界没有一丝大气氧或溶解氧，它的一小部分遗迹留存至今。

66　　既存在已知最古老的生命化石，又碰巧存在看起来像**最古老生命**的最佳例子，这两者使澳大利亚西部作为"世界上最重要的地球早期生命的博物馆"给人们留下了不可磨灭的印象。从第一次出现生命，直到第一次雪球地球事件基本上结束了太古宙，这种长时段（超过 10 亿年）的化石记录，主要是从叠层石的存在，以及在像玛瑙般的燧石中发现稀有罕见的化石而为人所知。提供最多关于**地球最古老生命性质**的信息的两个地区，都具有叠层石：一个是澳洲西部的"北极地区"，另一个是南非的巴伯顿绿岩带（Barberton Greenstone Belt）地区（位于南非著名的克鲁格国家公园附近），这两个地区都具有非常古老的叠层石。

在 20 世纪的大部分时间里，人们都认为这些结构是作为藻垫的副产品而形成的（作为光合作用的结果，它可以诱导碳酸盐沉淀）。但在过去的 20 年里，许多地球科学家得出这样的结论：浓盐水的化学沉淀中也可以直接形成一些（但不是全部）精细的层压结构。要区分出哪些是来自生命过程的化石，我们有必要研究它们现今的代表，而实际上，这样的代表实在是很少。

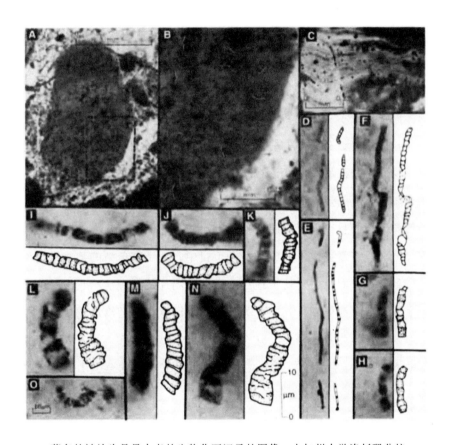

著名的被认为是最古老的生物化石记录的图像，由加州大学洛杉矶分校的比尔·萧普弗在 20 世纪 80 年代和 90 年代发表。这些化石的年代都超过 35 亿年。随后，它们的年代（现在认为要晚 10 亿年），甚至它们作为化石的身份都受到了质疑。

如今，观察现存叠层石的最佳地点，是一处"世界遗产地"——同样是在澳洲西部，即前面提到的鲨鱼湾。在那里，可以在光合细菌群落的顶上和下面发现巨大的（有时宽达数米的）夹层沉积物沙丘（主要是沙和泥）。如果用切石锯把这些叠层石切成两半，会显示出精细的间隔层（露出一些极具特色的波动）。叠层石的顶部通常是圆的，但切片展示了形状和结构绝妙的多样性。

　　长期以来，鲨鱼湾的叠层石一直被誉为理解太古宙最好的途径之
67 一。我们再一次看到均变论在其中所发挥的作用：结构、化学和（居住在澳大利亚酷热角落的）具有这些结构的生物，毋庸置疑是遥远过去的窗口，而且在解释叠层岩化石的时候，它们的存在具有不可估量的价值。但在没完没了的电视特别节目中，关于鲨鱼湾的某些事情没有得到报导，而且关于这个地点的文章和图片的处理显示它绝对不是一个太古宙海洋模型。其中至关重要的是栖息在鲨鱼湾最重要的叠层石地区的其他生物的身份（这个湾是极为广阔的，覆盖面积超过220
68 万平方英亩）。它们能提示人们"地球生命在最初的至少十亿年中是什么样子的"。

太古宙的生命和通向氧气之路

　　25亿年前，一些重大变化影响了地球和生命的历史——这些变化的后果是如此地严重，以至于在地质年代表中，它标志着一个新的宙——元古宙。最古老的宙是冥古宙，它开始于地球形成之时（45.67亿年前），结束于最早的岩石记录出现之时（约42亿年前）；

　　　　　　　　　　　新生命史：生命起源和演化的革命性解读

之后是太古宙，地球历史上的一个暴力激荡的时代，随着小行星开始猛烈撞击而发轫，结束于 25 亿年前，随后进入元古宙；从太古宙到元古宙的转换，大致与氧气的出现同时发生，而制造氧气的，是光合生物。

光合作用是生物将惰性的二氧化碳转化为活的细胞物质的过程（从而把无机碳转变为我们所说的有机碳）。有证据表明，在生命最早演化出来的太古宙（42 亿到 25 亿年前）就出现了一些光合生物。这似乎也表明，光合作用的演化发生的时间在最古老的生命之后。最早的生命可能用氢作能源，氢与硫原子发生化合反应，产生（对于生命的历史）非常重要的化合物硫化氢，来满足它的能源需求。[1] 氢富含能量，这就是为什么从汽车到发电厂的一切生产中，人类技术都在试图驾驭氢。我们也知道，太古宙生物似乎使用**现今生物仍在用的生命必需的主要元素**：碳、硫、氧、氢、氮。

我们有一些关于 35 亿年前海洋和大气性质的信息。当时，二氧化碳的浓度可能远远高于我们今天的水平。大气中可能含有大量的水蒸气，以及甲烷气体；这种大气能保持热量，从而在太阳的精力还不太充沛的时候，温暖地球这颗行星。没有这些太古宙的温室气体（水蒸气、甲烷和二氧化碳），地球上将没有液态水。温室气体创造了使地球变暖的机制——一个可以锁住热量的大气层，否则地球就不能保持温暖，但它同时也是一袭没有氧气的大气层。

我们对现代环境的研究，似乎可以作为有益的类比，启发我们对漫长的太古宙生命的许多认知。低氧环境，如今在我们的海洋里相对少见，但较常见于小湖泊中。事实上，许多现代湖泊其实质是分层的，在一层薄薄的含氧（吸收自空气）的水层之下，是完全不含氧气的水体。对于居住在这类环境中的微生物群落的研究，让我们有机会洞见"过去的生命是什么样的"。现代湖泊中对碳循环必要的重要生物群体之一，以及在太古宙的海洋水域里最可能存在的生物，与化学物质甲烷相关。如前所述，甲烷气体有助于留住阳光反射到地球上的热量，防止散失到太空中。[2] 一些细菌可以分解甲烷并以它为食，许多早期地球生命以这种方式利用甲烷。这告诉我们，地球生命演化之后不久，其获取能量的方式就迅速多样化，就像汽车的演变遵循"获取能量"这一因素——先是蒸汽，接着是柴油，然后是汽油（柴油和汽油都是含有能量的碳化合物，正如甲烷一样），很快将是氢燃料。虽然人类文明直到现在才使用上氢这种燃料能源，但是生命却很早就利用了它。

揭示地球早期生命历史的大部分证据，来自于沉积岩记录。例如，太古宙沉积矿床的特点之一就是在部分太古宙沉积岩中频繁出现的鲜红岩层，这些被称为"条带状含铁构造"（或 BIFs），而且除了在前寒武纪末期的一两次**雪球地球**期间，在过去的 18.5 亿年里，这70 些有趣的沉积岩都未在地表形成任何显著积累，我们将在接下来的章节，更详细地描述这件事情。

有一个长期存在的与这些 BIFs 沉积物相关的难题：为了像这样广泛、平缓地分布，铁必须溶解在水里，这意味着它应该处于绿色的还原态，即二价铁；另一方面，因为它已经沉淀析出，这意味着它已经是"继续生锈"产生的红色三价铁形式，它完全不溶于水，只能作为颗粒物从水中沉淀出来，而不能像糖一样溶解在水里。问题在于氧：二价铁与游离的氧分子 O_2 能立即反应，变成红色三价铁。任何颜色鲜红的铁或铁矿都告诉我们，这种铁已经经历了我们一般称之为**生锈**的化学变化，而这一变化往往需要氧分子。海水中的氧气浓度怎么才能**低到**使铁保持绿色可溶性形式，同时又**多到**让它有可能生锈呢？长久以来，这是一个令人费解的科学之谜。

五十年前，前寒武纪古生物学研究的巨擘之一（加州大学圣芭芭拉分校的）普雷斯顿·克劳德假设：让海洋中溶解的亚铁生锈成三价铁所需的氧气，来自于被称为蓝绿藻的一群原始光合微生物，现在称为蓝细菌。[3] 这是到那时为止，地球上唯一学会**如何进行光合作用**的生物，光合作用实际上具有分解水分子，释放氧原子的能力。它们的一些后代被其他生物所"奴役"，目前在植物和其他藻类中，作为收集绿色光的细胞器为我们服务。如今，地球上的每一株植物都有从那些最早的蓝细菌演化来的微小"胶囊"，但现在通过"胞内共生"在多细胞植物中执行任务。普雷斯顿·克劳德想象了一个由这些最早的光合作用者（蓝细菌）构成的浮动的"氧气绿洲"。每一个微小的蓝细菌都排出微量的氧气，经过亿万年，不仅从根本上改变了地球生命 71 的本质，也改变了地球的海洋、大气，甚至岩石覆盖层的化学性质。随着每一份微小的氧气释放到太古宙海洋中，小锈片就会沉到海底，缓慢而不可阻挡地积累形成带状的含铁构造。

氧分子是毒性最大的化合物之一。任何联合服用抗氧化剂和维生素补充剂的人都知道它们可以对抗癌症，而导致癌症的通常是由于氧在错误的时间、错误的地方破坏脆弱的细胞化学成分，结果将它改造成一个新的、僵尸一般的杀手细胞。**抗氧化**可不只是一句广告口号。氧是一种细胞的颠覆者——细胞的动摇者，通常因其凶恶的化学作用而成为细胞杀手。那么，生产这种有毒物质的生物，在释放出氧分子时，是如何幸存下来的呢？

这导致了一个经典的"鸡生蛋还是蛋生鸡"的问题：任何演化出能够释放氧气的系统的早期生命形式，如果不具有保护性的抗氧化酶，将会杀死它们自己，因此，控制氧气的系统应该先产生。但大气中的所有氧气是通过光合作用产生的，在此之前应该没有任何的氧气来驱动保护酶的演化！因此，一定存在着一些产生微量氧分子的非生物来源，让原始细胞暴露在这样一种环境中——使它们能够逐渐演化出酶系统以保护其免受这种毒害，从某种角度看，这就类似于我们小时候通过让自己暴露于轻微的疾病中，使我们的身体逐渐建立起抵挡致命疾病的防御力量。

但是，如果不是来自于光合作用，这种早期的氧气"疫苗"来自于哪里呢？在非生物途径下很难产生氧，但是有一个有效的办法：通过紫外线辐射参加的光化学反应（同样的紫外线会灼伤没有保护的皮肤）。紫外线照射水和空气中的二氧化碳分子，会产生微量的氧气和其他化学物质。如今，太阳紫外线辐射主要被高空大气中的一层臭氧层所阻挡，而臭氧层远远高于含有水蒸气的层（即冻结层）。但在地球历史早期没有氧气，也就没有臭氧，因此没有紫外线屏障。所以，来自太阳的强烈紫外线辐射摧毁了地球，产生了微量的氧分子。不幸的是，与那些产生氧气的反应类似的反应，很快就将这些氧气消灭，使它们不太可能存在足够长的时间来产生生物效应，特别是因为所有这些都发生在紫外线辐射浴中，这种紫外线辐射浴非常善于干扰 DNA、杀灭任何它所辐射到的生命。我们需要的是一个在氧气被消灭之前，允许氧气从其他产物（特别是氢和一氧化碳）中分离出来的机制。

我们已经知道两个进程可以做到这一点。首先，如果水在大气层的高处，那么被紫外线释放出来的很大一部分氢原子的运动速度将快于地球的逃逸速度（第二宇宙速度），从而散失到太空中。这使得少量的氧气、臭氧、过氧化氢从上面扩散下来（太重而无法逃逸），但真的只有"涓涓细流"而已。而早在它们能够进入生物圈之前，生物活动和火山喷发产生的还原性气体就很容易遏制住这些含氧的化合物。第二个过程发生在地球表面，但是在冰川的表面上。在今天的南极洲，"臭氧空洞"允许更广谱的紫外线辐射到达地面，它能够分解水分子，最终生成氢气和过氧化氢（双氧水）。过氧化氢被锁入冰中，与氢气分离。我们与加州理工学院的研究生梁丹尼（Danny Liang）一起合作，计算出在前寒武纪冰川作用下高达 0.1% 的冰可能是由过氧化氢组成的，而当冰川融化时，转化为氧气和水。[4] 尽管这不足以支持呼吸，但它却足以造成携带着我们称为"演化"的工具箱的**生命**发生反应。正如下文所述，我们认为：在前寒武纪的一个冰期中演化形成了最早释放氧气的蓝细菌，而且它一定具有"防止自己被氧气所伤"的能力。

在 2008 年的一篇论文中，对生命和早期地球的研究最有经验的研究人员之一，华盛顿大学的罗杰·别克，把关于"何时"发生了氧化作用的几种选项，简化成如下几条：第一，在大气形成之前（如今

73 天在所有绿色植物中常见的）数亿年，产氧光合作用就已经出现，因为要氧化持续产生的还原性火山气体、热液流体和地壳矿物质需要数亿年的漫长年代。第二，它出现在约 24 亿年前，即我们在文中提及的导致环境发生直接变化的大氧化事件。第三，通过光合作用或其他任何方式生产氧气，开始于地球历史早期，在地质记录开始之前，导致太古宙（早于 25 亿年前）高度氧化的大气的形成。为了在这些方案之间做出选择，现在让我们看一看目前的记录，因为我们知道——这对于正确地理解生命历史非常重要，而且在我们获得的知识中，确实有很多对于这段历史的"新认识"。

大氧化事件的地质限制

尽管普遍认为，蓝细菌的演化是这颗行星上意义最深远的生物事件，甚至超过了真核细胞的演化及后来多细胞生命的演化，但有一个出人意料的分歧，即这一开创性的生物创新究竟发生于何时？五十多年前科学家发现，地球上最古老的河流沉积岩中含有常见的矿物黄铁矿（愚人金）的圆形颗粒以及另一种含有微量铀的矿物（称为沥青铀矿）。这些矿物在氧中极不稳定（它们像铁一样会很快生锈），而且它们从未见于我们空旷、含氧的海洋和陆地，除非见于完全切断与正常含氧大气的接触的地点。这导致了人们得出"直到太古宙即将结束的一段时间之前，可能晚至 25 亿年前甚至更晚，大气中几乎不含氧"的初步观点。地质学界的大多数成员认为，即使到了后来的这些时代，大气中的氧气水平仍然很低，以至于黄铁矿和沥青铀矿颗粒可以存在于陆地和海洋中，而不生锈。事实上，只是在 25 亿年前形成

　　　　　　　　新生命史：生命起源和演化的革命性解读

的岩石中，我们才发现了大量的黄铁矿和沥青铀矿，这表明在那段时期空气和海里的氧气量是零。然而，在 24 亿年前，这两种矿物从海洋中以及陆地上的岩石中消失了。这是否意味着，蓝细菌最早只能在 25 亿至 24 亿年前演化出来？这引发了一次对理解生命史有重要意义的深刻讨论。

解决这个相当重要的问题，需要多年的研究。分歧集中在蓝细菌的演化是否在大约 25 亿年前？或者再早 10 亿年——接近 34 亿年前，因此几乎与地球生命同时出现。在 20 世纪 90 年代末，当时化学化石（也称作生物标志物）的新用途，看似解决了这个问题。澳大利亚地质学家发现他们得出的结论是，在太古宙晚期（25 亿年前），浅海里的某种东西创造了氧气，构成了明确的生物标志物（这一证据）。他们报道了太古宙岩石中痕量级的生物标志物——这些（至少在现代生物圈中）需要分子氧来完成其合成途径；一类被称为固醇的有机分子就是最好的一个典型例子。

这个发现非常奇异，我们将转述这篇论文的摘要如下：在古老的澳大利亚沉积岩深处的核心部位中，从其 27 亿年高龄的沉积地层中发现的分子化石（生物标志物）的记录表明，这些古老的地层实际沉积时，它们处于与进行光合作用的蓝细菌共享的环境中，这将已知最古老的制造氧气的植物微生物的时代大大地往更古老的时间推进。但更令人惊讶的是，在采样的地层发现了第二种生物标志物——甾烷，这不仅为原核生物的存在，而且为真核生物的存在提供了有说服力的证据（真核生物群最早的化石来自比所研究的这支岩芯晚十亿多年的地层）。

这篇文章发表在著名的《科学》杂志上，它向科学界抛掷出了革命性的新发现，有两个原因：不仅因为发现制造氧气的光合作用很早就已出现，还发现生命三大类群（域）之一的真核生物也出现在这古老的岩石中（另两大类群是细菌和古细菌，都是以单细胞为主的微生物）。所有证据取自地球深处的核心。其关键要点是，光合细菌和真核生物的存在时间远早于以前的认知，可以追溯到 27 亿年前。这篇激动人心的文章，一举改写了科学史以及生命史。

但科学是关于怀疑和质疑的。让我们跳跃到近十年，来到 2008 年，看一看关于这个主题的另一篇论文，其合著者之一是约亨·布洛克（Jochen Brocks），上文提到的 1999 年发表的科学论文的资深作者。文中两个核心句子如下："真核生物和蓝细菌最古老的化石证据分别恢复到了 17.8 亿～16.8 亿年前和大约 21.5 亿年前。我们的研究结果排除了 27 亿年前产氧光合作用的证据，也排除了有生物标志物证明 **24.5 亿～23.2 亿年前大气氧的兴起长期滞后于制氧蓝细菌出现**（约 3 亿年）的证据。"

真是大不一样！那么，在 1999 年至 2008 年之间发生了什么，导致这种突然的科学转变？

20 世纪 90 年代末，原始生物标志物的研究受到几个方面的批判，包括在大氧化事件之后，"很多古老的、不使用氧气的生化通路改弦更张，吸收了使用氧气的酶"这一事实。然而，生物标志物研究的真正问题是获取样品的方法，而不是分析样品中有什么。研究者发现了珍贵的生物标志物。但是，这些生物标志物是如何渗入岩芯的呢？岩石并不像我们常常认为的那样不透水、坚硬和持久。实际上，岩石存在的环境往往会发生化学变化之后又发生污染。20世纪90年代末，**人们尚未充分认识到**需要认真检查这些古老样本中发生后发性污染的概率，并消除其影响，特别是当假定的生物标志物的浓度低于其在周围空气中的浓度时。

因此，生物标志物研究的主流圈子，发生了巨大的恐慌。他们中 76 冉冉升起的科研新星——澳大利亚国立大学的布洛克于2005年突然改变了他的观点（即最终导致我们前面引用的2008年的那篇文章），认为污染物搞乱了他那证明存在太古宙生物标志物的论文！而这又相应地使得一个主要的地质生物学基金资助机构——阿杰朗研究所（the Agouron Institute）支持用测试污染的新方法，重复"生物标志物科学钻探"项目中的关键实验。结果截至写作本书的2014年中期没有发现生物标志物。事实上，在2013年年底的一次会议上，揭露出污染源是一片不锈钢锯条，是（被制造商）用成品油高压、浸制而成的"不锈的"钢！在撰写本书时，生物标志物学术圈还没有研发出科学上经得起推敲的实验方法，来证明任何太古宙岩石中的有机生物标志物能追溯到其沉积物堆积的时代。

关于"地球大气中分子氧起源的争论"的另一个大构想，来自于用一种新的地球历史工具进行构架——与硫同位素的浓度相比，我们已经发现并将在讲大灭绝的部分再次发现：比起碳同位素的组合，硫同位素的浓度对研究生物更有用，甚至可以用来确定地球最早生命出现的时间，因为活细胞更喜欢同种原子（如碳或氧，还有我们在这里所说的硫）中的特定同位素，胜过喜欢同一元素的其他同位素。在正常的化学反应中，较轻的同位素在反应系列中的移动速度要稍快于重的同位素，因为较轻元素的化学键较弱，可以更快地构建或打破，产生更高的反应率，因此，比起大量更重的姐妹同位素，植物更喜欢较轻的碳和氧同位素。2000 年，詹姆斯·法夸尔（James Farquhar）、马克·西蒙斯（Mark Thiemens）和加州大学圣迭戈分校的同事们，想出了一个新方法，即利用在已知年龄的岩石中发现的硫同位素的相对数量，来告知我们特定种类的生物可能出现的时间。

法夸尔和西蒙斯分析了从太古宙到古生代的沉积岩中硫同位素的模式，发现约 24 亿年之前，硫同位素发生了剧烈的变化。但在更晚些的岩石中，这些波动消失了，对这一变化最好的解释是：这是缺少紫外线轰击地球大气中的二氧化硫分子而导致的。这只会在臭氧层形成时发生（臭氧层在那时最早形成，并留存至今）。如果没有氧，就没有臭氧屏障，而我们现在有证据表明：约 24 亿年前地球上没有臭氧层。在这之后，许多其他沉积指标开始暗示大气氧的存在。

所以，24 亿年前地球上没有氧气，至少没有足够的氧气来形成一袭臭氧层。但当时有任何地方存在蓝细菌吗？可能没有。当南非主要的科学钻探工程（由上面提到的阿杰朗研究所资助），很明显地未能发现大氧化事件，资助方允许团队在南非稍微年轻一点的沉积层（它们当然经历过这个事件）中多钻两孔。这个时间段介于 24 亿到 22 亿年前，即被称为**古元古代**的最早时期。果然，他们发现了一些很奇怪的东西。如上所述，黄铁矿、沥青铀矿这两种矿物与硫同位素，都是缺氧的强有力的指示物。在这个图谱的另一端是锰元素，它通常也能有力地证明自由氧分子的存在。新的数据表明了有高水平的氧化锰沉积，但在相同的岩石中，还有其他指示物表征**缺氧**！

　　但情况其实更加复杂。我们在加州理工学院的年轻同事伍德沃德·菲舍尔（Woodward Fischer）与研究生杰纳·约翰逊（Jena Johnson）和加州理工学院的校友山姆·韦伯（Sam Webb，负责斯坦 78 福大学直线加速器的微量分析光束线的人员之一）一起工作，他们决定做进一步研究。[5] 结果是，包含沉积锰金属的沉积物中，也具有泥沙般大小的黄铁矿、沥青铀矿和不需要游离氧的硫同位素的碎屑（氧气含量小于 1ppm）。这完全出乎意料，并让事情变得更糟了。他们与加州理工学院的另一名年轻同事迈克·兰姆（Mike Lamb，沉淀中矿物运输方面的地球物理学专家）一起，将这种**无氧**的限制性状况扩展到了整个沉积体系。我们在三角洲边缘采集的泥沙样本，是原本在大陆的某个地方被侵蚀，然后通过河流系统运输经过蜿蜒河流、沿海河口、近岸的沉积环境流向三角洲末稍远处。这些环境中甚至连 1ppm 的游离氧[6] 都没有，因此明显不是由冰川融化形成的（冰川融水可能会含少量游离氧）。喜氧的蓝细菌有着众所周知的营养需求（主要是铁和磷[7]），沿着这条沉积路径的很多地方都能提供这些物质。它们生长的时候，产生大量的氧气泡。如果这些"产氧光合作用的群岛"确实存在过，那么它们当时在哪里呢？对它们的生长最为不利之地就是远离海洋、远离这些营养来源的地方。那是普雷斯顿·克劳德 79 上面提到的前景，但坦率地说，它在这种背景下没有什么意义。在那些颗粒穿流的环境中，缺氧指示物的存在与氧气和蓝细菌的存在，是完全矛盾的。

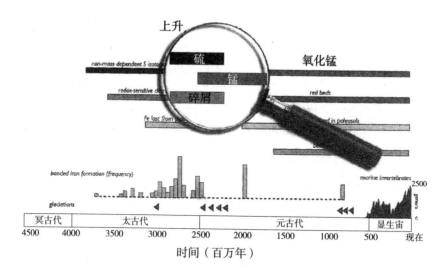

図中文字：上升　硫　锰　碎屑　氧化锰

non-mass dependent S isoto...
redox-sensitive d...
Fe lost from p...
...d in paleosols
...b...

banded iron formation (frequency)
glaciations
marine invertebrates
2500

冥古代	太古代			元古代			显生宙	
4500	4000	3500	3000	2500	2000	1500	1000	500　现在

时间（百万年）

氧气的出现与地球化学信号相互矛盾的重叠区间。泥沙大小的圆形颗粒黄铁矿和沥青铀矿，可以很快地被最微弱的氧气破坏，而这与锰沉积的最早脉冲式沉积（通常需要分子氧）有关。这种重叠区间（见放大镜）可能暗示了形成锰沉淀的光合细菌的存在，这将是生氧光合作用演化道路上一块重要的垫脚石。加州理工学院的伍德沃德·菲舍尔（Woodward Fischer）供图。

　　那么，对这一悖论的解释是什么呢？我们认为，在这个时期（24亿年前），蓝细菌的氧气排放系统还没有演化出来，但是，演化到**这一步所需的许多步骤**已经发生了。结果表明，在释放氧气的光合作用中，收集能量分解水分子、释放氧气的实际**生化复合体**，依赖于四个锰原子和一个（因走运而被扔进来的）钙原子的聚集。当活的植物从零开始合成这种蛋白质时，在光量子的氧化作用帮助下，锰原子被吸到这个复合物中，而且每次反应有一个锰原子参与。我们认为，沉积

新生命史：生命起源和演化的革命性解读

物中，这些独特的锰元素富集（不是一点点的小喘气）可能是蓝细菌祖先的产物，它们吸收溶解在水中的还原态锰，作为光合作用需要的电子来源。[8] 已知有许多原始的光合细菌与硫化氢、有机碳和二价铁，一起参与这种反应，但是尚未发现可以用锰进行这种反应的。这种光合作用，会在沉积物中留下大量的废料氧化锰，但不会释放氧分子破坏沉积的黄铁矿、沥青铀矿，或创建一个臭氧屏障来改变硫的化学命运。沉积锰以及圆形的黄铁矿、沥青铀矿碎屑颗粒的这种重叠区间，存在于并只存在于一段短暂的地质时间，即 24 亿至 23.5 亿年前。[9] 如果这确实是蛋白质演化的时代，那么其他所有关于早期产氧光合作用的间接意见就一定是错误的。这是我们在此提出的一个新的、有争议的解释——但我们相信它是正确的解释。

在我们的模型中，这种锰氧化微生物，对当时的世界来说是新东西，它们很可能通过一些新的随机变异，主宰生态系统达数百万年，直到耗尽地表水中溶解的锰。通过一些生物化学的重新排列，这小小的新型微生物就可以直接从水分子中抓取电子，并在此过程中释放大量氧气。这将是最早的真正的蓝细菌，因为水基本上无处不在，它们的生长将不再受到环境中电子供体的限制，只需要微量的铁和磷酸盐。但在这段时间里，有清楚的冰川沉积记录，而这些沉积物中含有大量新生蓝细菌生长需要的铁、磷酸盐和其他营养物质。事实上，这种冰期的快速增长将通过很快地去除二氧化碳和甲烷这两种重要气体，在不到一百万年里摧毁行星的温室，使系统在短时间内难以恢复。[10] 温室突然毁灭的结果将是一次全球性的冰川作用，称为"雪球地球"事件。

在前一节，我们抱歉出现了必要的复杂化学描述。但要正确表述这个故事，需要复杂性。我们现在看到，从这一时代以来，世界风云大变，不可阻遏。

来自地狱的雪球

在整个地球历史上，当高纬度受到冰川作用时，我们很少看到海洋分层（在海洋上层有一层很薄的含氧层，但在下面更厚的一层不含氧）。冷水在两极下沉，驱动环流。除此之外，冰川本身善于把大陆岩石研磨成粉末，并将其扔回海洋，其中有颗粒细小的铁锈和磷，这两样也是如今用于草坪和花园的肥料中的关键成分。冰山融化的卫星图像显示了它们所形成的一股光合作用活动的羽流，证实了不多的碎石粉末就能对海洋生产力产生强大的作用。甚至到了今天，人们还在激烈讨论着 2012 年一项在西北太平洋非法倾倒铁矿的试验，这个试验受海达瓜依群岛的委托（Haida Gwaii 群岛即以前的夏洛特皇后群岛），而仅仅两年后，这里的鲑鱼便大量增加。

大氧化事件发生之前，在太古宙和元古宙早期，有几个主要的冰期，包括 29 亿到 27 亿年前之间的三个小插曲，以及 24.5 亿到 23.5 亿年前之间更多的小插曲。简单的计算表明，在冰川前进的任何一个时期，排入海洋中的铁和磷酸盐的总量，都可以让蓝细菌（如果当时它们已经演化出来）绰绰有余地完全颠覆缺氧的表面环境，使行星大气和海洋表面变成像今天这样稳定的富氧状态；这在 100 万年之内就可以达成。[11] 事实上，当时没有发生这种情况，这就从另一个侧面强烈地表明——**产氧光合作用尚未发生**。

新生命史：生命起源和演化的革命性解读

制约大气中存在大量氧气的最近、最坚实的因素，源于巨大的锰矿物沉淀的，即南非喀拉哈里沙漠的含锰区域，可以追溯到22.2亿年前，这里也是阿杰朗科学钻探工程采样的盆地。这处矿床十分巨大，有50米厚，占地近500平方公里，沉积在大陆架上。这里没有黄铁矿、沥青铀矿碎屑或奇特的硫同位素痕迹。这样一处地带只能形成于富氧的环境中，因此，这提供给我们确定的蓝细菌世界、臭氧屏障和氧气的既存在于海洋又存在于空气中**的最古老年代**。

在这种沉积和底层锰的重叠区间之间的，是另一种奇怪的"野兽"——冰川作用如此严重，以至于它已深入到热带地区[12]，并且几乎冻结了整个海洋表面，爆发了第一次"雪球地球"事件。

实际上由本书合著者克什维克命名的第一次"雪球地球"事件，可能持续了近1亿年。[14]那么，"雪球地球"是什么？事实上，它们最早被人们发现，是在较年轻的岩石中。[13]

现在，我们知道冰川沉积产生于7.17亿到6.35亿年前，而且现在事实上见于所有的大陆。20世纪上半叶的两位地质学家——英国的布瑞恩·哈兰德（Brian Harland）和澳大利亚的道格拉斯·莫森（Douglas Mawson）早就意识到在前寒武纪有一次重大的冰期，看起来范围异常广大，遍布全球。虽然他们可以认出冰川起源的明确特征，如坠石、冰碛岩和整体底部冰川纹路的路径，但是这些沉淀仍然存在一些令人困惑的特征：许多碎屑由浅水层的石灰岩组成，冰川类似于巴哈马的情况（如今只形成于热带地区），仿佛冰川在碳酸盐岩地台上前进，撕出了许多碎块，被带到了远方。还存在一种异常出现的带状铁矿（类似于那些近 10 亿年前已经从地球上消失的物质），而且这些冰川沉积物通常覆盖着几层石灰岩（又一种低纬度地层的"指纹"）。1964 年，在《科学美国人》杂志上发表的一篇文章综述中，哈兰德坚决主张：冰川一定到达过赤道，因为不管地球的自转轴怎么偏转，仍然有一些沉淀物形成于低纬度地区。哈兰德也明确反对"海洋可能曾经完全冻结"的想法，因为它会引发"冰灾"（气候模型学家们向他保证，如果发生冰灾，地球绝无可能再逃出生天）。

测量远古陆地的纬度是地球物理学的一个分支——古地磁学的专长（古地磁学研究地球磁场的化石记录）。地球两极的磁场是垂直的，但在赤道上是水平的。因此，测量岩石形成时相对于水平层理面的磁场角度，就为岩石形成时的纬度提供了一个估计值。不幸的是，研究者有必要**实际证明**他所测量的磁性和岩石一样古老，而且要证明这些磁性不是在近代风化作用后或一些变质事件之后获得的。（为了使研究有意义，我们必须研究确确实实与岩石形成时间相同的东西。这是前面提到的对前寒武纪生物标志物研究的缺陷。）

验证低纬度冰川假设的可能性，吸引了很多进行古地磁分析的早期尝试。然而，1966 年，人们提出了地质科学的新范式：板块构造说。如果大陆可以彼此相对移动，那么前寒武纪的冰川沉积物实际上就有可能都是在两极形成的，并且板块构造可以将它们移动到当前的低纬度位置。低纬度的前寒武纪冰川的假说，基本上淡出了地球物理学的雷达网（视野）。研究早期地球的科学家认为，这看起来真是太牵强了。

新生命史：生命起源和演化的革命性解读

地球历史上第一次"雪球地球"事件中的一块条纹鹅卵石的样本：南非的休伦冰期。这种岩石在不同的方向有几套平行条纹，刻在所有的表面。众所周知，像这样的模式只有当鹅卵石被压在活跃移动的冰川底部的基岩上发生刮蹭才会形成。大多数这样的石头都被碾碎成了冰川尘埃，这一块儿很幸运地保存了下来。

这种状况一直持续到 1987 年。这一年，对直接来自澳大利亚之冰岩新样品的详细分析，证明了在沉积物从泥变成岩石之前，就已经有了低纬度的磁方向。这是证明**在赤道位置的海平面曾有广泛冰川作用**的第一个"刀枪不入"的铁证性结果。如果地球的赤道冻结了，那么两极一定更寒冷。在这种观点的推动下，人们的科学观发生了变化。一旦人们接受了"在遥远的过去也许曾有覆盖全球的冰原"这一观点，就能更加合理地解释化石分布、岩石类型甚至古地磁数据等已有的信息，但是这样一来，就会推断出主要的大陆板块位于赤道上。这些数据，端端不符合"冰川沿着大陆从高纬度地区缓慢移动（但从未覆盖海洋）直到它们到达赤道"这种通常被认可的模型！

随着重新审视"地球是如何在赤道产生冰川沉积"的各种可能性，显然，在研究这一时代的科学家中，至少有一些人认识到——地球实际上已经全部冻住了。一旦有了这种信仰的大跃升，其他方面就会风行草偃。浮动冰层会封锁住海面、削弱光合作用、压制其下面掩藏之海洋的气体交换，并导致海底变得缺氧。海底的热液喷口溶液中铁和锰的浓度会逐渐增大，这将为上述的带状铁矿石沉积提供所需的金属。没有了阳光进入的通道，光合作用被限制在少数能冲破坚冰的热液地区，就像如今在南极洲和冰岛发生的那样。进行光合作用的生物可以在那里生存。1992 年，在加州大学洛杉矶分校的一个项目中，本书合著者乔·克什维克在一部厚达 1400 页的书中发表了短短七段的一章（这是他四年前所撰），第一次统合了这个数据，并且给了它一个新名字：雪球地球。同时，他额外采取了一个步骤，假设（一个或更多个）元古宙雪球地球事件**可能形成导致生物快速演**

84

　　　　　　　　　　　新生命史：生命起源和演化的革命性解读

化的环境条件，也就是我们现在所接受的"动物门"辐射演化的驱动力。

那么，气候模型错在哪里呢？所有给出的解决方案都表明：一旦出现这种全球性冰期，地球将不可能从全球冰川中脱身逃生。问题是，这些方案的提供者们**没有结合考虑**随着地质时期而增加的二氧化 85 碳（它将逐步增加温室效应）这一因素。气候科学家——特别是詹姆斯·沃克（James Walker）和吉姆·卡斯汀（Jim Kasting）十年前就指出，因为二氧化碳在压力下其红外吸收光谱增宽，最终会帮助地球摆脱冰灾。然而，他们的意见只是一篇长文中的一个段落，而且，它从来没有被列入全球气候模型中，只是因为没有人曾经猜测过——这事儿确实曾经发生过！

在这一想法出版之后的 20 年间，许多地质学家、地球化学家、气候科学家进行了激烈的辩论来检验这一假设，扩大这一概念，并明确了模型的预测。例如，保罗·霍夫曼和哈佛大学的同事，贡献了大量稳定同位素的数据。这些数据表明，大气中二氧化碳浓度的升高最有可能转化为石灰岩和碳酸盐岩，而这会抑制冰川积累。地质年代学家利用高分辨率的铀铅测年技术，能够表明两大低纬度的间冰期在新元古代同步结束，这符合该模型做出的一项明确预测。

在这里，我们看到了对均变论原则的又一次重大反驳。因为海冰会阻挡阳光，所以雪球地球不可避免地会导致海洋生物生产的严重下降。一连串的雪球冰期及其超级温室效应的结局，一定对生命的演化施加了严格的"环境滤网"。前埃迪卡拉纪的化石记录提供了一些线索，但在海里，微化石的多样性以疑源类（体积小的浮游生物，但绝

对是真核生物）盈亏而闻名。许多生物都以其**大规模基因重组**来应对
环境压力。这种"基因组变化"在发育和演化上的意义是分子生物学
研究的热点话题。"多种多样的埃迪卡拉生物化石最早出现在雪球冰
期巨变刚过之后"的事实，支持了**认为它们的突然出现源自生态"触**
发"这一假说。然而，比对现存的生物分子序列表明，主要的多细胞
动物分化支在某些或全部的雪球事件之前就已经演化出来，但是，这
样的"分子钟"假定遗传变化的速率是均匀的。如果与雪球事件相关
的气候冲击，在大多数多细胞动物祖系中大大加快了基因替代的比
率，那么就可能调和分子证据与化石证据。

86

　　然而，一个冰冻的海洋，对于居住在其表面的生物而言，不是一
处好地方，因此，具有讽刺意味的是，直到标志性事件将它融化，大
氧化事件才能浩然开始。在雪球地球时期，蓝细菌可能在当地的热泉
中存活下来。地球是幸运的，它足够接近太阳，并有足够的火山活动
释放出温室气体，让它最终逃脱雪球状态，否则我们可能仍然被冻结
着，而直到未来的某时，当不断发热的太阳最终融穿了冰层，我们才
会有流动的海洋。如果地球离太阳稍微远一点，那么二氧化碳可能会
在两极冻结成干冰，从而剥夺地球从雪球状态脱身逃离的机会，使地
球变得更像火星。表面上的生物可能会完全死光。

　　有了新的氧气大气层的地球，是一处奇异的地方，至少在"生命
发生了什么"或"生命没发生什么"这些方面很奇怪。很显然，只能
在氧气存在之后，才能演化出来有氧呼吸（让我们能够呼吸氧气的生
物化学过程）。从氧气出现到能够呼吸的第一个生物体产生，两者之
间有一个时间间隔。事实上，演化将极大地有利于任何能够利用氧气

　　　　　　　　　　　　　新生命史：生命起源和演化的革命性解读

的生物，因为除了氧气，没有其他分子可以让**我们称之为"生命"的化学反应**进行得更快速、更精确，并且在消耗氧气的过程中，释放出那么多能量。

从地质记录中可以辨认出来：氧气释放的演变和生物圈中可以呼吸的生物的存在，两者之间有一个时间间隔。因为22亿年前的陆地面积远少于当今的陆地面积，所以当蓝细菌突然发现自己处在一个不再被冰雪封盖的世界时，它们会迅速入侵每一片海洋中新的、温暖的表层水，而且行星上的海洋将有数百万年时间，从热液喷口处获取营养原料，蓝细菌成倍增加，达到一个几乎无法想象的天文数量，并迅速增加氧气的量。它们将漂浮在海洋生态系统中，漂浮在光可以到达的浅层海洋范围里，甚至生长在小片土地上。虽然这些生物会疯狂地排出这种分子氧，它们也会迅速消耗这些氧分子在雪球地球事件中积累到大气层中的二氧化碳，在海洋环境中产出丰富的碳氢化合物。为光合作用每释放一个氧分子，就有一个碳原子纳入生命物质。如今，有氧呼吸生物吃进轻烃，并把它转化回二氧化碳。但是，如果生物还没有演化出呼吸氧气的能力，那么问题就出现了——所有漂浮的有机物质消失之后到了哪里？地球本应该有很多的有机物质，从而可能导致地球表面化学、海洋和空气发生重大变化，这样才对嘛。

油和氧在空气中混合，会形成一种爆炸性的混合物；一个闪电火花就会导致无休无止的反应。但分散在水中的油，作为小颗粒，只能通过微生物的作用来分解。如果没有有效的再循环，地球将经历巨大的碳循环失衡；特别是，应该产生大量的油，而且相等数量的氧气应该涌入大气。这一次，我们的确有21亿年前大氧化事件的证据，它形成了世界上最大的纯赤铁矿矿床（Fe₂O₃）之一：南非的赛申矿（Sishen mine）。[15] 当时，地球大气中的氧气一定是超负荷的，达到前所未有的水平，而如果没有某种异常的生物圈的驱动，它大概不可能达到那样的水平。如果环绕其他恒星的行星经历过相同的过程，大气中的高压氧就会挥舞光谱的旗帜宣告："喂——我们在这里，我们解决了光合作用的问题！"

事实上，在 22 亿至 20 亿年前之间，碳的同位素记录严重失衡，因此地球化学家特意给它取了一个名字"Lomagundi-Jatuli excursion"（失秩、异常），这是在我们这颗行星的整个历史中发现的最重大、最长久的一类事件。大部分从火山喷射出的碳，以有机物质的形式被禁锢起来，把氧气释放到空气中；如今，这个比例只有大约百分之二十。这一证据表明，当时地球上存在氧气，却不存在能够呼吸氧气的生物：蓝细菌引起碳循环的剧烈波动，排放出大量"碳化合物废物"，但却没有生物以这些化学物质为食。事实上，这种污泥的残留物出现在俄罗斯卡累利阿（Karelia）行政区一种称为桑加岩（shungite）的怪异的岩石中。如今，这些大部分油状化合物将很快地被呼吸氧气的微生物所用，发生生物递降分解——就和墨西哥湾深水地平线（Deepwater Horizon）钻井平台漏油事件中大部分原油的命运一样。这是环境因素阻碍碳氢化合物循环的直接证据。结果，氧气含量不断上升，直到它过于丰富，产生一种氧气过饱和的大气，形成一种远远高于今天的压力。如果当时曾经有过任何的森林，闪电的第一个火花就将导致一次全球性森林大火，它产生的热量和发生的范围将前无古人、后无来者，超过地球上有森林以来曾经发生的任何火灾。

当演化产生了最早能够有效呼吸氧气的生物体，生命历史中这一段奇怪的插曲就突然结束了。演化出来做这件事的，是基于铜的特殊的酶，但铜沉淀物本身的形成需要富氧的环境。一种全新的胞内体出现了，并直到现在仍然存在，这个细胞器被称为线粒体，是真核细胞的主要能量来源，真核细胞大于它们的原核（细菌）祖先，同时也是含有用壁分开其"房间"的巨大细胞（与以前的相比）。线粒体有自己的小的 DNA 片段，它曾经是一个能够有效呼吸的自由存在的细菌，其 DNA 就是从那时遗留下来的。结果，线粒体在最近 20 亿年做了"奴隶"。

值得注意的一个有趣现象是：对所有真核生物**最后的共同祖先**存在年代的最准确估计，都是大约 19 亿年。这可能标志着真核生物终于演化到了恢复全球碳循环平衡的时代。这似乎意味着，生物圈需要超过 2 亿年的演化，来产生一个足以应对**本质有毒的氧气**的反应。

第六章　漫漫长路，肇造动物：20亿～10亿年前

从**大氧化事件**（23亿年前臻于极致）到最早的**普通多细胞生物**出现的这段时间，被称为"无聊的10亿年"。其原因据认为是这段时间里，就主要生物学变化来说，几乎没有发生任何事情。这就好像生命的历史小憩了"一会儿"。10亿年时间，什么事儿都没有发生，这时间实在是太长了。但是就像很多其他时代一样，这"无聊的10亿年"最近被证明并不是那么沉闷。新的发现告诉我们，生命根本没有停驻。但同时，尽管不断有声音反对这种观点，却还是没有哪种动物有10亿年的历史。事实上，这一段漫长间隔期的发轫，始于大气中第一次出现大量的氧气，直到20亿年前生命的历史上发生了一次重大的革命——普遍出现了真核生物——像我们这样的、由有细胞核的大细胞构成的生命。在这段时间里，原生动物中出现了大量新生物种，其中有我们熟悉的，现在仍然存在的变形虫、草履虫、眼虫，以及它们的同类。与此同时，也出现了一些奇特的大型化石，包括曾经

发现的最奇特的化石之一。

　　各方专家一致认为，在22亿~10亿年前这段时间里，可能没有足够的氧气支持动物生存。[1] 这段时间利于我们快速总结出动物、后生动物和原生动物的区别。这三种都是真核生物——由多个细胞构成的有机体，其细胞含有细胞核和其他更小的细胞器，如线粒体。动物和"后生动物"是同义词。在它们的生命中除了受精卵时期，都是由多个细胞组成的。原生动物可以看作是类动物的，因为许多原生动物能够运动，并且有相对复杂的行为。但它们都是由单细胞组成的。虽然如此，它们的体形还是远大于细菌，结构也复杂得多。如果说大家对以上的观点都认可，那么对于这种状况的原因，就众说纷纭了。因为生命能够进行光合作用，那么就应该有远超过所有迹象所表明的，更多的生命存在。动物的生存需要空气中的含氧量至少达10%（我们今天大气含氧量在21%），看来，"光合作用"没有发挥作用。答案最终表明，从中作梗的又是硫这种元素，它以一种不断重复的模式，贯穿这段历史；硫的出现，通常是以其最具毒性，同时又赋予生命的形式——硫化氢，贯穿生与死的分子。在2009年发表于《美国国家科学院院刊》的一篇论文中，[2] 哈佛大学古生物学家安迪·诺尔（Andy Knoll）及其同事们发现，"无聊的10亿年"期间的氧气含量本应该在更高的水平上，但是事实并非如此，有某种因素阻碍了它们上升。在23亿年前大氧化事件中的单细胞生物，和很久之后才出现的更大的多细胞生物这两者之间，漫长岁月里，**缺乏一种实际的中间形态**。

　　在这漫长的间隔期中，没有什么可以被我们称为**复杂**的生命形

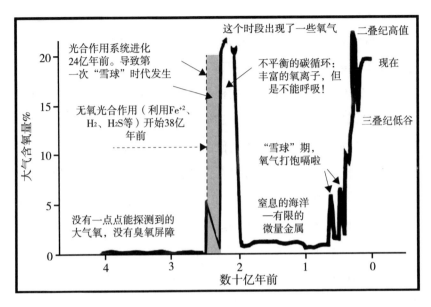

关于大气含氧量上升和相关事件的新模型

式。尽管我们希望在前面章节已经说得很清楚，但从分子和化学的角度去衡量，即使地球上最简单的生命形式，都是令人难以置信地复杂！其原因是，依赖硫生存的单细胞硫细菌过于丰富，它们与释放氧气的生命形式相互竞争。因此，空间和营养物质——所有生命都觊觎的东西，就成为这两个迥然不同的生命形态所竞争的资源。需要硫的微生物，被称为绿色和紫色硫细菌，如今依然存活在一些最具毒性的地方——浅湖和部分海道，这些地方没有氧气但水足够地浅，于是阳光能穿透细菌层，使之进行光合作用。但问题是，这种类型的光合作用不分解水，因此不产生氧气这样的副产品。

新生命史：生命起源和演化的革命性解读

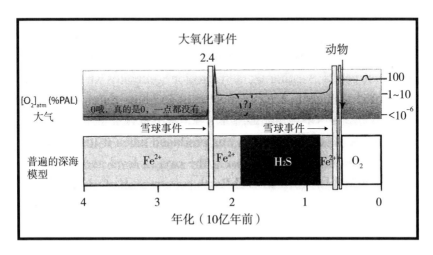

关于大气和海洋中氧气的修正模型

　　从根本上看，生命似乎是懒惰的。**分解水**实际上是一项艰巨的任务，会产出各种肮脏的、有毒的化合物。用硫化氢代替水分子进行光合作用，能够减少有毒硫化物的产生。甚至许多蓝细菌，如果让它们选择，它们也会关闭"制氧机器"，来使用硫化氢而不是水。

　　在"无聊的10亿年"间的大部分时候，海洋是分层的。最上层是含有氧气的、干净的表层水，单细胞的绿藻类在这里吸收阳光并用其能量供应细胞生长，同时释放氧气；但在它们下面，大概仅10或20英尺以下，是一层延伸到海底最深处的、完全不同的海水。在这层的最浅、最上层区域，是被无数紫色含硫微生物染成紫色的海水。它们所生存的这片水域，对我们当今世界上大多数海洋生物来说，是致命的毒境，因为它充满了形成于接近沸腾的硫黄液体中的有毒硫化氢。即使在死后，它们也会帮助剥夺世界上的氧气（当然是无意识的，虽然有些微生物专家似乎相信微生物一直以来拥有某种鬼祟的小聪明）。死后，它们微小的身体会沉到海底，或留在咸水中，或留在沉积物中填充足够的水域。腐烂时它们甚至会动用到更多宝贵的氧分子——它们上面那层薄薄的制氧微生物所生产的东西。珍贵的氧分子，目的地本是大气和清澈的海洋，却在这紫色恶魔的腐败中消耗了自己。

如今这种分层系统虽然在地球上很罕见，但仍然存在于几个地方。其中最出名的莫过于（密克罗尼西亚）帕劳岛上著名的"水母湖"。在这里，大型淡水湖泊中都挤满了大量丰富的水母，优雅地穿梭在海蓝色的、富含氧气的水中。然而在这像水晶般清澈、氧气和生命充溢的水下，大约几十英尺，存在着第二个更深的水层。这里是黑暗的，对于我们这些生活在阳光下、依赖氧气的生命来说，这里的环境糟糕透了。这里几乎没有氧气，但却有饱和的硫化氢液体。水体被无数紫色硫细菌染成了暗紫色，这种细菌使水体对于那些需要丰富氧气的生命来说很不安全，无法利用，但这对它们来说可能一点也不单调。

紫色硫细菌和它们的尘世需求，最终被打回了阴湿有毒的角落。但它们一直"隐忍待变"，随时准备着夺回（约6亿年前，氧气终于突破到更高水平时）它们所失去的那个"好地狱"。它们可以被认为是"邪恶帝国"。在随后几章，我们可以看到这一帝国在泥盆系、二叠纪、三叠纪、侏罗纪和中白垩世进行的**帝国反击战**。

最终，硫光合作用生物与产氧生物的天平，倾向好氧气，其触发因素可能是暴露的大陆面积不断增加。大陆上的铁不断被侵蚀、冲刷，汇入大海，它们与硫迅速发生反应，产生大量的黄铁矿沉淀，将其保持在体系之外。这一损失，饿死了大量无法离开硫元素的硫细菌。

此外，大陆风化和侵蚀作用产生了黏土矿物，它们强烈地结合有 94 机分子，并将它们埋在沉积物中。如果一个有机碳原子在它被什么东西"吃掉"之前埋藏起来，其产生的氧分子就会在环境中游荡，从而提高氧含量并且破坏硫化氢。两次雪球地球事件（每次之后的水华似乎都提升了氧气水平）促进环境达到某个临界点。在 6.35 亿年前的最后一次事件之后，出现了最早的大型动物的踪迹。毕竟一旦地球上的"黑暗势力"被驱逐，演化出大型动物们并不需要很长时间。

奇异的、最早的多细胞生物

现在所说的"不那么无聊的 10 亿年"间的大多数生命，是由地球生命演化的长跑（长寿）冠军叠层石组成的，这真是最长的长跑（长寿）秀。微生物仍像它们在地球上第一次出现时一样繁荣。但大约在 22 亿年前，出现了一种奇怪的新生命形式。它看起来像一个瘦长的黑色螺旋状物，但肯定不是微生物。它的名字叫卷曲藻（*Grypania*），其外观表明生命有了重要的进步：作为受细胞膜约束绑在一起的细胞"聚居地"而生活的能力。这是最早出现的多细胞生物体。

卷曲藻闻名已久。但是在 2010 年，一组来自非洲加蓬的奇怪化石却改变了我们对事物的看法。[3] 虽然卷曲藻可能是原核生物（在这种情况下，很可能是细菌）的一个"聚居地"，然而新发现的、尚未命名的化石仍然看起来太大、太复杂。虽然还不确定它们是什么，但我们知道**它们不是什么**——它们肯定不是最早的动物。

最早真正的动物的出现，年代要大大地晚于卷曲藻及其同类。动物的出现至今不到 10 亿年，虽然随着基于更复杂的手段检测出动物们的存在，**最早的动物的确切年代**总是在向更古老的岩石中推进，但是仍然没有已知的化石证据证明，动物会早于最后那次雪球事件。

然而在某种程度上，相较于生命在这颗行星上存在的浩渺时代，这只是关于一小段时间的争论。当然，有许多类型的多细胞生物体，包括相当多样的原核生物形态，且毫无疑问，有可以追溯到超过 20 亿年前的大于单细胞生命的演化造物。但在大多数情况下，这些多细胞原核生物只由两种类型的细胞组成，两者都不会被误认为是一种动物。

细胞黏菌（Cellular slime molds），还有一些蓝细菌和一群趋磁细菌（magnetotactic bacteria）是多细胞的。然而在某种程度上，这些都是演化的死胡同（当然，除非你是一个黏糊糊的霉菌；而这一群体的最终产儿基本上也就是黏糊糊的霉菌而已）。它们在地球上存在已经超过几十亿年，在演化意义上高度保守。更复杂的是多细胞植物，它们出现在超过 10 亿年前。这些物种也许很像那些在任何海岸上都能看到的绿色和红色的藻类，它们生长在从潮间带到阳光能穿透的海域。至于动物，那是更晚的事儿了。

生物体的个体大小，似乎表现出与大气中氧的出现有一定的关系。相较于氧气出现之前的世界，有氧的世界允许存在更大尺寸的生命，而生物适应提高了氧获取的速度及氧气的量，往往导致产生巨大生物。[4] 后面的章节将描述有关于此的最贴切例子，以表明为什么恐龙的巨大体形是源于一种**新型的、高效的肺和呼吸系统的设计**。

真正的动物化石，最初是从 6 亿年前开始大量出现。大约就在这个时候，岩石记录展示了"遗迹化石"（trace fossils）的最早证据，古老动物的行迹或进食记录作为活动化石（对远古行为的记录）而非作为实体化石，保存在沉积物中。那时氧含量正在接近（但尚未达到）现代水平。不仅仅是游离氧，臭氧也达到了比较高的水平；早期抵达地球表面的猛烈的紫外线和其他辐射，至此已经变得柔和。

晴朗的天气，哈佛大学地质学家安迪·诺尔在一块暴露在东格陵兰的新元古代的岩石上。（版权来自安迪·诺尔许可使用）

古怪的生物：疑源类

实际上，在任何对前寒武纪生命的讨论里，疑源类占据了其中的相当一部分。它们在地球上出现得很早，一些古老的种类似乎在32亿年前就出现了，之后它们一直绵延不绝，进入动物时代。然而事实上，它们是按照"箩筐"式的分类。这意味着有很多不仅是不同物种，甚至是不同的界（kingdoms）和域（domains）的生物，都在这一包罗万象的名称里占有一席之地，当然这只不过又一次表明了，我们对于化石在动物和高等植物时代变得普遍之前的那段历史，掌握得多么贫乏。

它们位列于已知最古老的多细胞生物化石之中，最早出现在几乎遥不可测的20亿年前，数量一直很稀少。但在元古宙中期，或者说大约10亿年前，它们开始在多样性、体形、丰富度和形态复杂度方面，不断增长。复杂度的增大，通常体现为从它们小而呈球状的身体伸长出的棘刺数量。在距今10亿～8.5亿年间，它们还很常见，然后成冰纪开始了，这段时期得名于这次巨大的全球变化，源于希腊词"cryo"即一次大冻结。元古宙这些雪球地球事件插曲的结果是：海洋中一定发生了一次惨烈的大灭绝，也许在陆地上也发生了大灭绝。当全部或接近全部的地球表面被冰雪覆盖，生物种群在雪球地球插曲中溃减——但又在寒武纪大爆发中激增，并达到它们在古生代最大程度的多样性。

任何一位年轻有抱负的古生物学家，都一定会特别热衷于恐龙化石。因为专业的古生物学家的成长，都始于疯狂迷恋化石的童年。实际上，即使在最终的专业人士中，那些"不怎么激动人心的化石群"

吸引到的拥趸也少得多。的确，很少有年轻的科学家想研究微体化石（microfossil），不过，通过研究它们，可以解答一部分最重要的科学问题。对于**生命历史大问题**的解答，也是如此；就像那些10亿年前，饱含可回答问题的丰富信息的疑源类和其他微体化石，直到最近还为"10亿年前就开始的、事实上生命史中的一段极其重要的时间"提供了全新的见解。

在距今20亿～10亿年间，贯穿岩石记录的地球微体化石呈简单的、广泛分布的。构成它们的一定是原核生物和小型（相对于后来者）的真核单细胞生物，例如现在仍然活着的原生动物。但是，大约在10亿年前，发生了一件奇怪的事。从前普通的微体化石开始获取纹饰。

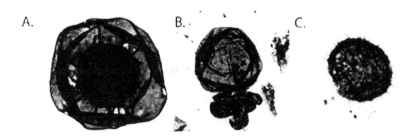

疑源类的形态变化，这种神秘的微体化石由一些明显不同种类的小型的、海生的、漂浮的有机体组成。注意元古宙（A）是光滑的，新元古代晚期（B）以及寒武纪（C）则是非常尖锐的。

疑源类生物棘刺的增加大约开始于 10 亿年前，持续了整个寒武纪，这可能有几个原因。首先，小球体上生棘刺会增大表面积与体积比，从而减缓这些微小球体在海洋中的沉降速率。许多现存浮游物种运用这个方法待在水柱的上层，而不是沉到深底、被持续降雪似的沉积物所埋藏，从而构成大多数海底的典型景观。棘状突起的第二个用途是防御天敌。大概 10 亿年前，海洋已经开始孕育一个越来越大的"肉食类盗贼"的聚集地（或者对疑源类来说，这些在技术上可以被认为是草食动物）。无论如何，名称不重要，吃了就是吃了。然而现在诺尔及其团队在新的工作中展示出：在最后一次雪球地球后不久，约 6.35 亿年前，多刺的微体化石变得越来越丰富多样。但在约 5.6 亿年前——动物演化方兴未艾的时候，它们突然完全消失。我们在下一章中将看到，多刺的微体化石记录（及其消失）怎样让我们强力、充实地领会到我们可能会称为的"埃迪卡拉革命"（Ediacaran revolution）。我们将在下一章，重访这些带刺的微体化石的故事。

"无聊的十亿年"的终结

十亿年前，浅海底呈现的是这样的景观：海带状的植物和绿藻在水流中摆动，彩虹色的微生物生命织成流光溢彩的席子，像最柔软的雪纺绸，多彩的菌层（sheaths）覆盖在每一处阳光照射到的底部。[5] 叠层石（Stromatolites）从底部菌层中升起，大大小小的圆顶和小丘向上顶穿菌层。水里厚积着生命，从单细胞到多细胞。在这颗行星的任何地方，没有任何一种动物。然而，一个基因和大气的时钟，正滴滴答答走向灾难以及冰冷的"育儿所"。

新生命史：生命起源和演化的革命性解读

10亿年前，海洋中就开始酝酿一场革命，而陆地上可能已经有大量的生物量（biomass）：总是灵活多变的微生物，入侵了第一片池塘和沼泽，最终覆盖了湿地、沼泽，并且覆盖了暴露在阳光下、至少有一点点水、可能得到含有足够磷酸盐和硝酸盐的飘尘（让这些微小的单细胞类植物微生物，扩大它们绿鼻涕般的土地覆盖范围）的任何地方。生命，大量地殖民陆地。它们这样做，最终使自己几乎从地球绝迹。

第七章　成冰纪与动物的演化：8.50 亿～6.35 亿年前

澳大利亚城市阿德莱德（Adelaide）是一处保存完好的秘境。她所在的这片岛屿型大陆，孤悬于大洋之中，远离世界各地，而这个城市同时又孤立于澳大利亚的其他地区，但这座沿海城市却演化出她自己的文化，既富有艺术性，又具有科学性。她的科学性受到了"二战"刚一结束时一次重大的古生物学发现的深刻影响——来自阿德莱德干旱的丘陵内陆的**埃迪卡拉动物群**（Ediacarans）被公认为最古老的一批大型动物化石。阿德莱德市以多种方式，致敬这一化石记录，包括以厘清了距今 10 亿～6 亿年之时代的两位科学巨人之名命名建筑和研究所。这两位科学巨人中，第一位是名叫道格拉斯·毛森（Douglas Mawson）的澳大利亚硬汉，他从悲惨的南极探险和"一战"法国杀戮战场中幸存下来，又努力地去寻找澳大利亚前寒武纪晚期冰期的证据，尽管这一概念在当时被高度怀疑；另一位科学巨人是发现化石群的雷哲·斯普里格（Reg Sprigg）[1]——我们待会儿会说到，他像毛森一样，其工作由另一位来自阿德莱德大学（本书合著者沃德现在居住和工作的地方）的地质学教授马丁·格莱斯纳（Martin Glaessner）进行了跟进[2]。而新一代科学家保持着研究现代动物起源的鲜活传统，其中最为重要的一个人物是南澳大利亚博物馆（位于阿德莱德大学隔壁）的吉姆·格林（Jim Gehling）。格林先生在博物馆里一间最近翻新的、宽敞的现代房间里，监管一场新的埃迪卡拉化石展。这里不像其他新博物馆那样，让真的化石远离公众，而用石膏或其他复制品李代桃僵、鱼目混珠。吉米·格林[3]监管下的**埃迪卡拉纪展览**有真正的化石——真正的埃迪卡拉生物化石！它们是那么地庞大和复杂，令人惊奇。但另外一个令人称奇之处是**对它们的解释**。直到最近，学界的路线一直认为：埃迪卡拉动物是 101 不爱运动的、奇异的、以扁平状的生物为主，就像填实的枕头一样趴在海底（有一些确实大得像扁平的枕头）。但是，在展厅上方的电视屏幕上，对这些动物的动画重建，根本就不是慵懒的形象。它们有些甚至会游泳，其他的则在强劲地运动。争论于此生焉。这里展示的观点是新的。但是，它是正确的吗？

本章的时间段开始于 10 亿年前、结束于约 5.4 亿年前寒武纪开端。在这样一段漫长的时间里，生命的演进发生了非常显著的变化。正如在距今约 20.5 亿～20.4 亿年前一样，在大约 7.17 亿年前，地球变得极其寒冷，以至于就同它在接近太古宙末期的状态一样，海洋开始冻结。这种冻结始于高纬度地区，但继续蔓延覆盖越来越低纬度的地区，直到从极地到赤道的整个海洋都被冰雪覆盖，地球又一次成为了一颗雪球。这种奇特的事件，第一次通过形成富含氧气的大气层，引起了生命历史上的一次巨大变革。第二次——元古宙的雪球地球，也产生了重大的、也许不同于第一次的非凡效果。这一次的冰雪覆盖导致了动物的产生，但也威胁到一些物种的生存。生命，又一次命悬一线。最重要的问题是，这一时期的雪球地球事件是不是动物突然增多的关键原因？我们，正要弄清这一问题。

生命和雪球地球事件

正如我们在前面章节中看到的，（始于约 23.5 亿年前的）第一次雪球地球事件似乎是由生物造成的：蓝细菌爆发式增长，造成大气中甲烷和二氧化碳含量减少，温室效应减弱。在地球漫长的历史上，这迄今为止的第二次（也是最后一次）雪球地球事件，开始于第一章描述的成冰纪期间。由于最近致力于标定成冰纪的工作，我们现在知道：从 7.17 亿年前开始，到 6.35 亿年前结束，最有可能发生了两次大的事件。这第二次且是最后一次的雪球地球事件，基本上开始于如今地质年代表中被正式定义为**成冰纪**的中期（其开始略微早于 8 亿年前一对**同位素的急剧变迁事件**，这是一次真正的**极移振荡**的结果）。

在这两次不同的雪球地球插曲中（每一次都包括海洋冻结然后解冻的事件），由于海冰会阻隔阳光，所以造成了海洋有机生产力的急剧下降。因此，地球上的生命数量——其全部的生物质量（被称为生物量，即 biomass）与事件本身前后的对比，都收缩到了极小的量。在 23.5 亿～22.2 亿年前和 7.17 亿～6.35 亿年前这两个时期，连续的雪球冰川作用以及它们以极端温室效应为终结，必然对生命的演化施加了严峻的环境筛选。化石记录提供了少量线索，但在上一章中最先阐述的疑源类（小型浮游生物）在多样性和丰度上均起伏不定。

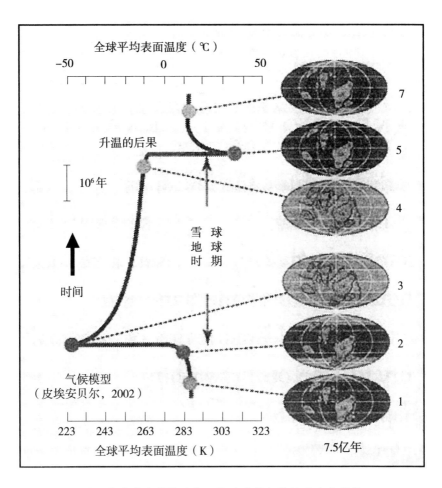

全球平均表面温度（℃）

-50　　　　　0　　　　　50

7

升温的后果

5

10^6 年

4

雪　球
地　球
时　期

3

时间

2

气候模型
（皮埃安贝尔，2002）

1

223　243　263　283　303　323
全球平均表面温度（K）

7.5亿年

显示雪球地球事件时期，气温升高与降低的速率图表

已知许多生物体都会通过**大规模基因重组**来应对环境压力，而任何雪球地球事件，至少都会带来压力。这样的基因组变化在发育和演化上的意义，是分子生物学研究的热点问题。事实上，雪球冰川作用之后，随即出现的**空前复杂的生物化石**，证明了这样一个观点——雪球地球事件创造了某种"生态学触发器"，从而在生命复杂性和多样性方面，引发了某些巨大变化。在关于雪球地球事件的所有最深刻的问题中，有一个问题涉及它们的起因。早些时候，我们发现，第一次雪球地球事件可能是由生命本身引起的：生物体产氧光合作用这种演化创新，将快速地消耗温室气体。然而，在第一次雪球事件发生超过十亿年之后，引发第二次雪球事件的，有可能是一个与此完全不同的原因。触发第二次雪球事件的因素，可能是当时的大陆运动和构造活动。[4]

两次大雪球地球事件中最近的一次，即所谓的新元古代雪球事件，发生在大合并而来的罗迪尼亚（Rodinia）超级大陆开始解体之后约4000万年的时间里。超级大陆是各个大陆合并成的一块连续的大陆块，往往有干旱气候，因为它们的大部分陆域都远离海洋。相反地，当大陆，尤其是超级大陆解体之后，海洋性气候会取代原先干旱的区域，提升化学风化作用的潜力。硅酸盐岩石矿物的化学风化作用，会迅速降低大气中二氧化碳的含量。随着二氧化碳含量的下降，温度也会下降。第二次的原因恐怕主要应归功于无机化学反应，而非生物作用。十分有趣的是，第二次雪球事件的发生（在澳大利亚被揭示出来之后称为斯图特冰期）相当精确地吻合7.165亿年前位于现在加拿大的一次大规模火山喷发。[5]虽然这些大火成岩省（Igneous

Provinces）的火山爆发也排出了一些二氧化碳，但当它们在陆地上爆发，气体减少的量远远超过火山喷出的量，促使地球更接近一颗越来越纯白的行星，大部分阳光被反射回太空，导致越来越寒冷。

但这也许并不是完整的故事。如果能够表明一些新种类的植物在全球突然地、激烈地增加了，那么才会再次出现"造成二氧化碳突然 104 减少的原因是光合作用，而不是化学风化作用涉入"的可能性。事实上，事情可能就是这样的。关于生命史的某些最新认识指出：约 7.5 亿年前，陆地上出现了植物（仍然是单细胞的，不过有可能延伸到了广大的陆地地区）。有可能是这件事捣了鬼。

雪球事件导致大灭绝——还是雪球事件制造的刺激，促成了多种动物的起源？

在大约 7.5 亿年前到略早于 6 亿年前，当地球从一个被海洋与陆地覆盖的世界，变成了一个由冰天雪地和裸露岩石构成的行星，地球上的生命可能会发生什么？简单的思想实验表明，在元古宙雪球事件之前，地球上出现的生物的丰富性和多样性，已经损失殆尽。那时的生命主要是单细胞种类，虽然也已出现了装点现代海滨的多细胞植物，如常见的巨藻（kelp）和水藻（红藻和绿藻），但大部分生命都是单细胞原生动物（都是真核生物），或者是大片黏滑的细菌生长物（其形式是近岸将来会形成叠层石的微生物和其他蓝细菌团块），以及海洋里大量的单细胞生物和光合微生物构成的生物团块。我们推测，在陆地上，单细胞可能有聚合形式——更复杂的光合生物，包括大片的微生物，它们会栖息在淡水里，也可能不拘束地出现在湿润的

地表。正如我们所知道的，那时还不存在土壤，但可以肯定的是，岩
石表面的化学风化，会混合死亡的植物、腐烂的尸体，给陆地表面的
黏土和砂砾增添有机物。随后，海洋的表面结冰，冰雪和理所当然的
寒冷降临大地。

我们很容易想象并蠡测"当时生物灭绝的可能规模"。千米厚的
冰层覆盖着海洋表面，这会大大减少阳光的直射。虽然冰层里有微生
物存在，而且事实上，阳光也确实会穿透海冰，但是植物生物量仍会
大幅度下降。阳光损失是一部分，但同样值得注意的也许是重要营养
物质的流失，如我们世界里非常重要的铁、硝酸盐和磷酸盐。由于地
表降温以及许多地方都被冰雪覆盖，化学风化作用减缓，陆地上任何
种类的植物的活性和丰富度也同样下降（当然，这发生在真正的、复
杂的、拥有茎和叶的陆地植物出现的百万年之前）。但产自陆地、输
入海洋的养分非常之少，海洋生产力大幅下降，这样必然会引起大规
模灭绝，不仅仅是生物个体，整个物种也紧随其后。

然而，在这种情况下，也许有一个模型可以回答这个问题——为
什么有这么多种类的动物？虽然整个海洋表面都被冰层冻结，然而事
实上，当时世界上的火山活动远多于当今世界。当时应该有许多温泉、
间歇泉，尤其是活跃火山爆发出的热量会进入大海，这些会形成具有
无冰水面的温暖小水体。这些小小的"水族馆"被冰山和更外部的
海洋所包围，应该是孤立地分散在世界各地，受制于多种不同的环境
条件。**演化**在小型孤立的种群中进行得最好。根据"遗传瓶颈"原则
（当小群体被孤立出来，其少量的基因数，使其得以发生快速演化），
成千上万的小型海洋和淡水避难所会成为演化的培育器。在这种方式

　　　　　　新生命史：生命起源和演化的革命性解读

下，原生动物（那些小型单细胞真核生物）也许能演变成多种不同的后生动物（*metazoans*）——它们已经是动物了。随着雪球状态的解除，从所有那些活火山中释放出的温室气体，最终积累下来，造成冰雪迅 106 速消融，随后同时迅速开展了这成千上万种新的演化实验！

6.35 亿年前，地球从最后一次雪球事件中走出来。那时的地球，迥然不同于我们今天熟悉的世界。但是，演化和物理力量发生的作用，正在使我们元古宙晚期的地球，变得更像我们所知道的地球。海洋中充满了生命：大部分是单细胞生物，但也存在许多复杂的原生动物（如变形虫、草履虫）和神秘的半植物半动物（如多细胞团藻和单细胞眼虫）。在海岸和海洋底部挂满了各种各样的巨藻，早先常见于地球上的巨大的、多细胞的红色和绿色藻类，现在在地球上依然很常见。这些为最早的动物们的演化设立了舞台。我们认为，大约 6.35 亿年前，这个过程便开始了。新命名的埃迪卡拉纪开始于最后一个雪球事件结束之后，终结于**确定无疑的动物**的出现。这也是在古生代开始前的最后一个正式的地质时代。这一时代，以其最重要的生物居民来命名（它们是那时所演化出的最为复杂的生物）。我们称它们为埃迪卡拉动物群。[6]

这些前寒武纪最晚期（元古宙的最后一段）的标志性化石，揭示了不同于现存生物的多种独特体形。以前只能在南澳大利亚的埃迪卡拉山见到这些神秘的化石；现在，它们已见于世界许多地区。但其留存最完整的地方，仍然是在北阿德莱德的低山丘陵。

埃迪卡拉山是澳大利亚南部最大的山脉 —— 弗林德斯山脉（Flinders Ranges）的一部分。就像澳大利亚远离青翠海岸的大片地区，构成大部分弗林德斯山脉的，是沙子、裸露出地面的岩石，和适应

澳 大 利 亚

埃迪卡拉山

半干旱环境的稀疏植被。点缀这一地形的是各处零星分布的大树，包括糖桉树、柏松和黑橡木。水源全年稀缺，但是在有水的地方，就存在繁荣的、标志性的澳大利亚动物群集合；自从当时最危险的猎食者（肉食的澳洲野狗）被消灭后，这片地区便繁衍着红袋鼠和西部灰袋鼠。现在甚至可以经常看到一度濒危的黄足岩袋鼠（Yellow-footed Rock Wallabies）。但使这个地方独树一帜的物类，并不是袋鼠或其他更小的有袋类动物，而是古化石动物群。

107

新生命史：生命起源和演化的革命性解读

来自澳大利亚南部的一块埃迪卡拉纪化石，这是前寒武纪晚期类似环节动物的某种动物的印记，被称为斯普里格蠕虫（Sprigginia）。它被认为是一种原始的环节动物，可能是三叶虫的祖先。

108

可以说，埃迪卡拉山同加拿大布尔吉斯页岩（Burgess Shale）、德国索伦霍芬灰岩（Solnhofen Limestone）和北美洲的地狱溪地层组（Hell Creek formation）一起，并称为**世界四大著名的化石源区**。这些山丘的年龄在 5.4 亿～5.6 亿岁之间，包括了大多数古生物学家所认同的已知最早的动物躯体化石记录。

地质学家雷金纳德·斯普里格（Reginald Sprigg）在南澳大利亚

第七章 成冰纪与动物的演化：8.50 亿～6.35 亿年前

的埃迪卡拉山地区检测老矿山时，做出了这一发现。斯普里格是南澳大利亚州政府的地质学家，当时他步行穿越了一片侵蚀丘陵中的荒芜乡野，这是他们州重新评估矿产资源工作的一部分。他的工作是决定这一具体地区是否应该成为一个新的采矿中心。斯普里格在学生时代就已经是一名狂热的业余化石收藏家，能够辨识出偶然发现的（分散在起伏的埃迪卡拉山）粗砂岩碎片中的那些**奇特痕迹**一定是出自某些生命。但是，是哪一种生命呢？

斯普里格所面对的这种化石，从形状和外观上看很像水母。但他知道水母极少成为化石，甚至说极少是为了委婉一点，其实基本上就没有。斯普里格考察的地层极其古老，并且事实上，他准确地推测出他采到的古怪化石一定会归入**世界上最古老动物生命的直接记录**。一年之后，他第一次宣布这项发现时，就做出了如上陈述。斯普里格指出，化石似乎代表了具有各种亲缘关系的动物。[7]

在宣布这项发现后不久，斯普里格采集到了更奇特的化石。这一次合作的采集者是阿德莱德大学的教授道格拉斯·毛森（Douglas Mawson）及其学生。1949 年，斯普里格发文充分报告了"在同一地点，再次发现的大得多的生物群"，并且首次详细描述了这些稀奇的化石。[8]他们都来自庞德石英岩（Pound Quartzite）——一个还没有获得确切定年的地质构造。如果它们是寒武纪的，那么将不会引起人们的兴趣；但如果这些奇怪的化石是元古宙的，那么它们就确实是地球上发现留存的已知最古老的动物。后续工作的确表明，它们早于用来定义寒武纪的经典寒武纪化石（三叶虫）——于是就此修正了对寒武纪的界定。

我们详细研究这些化石时，发现它们**的确不同于任何已知的** 109
现存动物，而据 20 世纪后期的部分科学家说，它们实际上源自那
些身体构造湮灭无存的、没有已知后代的动物。首先持这一观点的
人，是伟大的已故古生物学家道尔夫·塞拉赫（Dolf Seilacher）。[9]
然而它们作为化石的性质，可能才是它们秘密中最古老的方面。首
先，没有坚硬部分的生物体很难形成化石。当确实形成这种化石的时
候，它们通常只产生在纹理细密的岩石中，如泥岩或页岩这些形成于
平静、静止的水体底部的沉积岩中。但是，斯普里格发现的这些**明显
无骨骼的生物**是保存在砂岩中的，而不是保存在更细致的岩石里。这
是怎么一回事呢？

为了确定斯普里格的化石是否的确来自于**古代版的**现存近亲——
水母、海葵和类似海葵而名为"海笔"的生物的柔软聚群，人们进行
了实验测试，看一看这些现代动物是否可以发生这样的石化。进行其
中这样一项测试的科学家，是澳大利亚地质学家、《动物生命的曙光：
一项生物历史学的研究》的作者马丁·格莱斯纳（Martin Glaessner）。[10]
他描述了**把新捕获的大体形水母放在薄砂层上所做的一系列实验**。他
指出，水母确实在沙滩上留下了印记但仍有沙子本身的问题：如果是
沙子的话，斯普里格的化石，应该根本不会保存下来。

沙粒沉积在能量相对较高的地方。今天的砂岩见于海岸附近、河
流中、沙丘中及所有流动的水可以携带这些较重颗粒的地方。在这样
的环境下，永远不会沉积更细的泥和黏土颗粒；它们太轻而不能沉
淀，一定会被水流、波浪或风搬运到其他地方。然而，埃迪卡拉化石
体形大，数量又多，并且被发现于这种砂岩环境中。

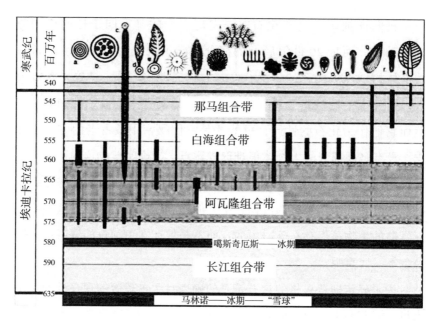

寒武纪	百万年		
埃迪卡拉纪	540		
	545	那马组合带	
	550		
	555	白海组合带	
	560		
	565	阿瓦隆组合带	
	570		
	575		
	580	噶斯奇厄斯——冰期	
	590	长江组合带	
	635	马林诺——冰期——"雪球"	

埃迪卡拉区域的物种

为了进一步攻克这一难题，1987年夏天，本书作者之一彼得·沃德邀请学生们参加华盛顿大学的一门高级古生物学课程，上课地点安排在华盛顿州圣胡安岛（San Juan Island）的星期五港海洋实验室，他们试图重现埃迪卡拉化石形成的情形，进行了数项实验，在环绕圣胡安群岛的内陆海中，有大量丰富多样的腔肠动物（Cnidarian），这一门动物看上去最接近埃迪卡拉动物的身体构造。为了模拟出一个6亿年前的浅水底部，师生们在大水桶里装满大小各异的沙子，然后加入海水覆盖之。这些实验类似于此前马丁·格莱斯纳所做的，但这一

新生命史：生命起源和演化的革命性解读

次实验，所用的实验动物体格更大，且体形不同于以往研究的水母。

　　实验中，刚死亡的海笔、海葵和一些世界上最大的水母被放在沙子上然后覆盖更多的沙子。随后，实验会搁置一段时间，在数天之后移开沙子。事实上，这些实验没有在沙子上留下任何痕迹；这些腔肠动物会腐烂，最终什么也没留下。

　　终于，一名学生产生了一个完全不同的想法。他从尼龙袜子上剪下来一片非常细密的尼龙布，放置在砂岩上，然后将一只很大的水母轻轻地放置在尼龙上面。之后，用更细的沙子覆盖到它们上面，包裹 111
住整只水母。最后他用海水覆盖海笔和海葵构成的"三明治"。几周之后，移开最上层的沙子和尼龙布（放在那里的动物最柔软的部分已经腐烂），他发现尼龙袜下面有曾经放在那里的动物留下的一个完美印痕，包括非常详细的形态细节，完美匹配了实验中所用动物的底面。

　　这些实验也许并不代表什么，但如果当时的世界上布满了类似尼龙袜厚度和材质的东西，这些性质能够固定下来本会被轻微水流带动的沙粒，那么，将会怎么样呢？我们可以想象一个浅海环境变成由薄薄一层（或多层的）微生物覆盖的样子。虽然这些薄层脆弱且容易被风暴摧毁，但当动物死亡后落入底部，会被更多的沙子覆盖，这些薄层可以稳定沉积物，并在下面的沙子上留下动物柔软部分的印记，这将允许沉积下来新的沙层。

　　今天，我们已经不复拥有这样"可以保存组织丰富但无骨的生物的轮廓和印痕"的海洋环境。随着游泳动物的演化，它们撕裂、吞食资源丰富的微生物层，将其破坏殆尽。正如叠层石随着植食动物的演化而消失，也许在世界上所有的浅水环境中，许多的微生物席和微生物层都已经被吃光、灭绝了。

全球性的埃迪卡拉生物群

如今，已经在 6 个大陆的约 30 处地点发现了"埃迪卡拉生物群"，其动物群被划分为 70 个不同的物种，年代都被限制在新元古代末期 [11]（虽然可能有少数物种幸存到了寒武纪的最早期）。距今 5.75 亿年前，在一场叫作阿瓦隆多样化（Avalon Diversification）的演化事件中，埃迪卡拉生物的演化似乎已经趋于充分展示出它们的多样性。这场发生在最后一次远古宙雪球事件结束之后的演化事件，可能持续了 5000 万年之久。

112

从那时候起，它们似乎就繁荣起来（事实上是整个群体的繁荣）。然后，在大约 5.5 亿到 5.4 亿年前，当第一个动物运动的证据作为遗迹化石（动物活动痕迹化石，包括保存在沉积物中的运动和摄食痕迹）出现在这个时代的化石记录中时，埃迪卡拉动物群却突然消失了。就像在被称为寒武纪大爆发 [12] 的事件中，最早的动物们在地球上迅速出现那样，一个庞大的、丰富多样的生物群忽然消失不见了。这一消失确实是化石记录所标记的、第一次主要的大灭绝（虽然肯定不是第一次大灭绝）。虽然埃迪卡拉动物群最早被认为孤立在澳大利亚大陆，但现已明确：埃迪卡拉动物群是呈全球性分布的。

对于埃迪卡拉生态群落 [13] 如何进行能量流通的讨论，一直没有结果。在现代生态系统中，进行光合作用的植物构成食物链的基础，然后它们被几个营养等级的消费者所食用，而这些消费者又被另一些营养等级的食肉者捕食。这些"营养级"中每一级的生物量只有它前一"营养级"的百分之十。而埃迪卡拉动物群从某种角度展示了一个迥然不同的群落结构类型。没有发现颚（领）这种东西，更没有捕食的迹象，大多数的埃迪卡拉动物群中最常见的类型是刺胞动物门（Phylum Cnidaria）的动物，它们都是捕食者！有人提出，埃迪卡拉动物群可能就像现代的珊瑚那样，包含大量微观共生藻类（如鞭毛藻类，Dinoflagellates）。但是，并无证据表明它们的存在。因为这里似乎没有捕食者，所以对这一段远古时光的**最难忘的描述**之一是——它是埃迪卡拉乐园，这是大型生命生活在没有捕食者的世界的最后时光。到5.4亿年前，这个乐园消失了，导致"失此乐园"的**毒蛇**（Serpents）是那些有丰富多样性的爬行、水生、食肉（和食草）动物们。

地球上演化出会游泳的动物们，为什么要花这么长时间？这可能要归咎于外部环境因素，如大气低氧或空气和海水温度过高。我们所 ¹¹³知道的是，在大约 6.35 亿年到 5.5 亿年前之间，已经形成了一个全新的生物种类，它们有活动起来像是内骨骼（Internal Skeleton）或静水骨骼（Hydrostatic Skeleton）那样内部充满水的空间，有肌肉、神经、专门的感觉细胞、生殖细胞、结缔组织细胞，并能分泌生成骨骼硬部。不论是不是动物，埃迪卡拉生物群都是地球上最早演化出来骨骼的，尽管这种骨骼是非矿物质的。骨骼让肌肉可以附着，肌肉承担运动。通过运动来产生其他需求以继续推动演化的复杂程度。一旦可以移动，一个动物就需要通过感觉信息来寻找食物和配偶，以及躲避捕食者。而感觉信息需要一个大脑来处理它。所有这些发展都是相互交织在一起的，这是真核多细胞动物革命性的胜利，也是发生在元古宙末期的确定事实。

现在，我们可以推测出我们称之为"原始后生动物"（Stem Metazoan）的外观，它是现在地球上所有复杂生物的共同祖先。它本来很小，其组成细胞相对较少，没有细胞壁。它应该有一个能够严密地对抗外部环境的上皮组织，但其中有充满胶原蛋白的内部孔洞，用以给予生物体一定的坚硬性；它应该还有一个"遗传工具箱"，使其可以变大以及提高复杂性。这些大型的、生态上特化的、有性繁殖的多细胞真核生物产生了生物最大的适应性辐射，其结果是产生了爬行、翻滚、游泳、行走以及固着等等标志着今日地球的动物的生物多样性的能力。如今的动物王国中，在数量上占主导地位的是像我们一样的两侧对称的动物。而在早寒武世，它们数量虽少，但已然摆好阵势，准备要接管地球。

大型埃迪卡拉动物群的古生态学

　　一般来说，科学很容易解决"有趣的问题"。但埃迪卡拉动物们顽强抵抗了大量积极的科研努力，性质仍旧蔚然成谜。然而，在114 过去的几年里，新的工作已经开始进行，以试图解开这最大的谜团，而其中某些工作应用了过去几十年里古生物学中有点不受重视的部分。从20世纪60年代开始，这一领域虽然是古生物学研究的一大动力，但它未能产生新的重大结论，并且曾被史蒂芬·杰·古尔德（Stephen Jay Gould）在他20世纪发表的一次"古生物状态"演说中驳回。但是在21世纪，加利福尼亚大学河畔分校的玛丽·德莱赛（Mary Droser）和南澳大利亚博物馆的吉米·格林利用这种过时的研究方法，达成了大概是对于大型埃迪卡拉动物群及其世界的最好理解。

格林和德莱赛（排名不分先后）工作的核心是：我们需要看一看埃迪卡拉动物群同在海底无处不在的微生物席有什么联系。这些丰富的微生物席，主要受到生态机制（尤其是这些群体的沉积机制）的控制。因为在那时很少或者不存在掘穴生物，相比较之下，今天海洋的底部，到处都是掘穴动物。因此，这些群体的生态环境应该完全不同于我们所知道的状况。

四种动物的生活方式与微生物席有联系：微生物席的包壳动物（Mat Encrusters），这些生物位于微生物席上并可能会分泌消化酶足以分解微生物席来作为食物；微生物席的抓扒动物（Mat Scratchers），这实际是一种在微生物席上活跃进食的形式；微生物席的黏附动物（Mat Stickers），部分出现在微生物席里，并且随着微生物席的水平变化而向上生长（因为微生物席如叠层石那样向太阳生长）；而微生物席下的挖掘动物（Undermat Miners）则挖穴打洞。其中一些形式似乎一直持续到寒武纪的最早期，但由于掘穴动物和较大的生物（如有骨骼和坚硬下颌的活跃的食肉动物和植食动物）种类丰富，因此那时的世界是快速变化的。

要理解这个稀奇古怪的生物世界，只有把它们放到"它们是如何被保存下来的环境中"进行考虑。研究埃迪卡拉生物的一位专家，曾进行过一次有趣的概括，即化石类似于几百年前用石膏制作的"死亡面模"。这种面模，被欧洲和其他文明用于对待死去的或垂死的皇室、贵胄。在某些（当时的）名人死后不久，用石膏给他拓制出一个面部印具。我们看到的埃迪卡拉动物群化石，可能是同样的东西——

不是动物真正的化石，而是该生物的上下表面的一种重塑。制作一个"死亡面模"需要的材料（不论是何种）必须能快速硬化，所以现在有意见认为，埃迪卡拉化石是由可在它们尸体上快速硬化的材料制成的。

埃迪卡拉世界的多刺微体化石

在上一章，我们提到安迪·诺尔及其小组在哈佛大学的工作，注意到他们的研究不是针对埃迪卡拉时期的大化石，而是针对微体化石。10亿年以来，单细胞生命主宰着世界，它们留下来的化石主要是微小的、壁体光滑的球体。但随着世界走出新元古代最后的雪球地球事件，化石记录变成了满是棘刺装饰的微体化石。这在化石记录中的短暂插曲，也许会就"动物整体发展趋向复杂的性质"告诉我们一些重要的东西。这些化石出现在不早于6亿年前，消失在大约5.6亿年前，因此，较大的埃迪卡拉微体化石比它们又多活了2000万年。在这之前，微体化石单一地来源于单细胞生物，但这些"多刺的"微体化石可能是源于多细胞动物。在这种情况下，我们见到的是短暂的休眠期的形态，如孢囊（Cysts）。

关于这些微小的化石，已有一些重要研究，包括古生物学家、发育生物学家尼克·巴特菲尔德（Nick Butterfield）和凯文·彼得森（Kevin Peterson）[14]，他们提出早在埃迪卡拉时期出现的纹饰复杂的微体化石，是对于早期小型食肉动物（如最早的小线虫和蛔虫）的回应。微体化石的刺是为了适应防御，用来支持这些化石——这些刺被认为是单细胞生物的骨骼。但诺尔小组认为，复杂装饰的微体化石是

新生命史：生命起源和演化的革命性解读

早期动物自身的休眠。这表明，早在大型的埃迪卡拉化石出现之前，就演化出来了一种早期的复杂动物。这也表明，动物的早期环境只是像埃迪卡拉的伊甸园（由古生物学家在 20 世纪末提出）那般。需要休眠孢囊，暗示了存在一个充满挑战的环境：变化的氧，及当水柱完全没有氧气的时候，可能会偶尔出现的硫化氢。这一关于生命的观点提出：早期动物演化面临着的一个具有挑战性的、极端的、经常充满毒性的世界。

约 5.6 亿年前，多刺的微体化石消失了，取而代之的是大型、经典的埃迪卡拉化石的大繁荣，它们作为居住在地球上最大的生物，直到略早于 5.4 亿年前的寒武纪，才被一系列不同的动物取代。

寻找"两侧对称动物"

如果多刺微体化石是休眠期的小型动物，而不是某种大型原生生物（单细胞生物），那么这些微体化石的成体是什么样的动物呢？人们认为，大约在有纹饰的微体化石出现在地质记录中的同一时期，发生了另一件大的演化事件：出现了最早的两侧对称动物，这极大地提高了运动能力。两侧对称身体构造的出现，是演化中的又一座伟大的里程碑。两侧对称的动物有明显的前后之分，在管状躯干的内部，器官从前到后的每一侧都大致对称。这是我们可以期待从**多样分生的动物门类**中涌现出来的那一种祖先。但是，长期以来，这些神秘化石的形成年代备受争论。

遗传研究表明，这一祖先应该存活在约 6.6 亿～5.7 亿年前。[15]
但是，这样一个微小的（也许 1 毫米长）没有骨架的蠕虫状生物的化 117

石记录是模糊的。自达尔文以来，虽然这一桩学界公案"活该"受到加诸其上的很多嘲笑、轻蔑，但我认为**还是应该对化石记录宽容一些**，毕竟，一种小小的、柔软的、没有坚硬部分的蠕虫状生物，想留下任何化石记录，这几率确实是太低了。

来自中国的化石[16]前来救驾了。21世纪早期发现于中国的岩石的年龄，被认为是对最早的两侧对称动物生存时间的最佳猜测。这些岩石慢慢地、艰难地实现了更高准确度的定年，于是，鉴于这些两侧对称动物一定是最早出现的，人们便据此确定了一个非常具体的时间段。完成这一项工作之后，人们便开始搜索这理论上推测出的化石。这期间步履维艰，不须赘言。

操作步骤之一是把一块岩石切成很窄的薄片，然后抛光，使它在显微镜下时光线可以穿过。在历经三年时间，完成一万多个独立的"薄切片"之后，终于发现了这样一种动物。而且它比八分之一英寸还小得多：这个和人类头发宽度一般长的微小化石经历了发现、检查和研究。这些微小奇迹，名为贵州小春虫（*Vernanimalcula*），年代接近6亿年。

这样就又一次填补了一处"缺环"。这些早期的两侧对称动物，虽然身材小小、貌不惊人，却是真正的革命者，为即将到来的演化铺平了道路。而从这些地层中，还能得出更多的信息。除了这两侧对称的动物化石之外，中国西南的陡山沱组还出产卵细胞和早期的动物胚胎化石。这也给我们提供了一个窗口，让我们得以窥见6亿年前的世界，并了解动物是如何改变了沉积记录本身的性质。

在动物出现之前，没有"生物扰动作用"（即新积累的沉积层被生物活动所破坏）。但这种扰动在今天是如此地普遍，以至于**很难想象**曾经有一个时代，这种扰动是例外，而非通则；那是怎样的一个时代？今天，只有特殊的环境中，如黑海才有这种前动物的沉积保存方式。那里的水底是坚固的，并且在其表面下第 1 米的沉积物有两个层（分层）和非常低的水含量。请对比一下现代含氧的任何海底：底部 118 基质上部几厘米充满了有机黏性物、粪便、假粪、溶解性有机物等。深入研究之后，你会发现它缺乏分层；一切的一切都已经遭到了一遍又一遍的挖掘和消化。缓慢移动的无脊椎动物，或者一边移动一边进食（吞食沉积物，排出沉积物丰富的粪便）或者脱逃而去，留下行迹洞穴。所有这些运动动物**所进行的一切营生活动**，导致海底形成很厚的一层沉积，含水量变得很高。

变化不断继续，这一次是巨大的。在 20 世纪后期的一次变化被称为"农业革命"，并且构成了它们遗留的元古宙和显生宙之海底和地层记录的主要典型特征。[17] 新的两侧对称动物在活动，而且不只活动在它们不断殖民的**沉积物——水界面**之上。一种垂直分力的掘穴开始了。我们认为，发生这种事情，海洋中**不可能没有**高浓度的氧气——动物在挖掘沉积物的时候很难汲取氧气，当然在全球氧含量低迷（比方说低于百分之十）的情况下，那就更不可能了。旧观点认为，新演化的动物逐渐吃掉叠层石和微生物席，使其在元古宙——寒武纪界线附近不复存在；新观点则认为，微小的两侧对称动物不只吞噬营养丰富的微生物席：它们也使得微生物席所需的坚硬基质从无处不在变得几乎消失了。

在元古宙的最晚期，世界为动物们的出现做好了准备。演化产生更大尺寸、骨骼和活动所需的多种组织所必须的"遗传工具箱"已经就绪。万事俱备，只欠东风——氧气。在 6.35 亿年前的最后一次雪球事件之后，动物们已经呼之欲出，但是氧气水平太低。不过在大约 5.5 亿年前，情况发生了改变：氧气水平上升了。

要使得氧气含量持续上升，需要在沉积物中增加有机碳的埋藏，而不是石灰岩的埋藏。大多数有机碳被从大陆上侵蚀出来的土壤所吸收，因此，任何导致黏土流失量增加的因素，都会提升其大气含氧水平，特别是提高生产力最高的热带海洋上空的大气含氧量。有一个说法是，某种地球大气层的建立，可能通过风化作用提高了黏土的产量，[18] 在陆生维管束植物演化出可以深深穿透、扎根的能力之后，这是绝对可能的。然而，大陆相对于赤道位置的变化，也发挥了很大的影响，如在温暖的热带地区，物理化学风化远高于在寒冷的两极。接近成冰纪发轫之时（但在雪球事件之前，约 8 亿年前）有一个碳循环的逐步改变，持续了大约 1500 万年的时间。在此期间，有机碳埋藏的部分急剧下降。这个苦泉事件（Bitter Springs Event）首次发现在澳大利亚中部，并从那时起，已被发现曾存在于全球各地的许多地方。它可能是导致表面氧气暂时下降的原因。此事件的原因一直是一个谜，直到由普林斯顿大学的亚当·马鲁夫（Adam Maloof）带领的小组发现：该事件的发生和终止，恰逢一对儿非常迅速的、约 60° 的地球自转轴的振荡变迁（见于在斯瓦尔巴德群岛的一组名字很拗口的岩石，称为阿卡德米科布林群——Akademikerbreen Group）。[19] 这种变迁被称为"真极移事件"（True Polar Wander Event），并且涉及到整个固态地球（直到在核幔边界的液态金属）在地质学上的快速运动。一大块罗迪尼亚超级大陆（Supercontinent of Rodinia）离开赤道移动到中纬度地区，然后再回来。这些特殊的变化使碳埋藏和氧气产生同步波动。当来自世界各地不同地区的古地磁和地球化学数据显示出相同的变化，并且是同时、同步的，我们就可以了解到地球运转机制的某些方面。在这里是可以了解氧的情况。我们现在认为，在过去的 30 亿年间，有可能发生了多达 30 次的真极移（TPW）事件，[20]它们大多数都与有意义的事件（比如寒武纪大爆发）重合。

第八章　寒武纪大爆发：6 亿～5 亿年前

　　达尔文七十岁时的照片，看上去饱经风霜，似乎颇大于他的实际年龄。他看上去像是一位八十几岁或更老的人。的确，七十岁的达尔文，就已经去日无多，他身体的衰老，也许既源自压力，也源自其年轻时所染的疾病——他年轻时搭乘"小猎犬"号（HMS *Beagle*）从容地环游地球，经过热带时可能染上了疾病。达尔文的压力，也许来自于诸多批评者带给他的困扰，以及苦于无法了解生物如何遗传性状的忧伤——当时人们没有接受遗传学，直到 20 世纪初，才"重新发现了"孟德尔（Gregor Mendel）的研究结果。特别是寒武纪大爆发的性质，肯定令达尔文身心俱疲、钟鸣于耳。达尔文憎恶化石记录，尤其是寒武纪化石记录。他带着对寒武纪化石记录的烦恼，走进了坟墓。正是这件事，以及他对于"遗传机制如何工作"的无能为力，无疑构成了达尔文一生中最大的两个遗憾。

　　达尔文时代之前很久，人们就知道，动物化石似乎是在化石记录中突然间出现的：定义寒武纪本身的英国大地质学家亚当·赛德维克

（Adam Sedgwick）以包含最早三叶虫的地层为寒武纪的下界，绘出寒武纪的地层。虽然我们所设想的不同的地质时代是一种时间概念，但事实上，它们的具体存在，却表现为一系列演替的地层——我们以一些首次出现的化石来定义其底层，亦以某些化石的消失或（更好的是）一个不同物种的首次出现来定义其顶层。寒武系，就是在这种情况下基于威尔士大量地层而定义的。寒武纪，就是寒武系地层积累的时代，既不多，也不少。

赛德维克发现，在短时期的地层间隔中，看上去缺失了化石的沉 121
积岩被含大量明显可见化石的岩石覆盖，最常见的是三叶虫。三叶虫是节肢动物，所以它们的化石是高度演化的复杂动物的遗骸。这一观察看上去公然挑战了当时新提出的演化论，令达尔文十分苦恼，但令他的批评者们有恃无恐。[1]

于是，达尔文带着对化石记录的诅咒，走进了坟墓。达尔文的天才之处就在于——他知道自己是对的；但是直到生命的结束，他都在忍受批评者们的折磨；批评者们指出：地球上"最早的"生命是如此复杂，按照达尔文屡次修订再版的巨著《物种起源》中力陈的演化过程，难以相信（一开始就）产生像三叶虫这样复杂的生物！然而，最大的讽刺是，事实上出现三叶虫时，寒武纪至少已经日程过半。[2]

标志性化石之一：三叶虫，是节肢动物；它们在地球动物史相对较早的时期，主宰着海洋栖息地。但是，有多早呢？在达尔文的时代，三叶虫被认为是最早的动物。它们无疑是复杂的：有三个体节、复杂的眼睛和肢体——而且体形很大。一些最早的种类可能长达半米多。其实，最早的动物不应该长这般模样——而应该是小且简单的，而不是大且复杂的动物种类。现在，我们知道，三叶虫不是最早的动物；事实上，三叶虫们差得太远了！[3]

地球上动物起源的历史，是生命最精彩的篇章之一，也是最具争议的一个问题。甚至在过去的十年中，就收集到了大量的新信息。有两条明显的证据，让人们对于动物们首次多样化的时间，产生了不同的观点。第一条来自对岩石中动物化石外观形态的研究，第二条则来自于现存动物的分子钟的研究。它们为古生物中最大的奥秘之一**动物的迅速多样化**提供了重要线索。

123   寒武纪大爆发的第一条主要证据链条，来自化石。动物的出现在岩石记录中所遗留的证据，分为相继的四个波次。第一波开始于约 5.75 亿年前，被称为阿瓦隆爆发（Avalon Explosion），名字源于最早发现这些类群的加拿大东部的一个地方。第二波与埃迪卡拉动物群完全消失的时间近乎同步，其特点是精确的运动痕迹化石，而非实际的化石。这些大量的"遗迹化石"只可能来自于多细胞生物（动物）的活跃运动。它们中有些已有高达 5.6 亿年历史，但大多数在 5.5 亿年左右。当时大海的底部应该充满着活跃的、小蠕虫形态的动物。[4]

第三项突破性进展就是骨骼的出现，低于 5.5 亿年的地层中存在大量的微小骨骼成分。它们是非常小的碳酸钙的棘和鳞片，这些小骨骼外层曾经覆盖着动物，差不多像铺瓦那样。最后一项，在低于 5.3 亿年的地层里，出现了大型化石动物，包括三叶虫、如蚌蛤一样的腕足动物（Brachiopods）、多刺的棘皮动物（Echinoderms）和许多种类似螺类的软体动物（Mollusks）。在达尔文的时代，寒武纪以沉积

新生命史：生命起源和演化的革命性解读

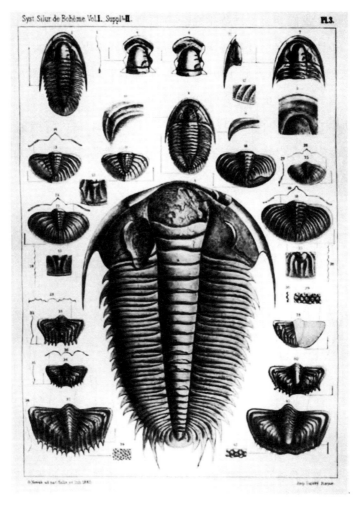

19世纪的三叶虫绘图。那时，它们被认为是地球上最古老的化石。三叶虫曾被用来"标记"寒武纪的开端。

地层中三叶虫最早出现为标志，没有人知道后面三者。这一顺序的原因可能简单得让人难以置信：那时，地球的氧含量上升到了最高水平。

今天，我们知道，动物生命起源的演替较为迅速地呈现在化石记录中，并且新的定年技术提出最早的复杂化石（小骨骼化石，晚于最早的遗迹化石 2000 万到 1000 万年）要略早于 5.4 亿年，而出现在记录中的最早的三叶虫要比它晚 2000 万年。

动物在化石中的出现记录了一个重大事件——所谓的"寒武纪大爆发"。古生物学家认为，寒武纪大爆发标志着首次出现了大

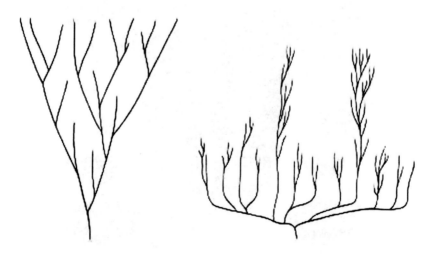

左图，锥形代表了传统模式的差距越来越悬殊。右图，倒锥形代表多样化和大量灭绝。

　　　　　　　　　　　新生命史：生命起源和演化的革命性解读

到足以在化石记录中留下残骸的主要动物门类。但分子遗传学家认 ¹²⁴为，寒武纪标志着动物最早演化出来。争议贯穿了 20 世纪 90 年代，直到 21 世纪初，新的分子研究[5]使用更精细复杂的分析，基本上确认动物的起源更晚一点，古生物学家胜出。现如今，大家一致认可：地球上动物的出现不早于 6.35 亿年前[6]，可能接近于 5.5 亿年前。

寒武纪现在被定为从 5.42 亿~4.95 亿年前（虽然后者作为奥陶纪的下界，可能稍稍早了一些）。然而，绝大多数动物门类第一次出现在这个时期的一小段——5.3 亿~5.2 亿年前之间。所有专门家都同意：这是整个生命史中第三或第四重要的事件，仅次于地球上生命的肇始、对分子氧的适应，以及真核细胞的起源。[7]

据我们得到的最新消息，寒武纪大爆发开始不久时的含氧量约为 13%（今天的含氧量是 21%），[8]但之后有起伏波动。在这期间，二氧化碳含量远远高于当今地球的二氧化碳含量——高出数百倍！这样高 ¹²⁵的二氧化碳含量，**确实**会产生一个强烈的温室效应，高到足以克服"当时太阳强度比今天暗淡 5%"这一事实。即使在这段时间的末期，二氧化碳含量下降，这段时间的气温**可能也高于**地球动物生命史上的任何时期。而海水温度越高，其所溶解的氧就越少，这将更加恶化早已存在的海洋缺氧状况。

中国澄江地区新发现极好的沉积地层中，保存着一整套化石宝库，其中同时展示了它们坚硬和柔软的部分，这给我们提供了一扇新窗口——让我们得窥地球上动物类群的起源，以及早于著名化石沉积（不列颠哥伦比亚的布尔吉斯页岩）之前的寒武纪（地球上）生命的性质。现在所知，澄江层沉积于 5.2 亿~5.15 亿年前，而布尔吉斯页岩的年龄现在被认为不超过 5.05 亿年。因这两处沉积约 1000 万年的年龄差，于是给了我们一个关于动物如何多样化的新视野。

澄江动物群和布尔吉斯动物群，都既保存了动物的骨骼，又保存了它们的软体部分，[9] 因此我们就有了一个完整的画面，告诉我们那里曾经有些什么，有怎样的相对丰度。如果没有从软体部分的保存中产生的新增观点，我们将永远无法确定各种类型动物的相对丰度，因为也许曾经存在过一种像软蠕虫和水母那样没有骨骼的、数量丰富的生物。因此，我们对能够看清这两处地点的动物群的性质而感到惊讶。现在我们已经从布尔吉斯页岩中收集到超过 55000 块化石（以及较少数量的澄江化石）。德里克·布里格斯、道格·欧文和弗莱德·科利尔出色地总结了布尔吉斯动物群，列出了总计 150 种动物——可参见他们 1994 年出版的《布尔吉斯页岩化石》(*The Fossils of the Burgess Shale*)[10]。其中几乎有一半是节肢动物或类似节肢动物。但有关个体的数量，有一个更有趣的数字：其中的节肢动物化石远远超过百分之九十，其次是海绵和腕足动物。像早期的澄江化石群一样，布尔吉斯页岩沉积时的海底，也是节肢动物在种类和数量上占据主导。

节肢动物是最复杂的无脊椎动物之一，然而，在这些几乎是最早的动物时代的化石沉积里，它们种类多样并且普遍。这证明在出现在记录中之前，它们就已经经历了漫长时间的演化——也许有毫米级（或者更短小）的节肢动物在海床上爬行，而更多的物种自己游弋或漂浮在开阔的大海中。

观察布尔吉斯页岩（本书的两名作者都曾有幸亲眼目睹），其中一个巨大的惊喜是认识到：最常见的化石，并非来自奇异的类群（那

　　　　　　　　　新生命史：生命起源和演化的革命性解读

些精细的软体动物，填满了关于布尔吉斯页岩动物群和植物群的著作)，实际上，大部分化石都是三叶虫。在个体和物种的绝对数量上，三叶虫以及数量较少但高度多样化的布尔吉斯节肢动物，占据了化石群的主要部分。[11] 不同身体构造的纯粹数量的衡量指标叫作**差异性**（相对于多样性，多样性指不同种类群的数量）。节肢动物似乎是寒武纪动物中最成功的。这一成功，有多少应归于它们的主要身体构造特点（分节）呢？

身体分节的动物是这颗行星上最具多样化的动物类群，它们大多数是节肢动物。所有的节肢动物（包括高度多样化的昆虫）都展现出三个身体节，并基于几组对动物来说具有特定功能的单个部分。群组的特征是具有包裹全身的、有关节的外骨骼，其甚至延伸到内脏。外骨骼不能生长，因此必须定期蜕皮，由另一个稍大的外骨骼取而代之。它们的身体有一个分化良好的、不同比例的头部、躯干和后体部。附肢通常是特化的。陆生节肢动物的附肢通常单一且巨大，但海洋生物形态一般有两个分肢或每个附肢有好几个部分，内腿肢和外鳃的分支，因此被称为二支的。外骨骼像一具盔甲一样覆盖软体部分，主要的功能可能是起保护作用。但这种骨骼的影响巨大：令身体的任何部位可能都没有被动扩散的氧气。为了获得氧气，最早的节肢动物（都是海生生物）必须演化出专门的呼吸结构或鳃。分节动物是行星上最具多样化的动物。节肢动物不是唯一有这种特质的：所有环节动物都是分节的，一些普通的不分节的类群，如单板类软体动物，也至少展示了一部分的分节。分节出现在动物历史的早期，并且，在寒武纪三叶虫这种早期保存下来的最常见动物化石的身上，我们的确看到了它们表现出这种性状。

詹姆斯·瓦伦汀（James Valentine）在其 2004 年的著作《门的起源》[12] 中，还仔细考虑了一个主要的演化难题：为什么在寒武纪有这么大数量、这么多种类的节肢动物？他对于这个主题的论述值得一看：

> 尽管许多早期节肢动物有非矿化的角质层，但早期节肢动物的身体类型表现出了奇妙的多样性。这么多，又各有特色，以至于对系统学原理的应用构成了重大挑战。这些不同的节肢动物类型在系统发生上令人费解……很显然，即使在寒武纪大爆发的类群中，类似节肢动物身体构造的突然爆发仍然堪称鹤立鸡群。

我们所说的**节肢动物**似乎是由很多独立演化的群体，通过趋同演化产生了巨大多样性的各种身体构造所组成的——除了一个方面：它们在每一个二支的体节上都有肢，每一腹肢都带有某种足，并且还有第二附肢、一个长鳃。

为什么基础动物群体选择分节？这个词也许是错误的，因为瓦伦汀和其他人注意到，节肢动物并没有分那么多节——至少环节动物是由身体每一节的大部分离的、但重复的体腔组成的。瓦伦汀提出，这个不同寻常的身体构造是对移动需求产生的反应。他指出，"显然，节肢动物身体分节的本质关乎身体活动的力学，特别是关乎由神经和血液来支持的运动。"毫无疑问的是，这种类型的身体构造有助于运动的适应。但这种身体构造的结果是允许有鳃的体节重复，每一个鳃都可以小到存在于分节下面的最佳位置。在这些位置上，水流可以主动地被吸入，并通过羽毛状的鳃，从而增加了氧分子每一秒对鳃的接触，这个位置是由沃德于2006年提出的。[13]

另一种大量见于最古老的寒武纪沉积物中的动物是海绵。和刺胞动物一样，海绵未显示出呼吸结构，我们也不期待它们会有任何这类结构。海绵身体构造环绕着一连串的囊（就像刺胞动物一样，但具有更少的组织：海绵里没有真正的组织），所有的海绵都展现出相对于其体积而言**非常大的表面积**。事实上，海绵像是许多单细胞生物的结合体，每个细胞基本上都接触海水。虽然有这种优势，海绵仍然展示出了获得氧气更有效的方法。它们主要的饲养细胞——称为领细胞——使大量的水通过其结构。一些海绵研究专家提出，海绵的身体每天滤过相当于其体积一万倍的海水。海绵们如此有效地转运大量的水通过它们的身体，以此获得足量的氧气，即便是从含氧量低的水中也可以，因此，它们能够生活在极低氧的条件下。

寒武纪生有坚硬部分的主要动物类群，显然是节肢动物的巨大族群，（在大多数寒武纪海相地层中）数量上位居其次的，是腕足动物，然后是少量的棘皮动物和软体动物。腕足动物类群与生存至今的苔藓虫类有亲缘关系，经常被误认为是双壳贝类。然而，双壳类和腕足类的贝壳外表看上去虽然相似，但这两类的内部解剖结构完全不同。腕 129 足类的一个主要特征是被称为触手冠的摄食器官，由很多长而纤细的指状结构组成一个大环，在外壳里面形成一个精致的扇形。这个器官通过过滤海水获得食物，因为它充满了一种体液，并且非常薄，所以也构成了一个精致的呼吸器官。在我们有些人看来，腕足动物是一个悲剧性的类群。它们也许是古生代海底最常见的居住者，但在约 2.5 亿年前的二叠纪大灭绝中几乎绝迹，并且从此一蹶不振。

寒武纪棘皮动物构成了一组小盒状动物的怪异集群。在最早的棘皮动物中有独特的、松果状的海旋板纲，此外还在一些沉积物中发现了一些原始有茎的始海百合和座海星类。比棘皮动物更普遍的是软体动物，在寒武纪的大部分尺寸很小，并且每个主要的种类（腹足类、双壳类和头足类动物）都可见于寒武纪地层中。然而，最普通的软体动物是单板类。虽然在今天是一个小的纲，但在寒武纪很常见。它们有一个帽贝样的壳和螺状身体，其上长着宽阔的用来爬行的足。最有趣的是，在当时的软体动物当中，它们展现的身体组织显示出了分节。从化石外壳上看其肌痕与现存生命形态的解剖对比，我们认为寒武纪的单板类有多对鳃；如今的腹足类有一对鳃，甚至只有一个鳃。但寒武纪的单板类，其存在形式可能很像螺类，有必要保有多个鳃。它们以作为软体动物祖先而闻名，衍生了所有其他的种类：腹足类、头足类、双壳类、多板类和更多小的软体动物种类。

20 世纪 50 年代，发现了一直被认为已于二叠纪末期灭绝的、生活在深海环境里的单板类，从而让人们对早期软体动物的生存情况有
130 更深入的了解。现存形态证实了在最早的软体动物化石内部发现了肌肉疤痕，这表明它们有一对以上的鳃。事实上，很多肌肉对儿排遍了贝壳内部的全长，进而得出结论，这些早期的形式表现出**明显的分节**，或至少是**鳃——血管系统**的重复。因为只有鳃提供血液和过滤系

　　　　　　　　　　　新生命史：生命起源和演化的革命性解读

统，显示了这种重复模式。可以推测，在节肢动物中，这种重复模式是对鳃的呼吸表面积增加的适应。在如今常见于潮间滩涂的石鳖身上，有一个类似的重复模式甚至延伸到了其壳体上。

与棘皮动物的身体一样，腕足动物壳体之内也几乎全部是水。它们的体形很小，并且凭此接触源源不断的海水流。腕足动物的触手冠使海水进入壳体两侧，穿过触手冠，然后送到外壳前。这些源源不断的新水进入一只腕足动物，与水流通过海绵具有相同的效果。较小的体形、具有极大表面积的触手冠，加上稳定的水流（壳体内部体积的许多倍），使腕足动物十分适于低氧的世界。

引起寒武纪大爆发的物理与化学事件

在本书前文中我们注意到全新学科的发展，尤其显著的是天体生物学及其近缘学科——地球生物学。但另一个领域——主要是演化发育学（这是传统的生物科学的支柱）经历了一次非常重要的复兴，以至于它几乎已被认为是一个新领域。其研究者现在称其为演化发育生物学，并且在过去的十年中，这一领域的突破已经产生了很多关于寒武纪大爆发的观点。其中最伟大的一位演化发育生物学研究员肖恩·卡罗尔（Sean Carroll），在其 2005 年的著作《无穷无尽的最美丽形态》（Endless Forms Most Beautiful）[14] 中，带我们经历了这一新近复兴的科学领域的美妙旅程。如果说在这一部著作中有任何一项单一主题的话，那就是——现在科学已能更好地理解演化生物学中一个曾经难以解决的问题：新质（创新）的起源。传统的达尔文演化概念无法解释演化革新如何在相对较短的时间内发生。根本性的演化突破——翅膀的出现、为陆地而生的腿脚、节肢动物的分节，乃至大的尺寸（寒武纪大爆发的标志）都让人无法解释"这么多突变协调一致地发生作用"这种事情。演化发育生物学现在似乎已经解决了这一问题，卡罗尔在其书中列出了四个方面，结合起来可以解释突然发生的演化革新，恰好概括了解释这种巨变是如何发生的新方式。

正如卡罗尔所说，第一个"创新的秘密"是"在既有的东西上做工作。"其中心概念之一就是"大自然是一位修补匠"。创新并不总是需要建造一套新设备，或一套新工具。现已存在的东西，就是最容易的出发路线。第二个和第三个是达尔文本人已理解的两个方面：多功能性和丰余部分。

首先，器官的多功能性是指，除它最早演化出来的功能以外，还有利用已经存在的形态或生理机制接管一些次要功能；而另一方面的丰余，是当一些结构由几个部分组成，完成一些功能时，如果其中的一个可以指派新的工作，而其余部分仍然能够像以前那样起作用，这就形成了一个适当的创新路径，它的使用远远比重新形成完全新颖的形态简单。超过了一些完全从头开始形成的新颖形态。头足类动物的游泳和呼吸都是这样的情况。头足类常常经过它们的鳃抽入大量的水，并像许多无脊椎动物一样，用分隔开的"管"或特定的通道进水和排水，来保证不重复呼吸富氧水。而在排出管上这一细小的形态上的"修补"，产生了一种强大的新运动方式。呼吸和运动，通过使用同一份能量，将同一腔水既用于呼吸，又用于运动。真是一举两得、两全其美的妙招。

最后的秘密是模块化。由体节构成的动物，如节肢动物，以及在较小程度上我们这些脊椎动物，早就已经模块化。从节肢动物的分段体节而来的肢，令人惊讶地具有了进食、交配、运动，以及许多其 132
他功能。节肢动物就像一把瑞士军刀，每一段具有肢的体节都演化到去发挥一项非常专一的功能。在我们的数据中，脊椎动物的趾也同样如此，它们得到改进，以执行在陆地上行走、游泳、在空中飞行这类多样的任务。对一些原始的手指和脚趾来说还不错！演化发育生物学是在哪里起作用的呢？原来，这些形态能够构成“进行形态变化的软泥”，是因为它们的幕后存在基因的“开关”系统，它们位于节肢动物或脊椎动物发育中的胚胎上，与在节肢动物或脊椎动物中发现的各种肢体位于相同的位置。

开关基因是这里的关键，它们告诉身体的各个部分于什么时候、在什么部位生长。其中一个伟大的发现是：一个节肢动物的不同身体部位——从头部到中部再到腹部的恰当序列，首先以同样的布局模式在染色体上排列好，然后再到发育中的胚胎本身。这一过程大多是由演化发育生物学皇冠上的宝石——同源异型基因（Hox 基因），及其在其他分类群中命名不同但**等价的基因**完成的。

演化发育生物学中许多新的发现，被用于破解生命史上的**中心秘密——寒武纪大爆发**的许多有待解决的问题，以及这一切当中最重要的一项认识：各种动物类群以及如今我们所看到的如此不同的身体构造，是在何时以及如何起源的。

长期以来，一直存在两派意见。第一个是，化石记录给了我们关于**动物大分化**发生的确切时间的真相——种类趋异发生在约 6 亿～5.5 亿年前。但第二个证据来自现存成员与古老类群的基因的比较，并利用了前面提到的"分子钟"的概念。目前的问题是，动物界最根本的分化（被称为原口动物和后口动物的分离）发生的时间。区别开这两组的，是胚胎的基本解剖结构和发育的差别。

原口动物包括节肢动物、软体动物和环节动物等，它们以胚胎为特征，在发育和成长后受精，然后用成长中胚胎的原肠孔构成口；在后口动物（棘皮动物、脊椎动物和若干小类群）中，口和原肠孔分别发育；第三个组是非常原始的类群，从**原口动物—后口动物大分离**之前的动物演化主干中分支而来的，包括刺胞动物、海绵动物，和其他类似水母的小类群。

首先出现的是最简单的形式——腔肠动物和海绵。正如我们已经看到的，早在寒武纪（开始于 5.42 亿年前）之前的埃迪卡拉纪（5.7亿年前），动物群中就已经出现了它们的代表。但直到进入寒武纪一小段时间后，才能看到可识别的原口动物和后口动物。

如果原口动物和后口动物分道扬镳了，那么，在分离之前最后的那种动物是什么样的呢？许多证据表明，这种生物两侧对称，且具有运动能力。思考这一时代和当时的动物的许多人士，猜想这种原口动物和后口动物**最后的共同祖先**是一种毫无特色的小小蠕虫，也许就像如今的涡虫（Planaria）或现存的微小线虫（Nematodes）。但是，其中一个伟大的新发现是，这个还未分化的主干的最后成员，已经有了一个"遗传工具箱"允许它开始一些激进的新工程——在投入使用之前至少 5000 万年，它就有了这样一个工具箱！该蠕虫的身体前面有一个口，后面有一个肛门，在两者之间有一个长管状的消化系统。可能有粗短的突起从它的侧面伸出，也许是为了感觉信息（触觉和化学

133

传感）。但问题是，所有这一切都是建立在这样一个快速转化的方式能够发生、并且确实发生了的前提下，这是新的观点。然而寒武纪大爆发所必需的所有工具和功能在 5000 万年里毫无作为。

如上所述，寒武纪的下界是在 5.42 亿年前，被定义为"在地层岩石上发现第一个可辨识的运动标记的地方"，某种痕迹化石表明出现了动物（运动的动物），并且它们能够在泥土中垂直地挖掘洞穴。[134]然而，在接下来的 1500 万年里，似乎很少形成新的身体构造，或者至少就我们能在化石记录中找到的证据而言，就是如此。表明一次大分化发生的证据，来自于最近才在中国澄江[15]发现的壮观化石地层，前面提到过，该时代可追溯到 5.25 亿～5.20 亿年前。它是布尔吉斯页岩的一个更古老的版本，两者的共同之处是都保存了软体部分。

无论是澄江动物群，还是布尔吉斯页岩动物群，主宰域中的都是大量的多种不同种类的节肢动物。它们很快就成了地球上最具多样性的动物，并且时至今日，依然如此。据估算，在我们的时代，仅甲虫就可能有多达 3000 万不同的种！

演化发育生物学告诉我们这是"为什么"。在所有身体构造中，没有一个可以像节肢动物那样轻易、快速、从根本上发生改变。原因就是上面卡罗尔所列举的那些：节肢动物有模块化的部分，它们有冗余的形态可以承担新的功能，并且有一系列的同源异形基因，允许在整体分节的身体构造的特定区域，发生已准备好的变化。

旧观点认为，新动物的产生必须意味着新的基因，这在逻辑上很充分。一只原始的海绵或水母的基因，当然少于更复杂的节肢动物。

有人主张，所有节肢动物种群的共同祖先演化出了新的基因——新的同源异形基因，即那些"开关基因"告诉身体的各部分在什么时候、如何形成，但这并不符合实情。卡罗尔和其他人表示，节肢动物最后的共同祖先并没有演化出新的基因；它早已有了这些基因，而后来那许多种类的节肢动物发生的惊人变化是由已有的基因完成的。正如卡罗尔所说："形态的演化主要并不在于你拥有什么基因，而是在于你如何使用它们。"

要彻底改变并且多样化节肢动物，必须有十种不同的同源异形基因。我们通过比较同源异形基因的产物（一个特别的同源异形基因产生的特定蛋白质）的分布，以及这些蛋白质可以见于正在发育的胚胎中的哪些地方，才发现了它们的秘密。"一种节肢动物的一些基因或基因组进行编码，从而构建一条腿"的旧观念是错误的。同源异形基因制造蛋白质，这些蛋白质随后成为开启或停止一个成长中胚胎的特定区域的生长装置。其中一些蛋白质涉及制造一些特定类型的附器。如果那些在发育中胚胎中的同源异形基因蛋白不知怎么地移动到不同的地理区域，那么其产物也同样会改变。这样，原本在身体某个部位的一条腿，可能会突然间见于一个全新的位置——如果同源异形基因蛋白在腿形成前很早就转移到胚胎的对应位置。创新来源于移动一个胚胎上特定的同源异形基因蛋白所见的位置或"区域"。

节肢动物胚胎中的同源异形基因区的变化，就会形成我们看到的各种节肢动物。有数千种、也许数以百万计的不同种类的节肢动物形态，并且都是利用相同的十个基因的遗传工具箱演化而来的。如果不是身体构造有重复的部分，节肢动物就什么也不是。这些部分的特化要求每一个都分到一个单独的同源异形基因区。

史蒂芬·杰伊·古尔德对战西蒙·康威·莫里斯："差异性"是什么形状的？

到底为什么会发生寒武纪大爆发？关于这一问题，人们的新思想、新思路从来就没有停止过。有时，历史事件似乎**必须这样发生不可**。然而，为什么许多动物门不是缓慢形成，而是我们所见的——都压缩到了很短的这一段时间内形成呢？在寒武纪爆发的主要动物，究竟有多么地多样？令人惊讶的是，目前所有的动物门（不甚一致地被列为约 32 个）最早都出现在寒武纪大爆发中。从此之后，再没有一个动物门加入这个世界，甚至在 2.52 亿年前毁灭性的二叠纪大灭绝之后，也没有新的门出现。但是寒武纪的时候，有比目前多得多的门吗？那时存在着（和今天相比）奇怪的、从根本上不同的各种动物吗？这是一个非常有争议的问题，最终在 20 世纪 90 年代末，在（现在已故的）演化论大学者古尔德和英国古生物学桂冠学者——剑桥大学的西蒙·康威·莫里斯之间，爆发了著名的激烈争吵[16]。

古尔德在其《神奇的生命》一书中断言：寒武纪充满了"不可思议的奇迹"，他将其定义为已在世间消失的身体构造。他认为，寒武纪大爆发只是一种新的体形、身体构造、物种数量的爆发。但稍微隐喻一点儿说，大多数爆发都是死胡同。事实上，许多新的身体构造（即古尔德所说的新门类）没能活着走出寒武纪。它们被大爆发杀死了，但不是被原始意义上的大爆发杀死——而是各种动物大量激增产生的影响，通过它们之间的竞争杀死了它们。这么多的身体构造中，只有一些能通过自然选择的考验。古尔德的观点是，身体构造的多样化可以建模成为一个金字塔形状；身体构造的多样化是迅速的，它创建出身体构造的金字塔基底，这种多样化也称为差异（结构的多样性，而非物种的多样性）。但随着寒武纪的进展，基底削弱了，到寒武纪结束时，门类已远远少于其开始不久之时。

许多人不同意这种差距自寒武纪以来有实际的增加。这种观点的主要倡导者是西蒙·康威·莫里斯，他直接反对史蒂芬·古尔德。莫里斯认为，这些奇观根本不是单独的门，它们只是众所周知且现存的门中那些无法辨认的成员而已。对于 20 世纪晚期的这一大争论（几乎争吵到难以置信的炽热程度），看来科学界的共识是：古尔德错了，并且我们对这一争论也没什么可以补充的了。但如果说，这一次沸腾的科学争端已经冷却到低火慢炖的程度，那么寒武纪大爆发的其他方面仍然是前沿科学、最好的科学——有争议的科学。

对寒武纪大爆发的新定年

寒武纪大爆发显然是最为重要的、直到最近才被人们理解的、生命史上的主要事件。其大部分不确定性来自于定年，或曰无法定年，起码无法准确地定年——岩石越古老，界定其年龄的不确定性就越大。19 世纪初亚当·塞奇威克最早定义寒武系的下界为内含最早三叶虫的地层时，他并不知道将来他的同行们能**以年来衡量**化石的实际年代，而不仅仅是知道化石的相对早晚（但可以肯定，他一定曾经梦想过这种可能性）。事实上，在两百年间，为寒武纪的下界定一个准

137

确的年代，就是反映"定年难"的一个恰当例子。其中存在的一个主要问题是：寒武系的下界，从来没有真正地得到生物方面或实际岩石记录方面的定义，虽然有几个进行数字定年的位点，但彼此之间相差甚远。与大灭绝事件或其他生物性创新不同，寒武纪大爆发没有一个特定的明确起点。而负责选择这些术语定义的机构是联合国教科文组织（UNESCO）在"国际地质对比计划"支持下组织的一个国际专家特别委员会（本书合著者克什维克是该委员会的有投票权的成员）。

问题在于到底要选择哪一个实际位置作为边界，以及如何测定其年代。20世纪60和70年代，对寒武纪大爆发年代的猜测，从6亿多年前至5亿年前不等（这类猜测的准确性就是这样）。直到采取了非常灵敏、精确的放射性定年法，定年才取得了进展。放射性定年中的问题是：为了获得一个放射性测量的年代，火山岩必须夹在火山灰构成的沉积层中，因为只有部分火山灰，才含有锆石矿物（它锁定的铀和铅的比例才会形成完美的地质时钟）。世界各地的寒武纪岩石之中，几乎未发现这种岩床中复含有岩床的情况。

在试图研究别的东西的时候，澳大利亚国立大学知名地球年代学家威廉·康普斯顿（Willian Compston）研发了一种利用页岩（沉积岩，而非火山岩）中铷、锶的同位素的技术，把中国最早的三叶虫年代估计为6.1亿年前。我们现在知道，他的技术是完全错误的，应该走的路线是基于铀—铅的矿物锆石定年技术。然而，直到20世纪80 138年代，寒武纪的"官方"下界仍被定为5.7亿年之前——这个年代仍然偶尔会出现在某些网上和图书中的地质年代表中。

但第二个问题，与其说是"何时"，不如说是"何事"——应该是哪一个"最早的化石"或哪一个"最后的化石"标记了寒武系的下界——这才是一个更顽固的问题。如上所述，到了20世纪60年代，古生物学家们已经改进了他们的采集方法和仪器，并且以下事实变得越来越清晰：事实上大量的动物演化现象，包括具有坚硬部分、可形成化石、也的确形成了化石的动物，早于三叶虫很长时间就已存在。最古老的具有坚硬部分的化石在含三叶虫的那些地层的下面，它们很微小，但可辨认出部分的壳体（"小壳化石"）。有的看起来像微小的刺，有的像小螺类的壳，有的干脆看起来像是一些古老的软体动物和棘皮动物甲壳上的大块。但问题在于它们形成和存在的实际年代。

1990年代初，终于达成了大家认可的国际共识[17]。在动物出现的四幕剧中，第一幕——埃迪卡拉动物群的出现，被完全踢出了寒武纪。它们以己之名，拥有了一个时代：新定义的元古宙埃迪卡拉纪。寒武系的下界被定义为含有最低的垂直挖穴遗迹化石的地层，因此早于含有小壳化石的后续地层，它们又位于含有三叶虫地层下界之下。垂直挖掘、穿过沉积物的能力，意味着存在一个流体骨骼和神经肌肉连接来控制它，但这一地层要比实际的寒武纪大爆发早约2000万年（根据化石记录本身可知）。然而，就算最后整理出来，也仍然无从知晓这些地层沉积的年代。

在没有可靠的同位素测年技术的情况下，这一区间的长度（从最早的可复原的动物化石到首次出现的三叶虫）在某些地区，可以用埃迪卡拉动物群和三叶虫之间**数以万米计**的地层来衡量。这表明，它们之间相隔着亿年左右的时间。但20世纪80年代的质谱仪（可以为岩石定年的仪器）需要大量的锆石，才能做出适当的分析。然而，技术在进步，到 20 世纪 80 年代末，开始使用新的、更好的仪器，来测定（偶尔见于被认为是寒武纪的沉积层中的）罕见但关键的火山层。在塞奇威克及其所有同时代的人都去天堂（或古生物学家都要去的不管什么地方）见"化石记录大神"之后很久，人们在摩洛哥的安蒂阿特拉斯山（Anti-Atlas Mountains）发现了这样一处地方。这是确定寒武纪大爆发"四幕剧"的潜在的罗塞塔石碑（Rosetta Stone）。

年代的突破——和年代的意外

时间是在 20 世纪 80 年代末，本书作者之一克什维克，采集到了摩洛哥的安蒂阿特拉斯山（Anti-Atlas Mountains）的火山灰样品。这一灿灰层在地层中位于首次出现寒武纪三叶虫的大量沉积岩层之下约 50 米。但那关键 50 米的水下所成地层的形成，需要多长时间呢？不幸的是，这些火山灰只产出了很少数量的锆石颗粒，远远少于当时常规测年技术所需的量。然而到那时，康普斯顿已研制出一种不可思议的仪器，即大名鼎鼎的超高分辨率离子微探针（SHRIMP），它能够聚焦铯离子的准直光束在矿物颗粒上形成小斑点。通过这一过程产生的等离子体，被摄入一台质谱仪，通过一些精细操作，它们能够产生一个具有极高分辨率的铀—铅年代。

结果令人大吃一惊。从这些摩洛哥样品中得出的年代约为 5.2 亿年，而不是 6 亿年以上的"高龄"！[18] 康普斯顿竭尽所能，试图使这一年龄更老一些，但是却无济于事。在寒武系下界的年龄上，至少有8000 万年的误差。这意味着寒武纪大爆发（至少从最早的壳类化石出现时在动物门类上发生的巨大多样化来看）更像是一次核爆炸！比人们曾经认为的速度，至少快 25 倍。麻省理工学院的山姆·鲍林和别处的研究组，重复了这些发现，使用的实验材料是来自摩洛哥的另外的火山灰，还有一些实验材料采集自奇异的国度，如纳米比亚和西伯利亚阿纳巴尔隆起（Anabar Uplift）的北部。[19] 现在，得到了三叶虫出现的一个年代，它大大地晚于以前所认为的年代。当负责选定**寒武系正式下界**的古生物学家们考虑"整个寒武纪可能只有 1000 万年时间"的时候，他们发生了大恐慌，于是他们抛弃了最早作为指针的三叶虫，然后选择了一个更古老的事件——第一个掘穴遗迹化石——最终校准在 5.42 亿年前左右。

事实证明，这种演化活动和创新的不寻常的时间间隔，具有一些其他更不寻常的特征。跨越元古宙—寒武纪界线的**碳同位素研究**表明，发生了一些颇为奇怪的事件：持续数十万到上百万年的巨大振荡（现在被称为寒武纪的碳循环周期）[20]。它们的规模十分疯狂——相当于每几百万年就磨碎并烧光地球上所有的现存生物量。或者是这种大燃烧，或者是某种其他东西，引起了（见于甲烷中的）极轻的碳大规模喷发到大气中，带来了与之相关的整个温室效应。地球经历了一系列的短期升温事件吗？事实上，轻度变暖可以通过缩短生物的传代时间，从而提高生物多样性——这是在现代生物群中观察到的一种效果。当然，大幅变暖是会要了命的！

另一个古怪的地方是，寒武纪长期被认为具有非常大的、明显的板块运动（板块是构成地球表面的巨大壳块，它们移动、扩散，或与其他这类地球构造板块碰撞）。利用所谓的"古地磁学技术"可以追踪这些运动，这一技术还可以像确定板块运动方向那样确定岩石古

　　　　　　　　　新生命史：生命起源和演化的革命性解读

纬度。克什维克就是使用这个工具首先证明了前几章说的雪球地球事件。形成自多个古地磁实验室的**新的古地磁分析**，揭示了一些看似不可能的事情：大陆高速滑过全球表面——或者说，在其两个自转极之间的整个世界在快速移动。北极和南极保持不动，移动的是它们之间的球面。

例如，取自澳大利亚的样本信息表明，在早寒武世和晚寒武世¹⁴¹之间（少于 1000 万年、甚至更短的时间），当澳大利亚大陆横跨赤道时，它经历了一个近 70 度的顺时针旋转。然而，由于澳大利亚是冈瓦纳超大陆的一部分，这一旋转必然卷入了当时一半以上面积的大陆（冈瓦纳超大陆还包括南极洲、阔大版的印度、马达加斯加、非洲和南美）。现在，几乎所有冈瓦纳古陆的数据都讲述了一个相似的故事——5.3 亿至 5.2 亿年前，它发生了逆时针旋转，这恰恰是在寒武纪大爆发期间。阔大版的北美大陆，即劳伦大陆的相似结果表明，在本质上相同的时间里，劳伦大陆从寒冷的南极一直移动到了赤道。

在这个节骨眼上，"简化之神"出现了。人们思量，来回移动的，也许不是一片片小小的构造板块，而是地球上所有的东西，都相对于自转轴一起移动！然而，只有在劳伦大陆和澳大利亚相距大致 90 纬度时才会发生这种状况（如果澳大利亚在赤道，而且劳伦大陆在极地，就必然如此！），事实上，这种单一旋转假设非常具体地预测了所有大陆板块的相对定位和构型，这是一种"完全自由的古地理学"。"一次运动移动了它们全部，一个自转旋转了它们，一次来自极地的转换，我们就能在全球各地看到它们！"谁能夺天工之巧？——这种设想令托尔金的如椽巨笔黯然失色。整个固态地球的一个绕着自转轴的简单旋转，把大约 90% 的先前零散的古地磁结果，带入了一个清晰的焦点。

当时，所有事情同时发生了：一个在物种数量和身体构造方面的**演化大脉冲**、生物矿化的一次巨大增长（大量及不同种类的外骨骼从许多不同的门类演变而来）、动物之间第一次发生**捕食者—被捕食者**的相互作用、有机碳收支的巨大波动、大陆位置的疯狂振荡，所有这些，都让科学家们（包括克什维克和他的学生们）去仔细思考——这些是巧合，还是有因果关系？

142　随着越来越多的古地磁证据开始积累，人们检测出了古老板块（它们被埋葬的大陆固定在海洋地壳里）的运动不仅令人吃惊，而且还发现了似乎完全不可能的运动。均变论告诉我们"将今论古"，而今天，我们可以很容易地测量目前板块移动得有多快。在大西洋，沿着大洋中脊创造出来新的海洋地壳——平分南北大西洋的两大板块，正在以每年仅约一英寸的速度，慢慢远离起点轴线。这些庞大的板块，在海洋的扩张中心创造出来的同时，也在它们岩石的怀抱中容纳着大陆——于是板块行处，陆地也跟着走，速度各有不同。例如，今天在太平洋地区形成的板块，移动速度快得多，为每年 3～5 英寸。最快的可能速度接近每年 10 英寸，但即使这样，也是理论上的和有争议的。然而，古地磁数据得出的速度，有的要用数英尺/年来计算：如果牵涉其中的只有板块构造，这将是不可能发生的事。然而，数据是可重复的、鲜明的。当时曾发生了革命性的事情，或至少是迥异于近代过程的事情，这导致了科学界的**不胜惊异**。均变论原理，到此为止了！

当人们遇到（暗示地球表面如此快速的运动）这类数据，第一反应就是——这数据是真的吗？这种怀疑很有道理。正如卡尔·萨根曾经说过的，非常之（科学）论断，需要非常之证据。大陆运动是如此之快，以至于上述那种普通板块构造运动（通常每年最多只移动几英寸）无法解释这么快速的移动。克什维克和其他几个人缓慢但不可阻挡地做出了新的数据，表明相对于传统板块构造理论，这些板块移动得太快了。更奇怪的是：大部分运动的发生，恰好符合动物门类多样性的爆炸性增长。如果不是因为板块构造，那还会是因为什么呢？而板块构造，又怎么会影响到动物的演化呢？

答案令人惊讶——但我们本不应该惊讶，因为**已知**在火星、月球、许多卫星和小行星上，数十亿年来就一直发生着**一种类似的过程**。这类天体具有在布局上发生惊人改变的能力。在地球上，这种改变对于生命的影响，或许是不可估量的。而我们开始认识到这一可能，是在**对生命史的理解**中酿造的一次伟大的新革命。 143

一百多年以来，地球物理学家们就知道，行星的固体部分可以相对于自转轴运转得更快，而且快不少。基本原理是，一个旋转的物体会围绕着某物旋转，这称之为它的最大转动惯量。飞盘是一个很好的例子。当被适当地抛出之后，它围绕中心点旋转，大部分质量在圆盘的边缘，这使它的旋转保持稳定。但现在把一小块铅放在圆盘的某个位置上——不在它的中心。那么，飞盘的旋转将发生改变，因为它尝试调整自己，以把这一新的质量情况纳入其运动中，而且飞盘在旋转时，会尽量使这一新的密集质量尽可能地远离旋转轴：它想跑到赤道位置去。在一颗旋转的行星上，离心力和引力相似地作用于任何不协调的质量。但是在一颗旋转的球体上，会发生一个大为有序的变化——自转轴的位置会重新调整，以至于也许位于从赤道到某极点三分之二处的"重物"，将不会移动到赤道上。由于新增的外来重量，旋转的球体自转轴的位置发生了改变。

众所周知，月球和火星在其各自的地质历史时期都曾用这种方式调整过自己。两者都在它们的表面增加过新的质量——起初它们没有在赤道上，但最终通过某种方法到达赤道上。例如，火星表面的一个地质区——塔尔西斯大火山岩省（Tharsis province）就是由大量厚厚的熔岩组成。按照地质时间，它就像是我们加在一个飞盘或旋转球体上的重物；它是在行星形成后增加上去的。事实上，它是太阳系中最大的正重力异常，并且现在正是位于火星赤道上。月球上，"阿波罗"计划之前的调查探测到质量集中与月海的玄武岩有关，也位于月球赤道上。这些过程在月球和火星上十分容易理解，因为这两颗天体都没有板块构造。

144 这种调整过程被称为真极移。在1966年板块构造发现之前，磁极在早先地质时代曾位于不同位置的所有证据，都被认为是真极移的结果。

一颗行星，可以有多种方式在地质上发生**质量的快速变化**，包括被巨大的小行星或彗星撞击，甚至是来自内部的——地球内部深处的岩浆喷发到地球的表面。类似地，板块构造特征的某一部分**出现或者消失**，也会导致大的质量偏移。板块构造特征是由扩张的中心和分离的俯冲点（板块俯冲回深部）组成的。两者影响巨大，就地球而言，只要涉及的地块保持活跃，而不只是漂浮着，就足以激发真极移。而如果它们消失了，这就会影响到行星的取向。当一个大陆的漂移板块冲进另一个大陆，无论是俯冲地带还是扩张中心都会消失。两个聚敛的板块之间，任何向海的扩张中心或俯冲地带，都会在碰撞挤压中被摧毁；只有在这种情况下，导致**重新定向**的肇因，才是地表物质的消失，而不是增加了一块质量。

迫使大陆移动的因素，是所观察到的与寒武纪大爆发相关联的生物变化吗？这相当不可能！一个更可信的解释是：不寻常的突发移动，以某种方法加快了生物演化的步伐。已发现的一些机制，也许可以解释和关联一些观察结果。首先，当大陆在高纬度地区时，它们常常易于在海底或永久冻土层里形成可燃冰（称为笼形络合物或天然气水合物）的大型储藏库。在这些地区移向赤道的过程中，它们会逐渐温暖起来，可以不定期地引发温室气体排放到大气中的脉冲，周期性地为环境增温。而处在温暖的环境中，演化和物种多样化特别容易通过加速新陈代谢机制，趋向更快地进行。

它在文献中被提及的时候，人们给它的昵称是"寒武纪大爆发的甲烷导火索"，并且主张"生物多样性的热循环可能是促进物种增殖的主要因素之一"。这也可能是碳同位素疯狂振荡的原因。另有一项 145 结果表明：地理上更丰富的多样性**自然地**存在于赤道地区。当我们在耶鲁大学的同事罗斯·米切尔在观察真极移事件中的古地理运动时，他注意到，几乎所有新演化的动物群体，似乎都起源于大陆向赤道地区移动的前沿区域，几乎没有一样起源于在高纬度移动的其他地区。这种随着纬度、多样性的提高，为多样性的提高提供了绝妙的、简单的解释，特别是当这发生在大自然正在通过同源异形基因试验身体构造时。这也意味着，这个寒武纪大爆发的古生物学记录可能部分地是一个假象——因为**真极移**的一个副作用是，移进赤道的地区产生相对的海侵、从赤道地区远离的地区发生海（平面）退。沉积物在海侵期间保存得最好，在海退期间被清除。因此，在真极移事件中，岩石记录偏爱保存记录着多样性增长的岩石。

援引真正的极移作为生命史中事件发生的原因，绝对是一个新的研究领域，在 20 世纪闻所未闻。正如这一机制可以被用来作为解释寒武纪大爆发的一个新假说，这一机制也可以被用来尝试解释大灭绝中的杀伤机制，其中一次大灭绝结束了寒武纪及寒武纪大爆发，其间杀死了几乎所有"不可思议的生命奇观"（被史蒂芬·古尔德和西蒙·康威·莫里斯所描述的布尔吉斯页岩生物）。这次大灭绝，被冠以一个名不副实的简称——香料（SPICE），得名于斯特普托期同位素正漂移（Steptoean Positive Carbon Isotope Excursion）。

终结寒武纪：SPICE 事件和第一次显生宙生物大灭绝

对寒武纪大爆发的任何历史叙述，都可被动物身体构造演化的绝对性力量和重要性所充斥、淹没——世界生物发生激进变革，从固定的、漂浮的动物，以及前寒武纪最末期仅仅是大一些的动物，发展成为寒武纪末期丰富多样、形形色色的动物乘客，充斥了地球上的海洋。但是，寒武纪为什么会有"尽头"呢？这里触及的主题，事实上属于"某一人们长期持有的认识遭到了推翻"这种状况。

大灭绝是指个体和物种间在短期内发生重大死亡，其严重性各有不同。最大规模的灭绝被列入"五次大灭绝"，每一次都造成至少50% 的物种灭绝，此外，还有许许多多灭绝事件不是灾难性的（用受害当事人的视角来看，当然也是灾难性的）。其中，最有名的一次这类灭绝发生在寒武纪末。

晚寒武世大灭绝，实际上是三个或四个独立的、较小的灭绝事件，主要影响的是三叶虫和其他海洋无脊椎动物，特别是腕足动物。长期以来，人们一直认为，这些事件的发生，都是因为温暖、低氧的水体影响了海洋群落。在所有三叶虫中，最早出现的部分小油节虫类三叶虫，遭遇了全部灭绝，事实上，三叶虫动物群的整体性质发生了改变：寒武纪三叶虫有很多体节、原始的眼睛，并没有明显的适应防御的身体（如反抗捕食者的棘），而无法像现代球潮虫一般当受到威胁时卷起成一团。在这些灭绝事件之后，即在奥陶纪的最早期，新形成的一波波三叶虫已经改变了它们的整个身体构造：这时它们几乎都减少了体节（体节太多，容易被捕食者攻击，趁虚而入；体节较少、较厚，则不易被攻破）、获得了更好的眼睛、防御装甲，特别是具备了"像球潮虫一样蜷曲成球"的能力。

人们对这些晚寒武世灭绝事件的认识，包括温暖、含氧量低和动物区系变化。但是，收集到的一系列全新数据均表明了与之恰恰相反的证据——冷水，而非暖水的证据，以及海洋中大量埋藏有机物质（这一过程导致氧水平急剧上升）的证据。这些变化现在被称为"SPICE 事件"——即斯特普托期同位素正漂移。但这一新发现却带来了巨大的矛盾。它第一次从岩石记录中被识别出来，不但是因为一次突然的物种灭绝，而且也是作为对碳同位素记录（从而对碳营养循环）的一个主要扰动。有相当充分的证据表明，寒武纪末期，在一连串短期物种灭绝之后，大部分三叶虫灭绝了。

"SPICE 事件"中最有趣的一个方面是：不同于大多数其他大灭绝，伴随这次大灭绝的可能不是氧气的下降，而是短期的氧气上升。

这是个有趣的推测，一次已知的大约发生在这一时间的火山喷发，可能造成了前面讲到的一种短期的大陆迅速运动，或真极移事件。在这种情况下，更多的陆地被移到热带地区，徘徊于此数百万年，增加了碳埋藏，提升大气中的氧气达到前所未有的水平。可能为寒武纪爆发之后的下一个主要的生命辐射铺平了道路。有一种生态系统需要大量的氧气。在"SPICE 事件"之后不久，出现了珊瑚礁，其开始时间是在接下来的一个地质时代——奥陶纪。

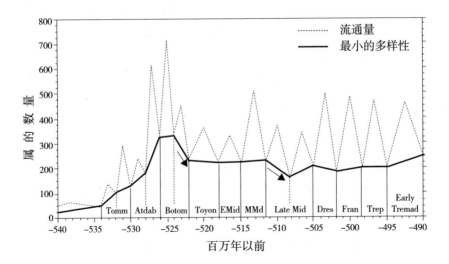

寒武纪大爆发期间生物的升降起伏和遗传多样性。经典的寒武纪大爆发时段跨越了西伯利亚地台的托莫特阶、阿特达板阶和波托姆阶。升降显示了在特定诸阶出现或消失的属数。见本巴赫等人（Bambach, et. al）所著论文《起源、灭绝和海洋多样性的历次重大损失》（*Paleobiology* 30（2004）: 522—542）。

　　　　　　　　　　　　新生命史：生命起源和演化的革命性解读

第九章　奥陶纪—泥盆纪动物大扩张：5.0亿～3.6亿年前¹⁴⁸

现代珊瑚礁被称为"海洋中的雨林"，因为它们的特征犹如雨林，在小区域内就有高水平的物种多样性和丰富性，大家对两者共同的第一印象往往是——"那里有好多生物啊！"但也就仅此而已了，除此之外，两者几乎不再有相同之处。在一座雨林，或者说任何森林中，所见的大部分生物是植物。但构成珊瑚礁的生物则几乎完全是动物。在任何珊瑚礁上，都确实存在着大量叶状的、灌木状的物体，看起来像是植物。然而，构成它们的事实上几乎全是动物——包括从软珊瑚到海绵，再到花边苔藓虫。林林总总。有人会力争：从太空俯视地球，看到的进行光合作用的青翠植物覆盖着地球各大陆的大部分区域，这是"证明我们生活的地球是植物世界"的最明显的证据。但是，从太空放眼地球，还能看到另一种完全不同的生物特征——位于海洋中，这就是热带海洋珊瑚礁。其中最显著的表现，就是沿澳大利亚东部海岸线绵延一千英里的大堡礁。大堡礁壮观雄甲天下，但除它之外，仍有许多其他珊瑚礁。赤道附近的海域，布满了数不清的珊瑚环礁、裙礁和完全由这些珊瑚礁生物结构体围成的巨大的浅绿色环礁湖。这些珊瑚礁系统是一种非常古老的生态系统的一部分，这一系统早于森林，甚至早于任何一种陆地动物的出现。它们仍然是所有生态系统中最具多样性的系统之一，从根本上说，它们是过去5.4亿年间每次大灭绝和行星大劫难之后，都再次冒头的最长寿的超级有机体。

珊瑚礁环境的标志之一是"几乎充溢各处的大量运动"，构成珊瑚礁环境独特之处的，正是这些游来游去的鱼群、永不停息地拍打着珊瑚礁的波浪、随波摇摆纵情翻腾的软珊瑚以及此起彼伏活力充溢的水中运动。每一座珊瑚礁都是鱼儿的家——里面生活着许多大小不一、形状各异、姿态万千的鱼儿。有些鱼爱群居，有些鱼善潜伏，有些鱼孤芳自赏地游来游去，还有一些鱼（比如无处不在的鲨鱼）只是巡游。在这些多样的生境中，不只是种类繁多的脊椎动物成员在不停地运动。仔细观察会发现，种类惊人的无脊椎动物看来也在不断地运动——只不过通常比鱼游得慢。小礁虾在不同的珊瑚上跳来跳去，而大大小小的螃蟹在不断地觅食。螺类缓慢但按照只有它们自己才知道的某个计划爬行着，这些在任何珊瑚礁上都能生存的腹足类软体动物种类多样，有大型的食肉动物如美丽的海神法螺，以及同样大但食草的海螺贝类。珊瑚礁之下，至少在白天，数不清的美丽贝类挤在一起，慢慢食用小片的藻类植物；与此同时，凶猛的锥贝游到它们当中，寻找自己经常食用的猎物——小蠕虫；还有一些如纺织锥螺，以鱼为食，使用一种高度变异的牙齿——形状像鱼叉的齿舌，蘸有毒

　　　　　　　　　新生命史：生命起源和演化的革命性解读

液，若刺到鱼就把它们整个吃掉。膨胀的海参在底泥上或底泥中移动，一端不断摄取大量的沙子，另一端则不断地排出大颗沙粒团。在那里，它们和心形海胆共享白珊瑚沙底部上方的空间。其他棘皮动物也在那里安营扎寨，不仅有各种各样的食肉海星，还有平静地栖息但偶尔也游泳的海羊齿海百合。数量众多、品种多样的生命，组成色彩斑斓，尤其是动态十足的生态系统。今天的珊瑚礁生态系统动态十足、色彩斑斓，有无数理由推测它们自古以来都是这样。

说起来，珊瑚礁的确是非常古老的演化发明，[1]它们上升到显耀位置，反映了寒武纪大爆发之后物种朝多样性方向的发展。在某种程度上，它们的大爆发好比一颗氢弹的爆炸——只有在原子爆炸产生的巨大热量中，才能发生热核聚变和猛烈的爆炸。氢弹的爆炸原理如下：先引爆一颗钚弹（裂变原子弹），产生足够的热量和压力，引发核聚变反应，以及聚变爆炸。与其相似，寒武纪物种多样性大爆发为产生更大规模的奥陶纪多样化提供了热量和燃料，而物种数量激增所 150 产生的最重要的一项产品，正是珊瑚礁这项发明。

如果我们把礁体定义为"由生物体构成的抗风浪的三维结构"，那么最早的礁体可以追溯到寒武纪的最初。它们不是珊瑚礁，组成它们的是古老的、现在早已绝迹的杯状海绵[2]。珊瑚礁较其略微年轻，最早的珊瑚礁存在于奥陶纪，直到泥盆纪才真正地开始扩大分布地区，亦开始迅速增多数量和种类。它们仍然是一种相当稳定的和生态上可识别的生态系统，这种状况持续到二叠纪末期——这时珊瑚礁和众多其他生物被二叠纪大灭绝所摧毁。

请假设一下——我们有能力穿越时空，回到远古，潜水抵达一座古生代的珊瑚礁。这是距今 4 亿年的珊瑚礁，一眼看过去它和今天的珊瑚礁惊人地相似。珊瑚是珊瑚礁的主体，是构成礁体三维结构的砖块。就像用砖头砌房子那样，珊瑚礁是用多种"生物砂浆"把珊瑚砌在一起，大部分的结壳物种有助于粘牢绑定许多珊瑚虫头部及其枝蔓，将其做成巨大复杂的墙体和石灰石的根基。但仔细观察，就会发现 4 亿年前的珊瑚在基本外观上完全不同于现代珊瑚，其分类学构成当然更是不同。长着巨大头部的珊瑚所属的科，虽然整体的形状构造类似于今天的珊瑚，实际上两者在更精细的形态上截然不同：这些是床板珊瑚，占据现在由石珊瑚占据的生态位。石珊瑚是构成现代珊瑚礁的常见珊瑚。这些广泛分支的和半球状的床板珊瑚群之间的，是其他"框架建设者"，即珊瑚礁墙上的其他砖块，其中许多是层孔虫，这种的奇怪产生碳酸盐的海绵现在仍然存在，但其大小和多样性都已经和古生代时期大相径庭。零散分布在这两个数量众多的居民之间的是另一种珊瑚，叫作四射珊瑚，本性孤独，这种孤独的珊瑚看起来像公牛的角，但在这里，"牛角"（即四射珊瑚的碳酸钙骨架的尖端）粘牢在底座上，最宽的部位正面朝上，是单个宽大的看似海葵的动物基部。

　　像现代的石珊瑚那样，无论多大都是由许许多多小型的、长着触手的珊瑚虫组成，这是珊瑚的基本身体构造，横板珊瑚是单个"个体"——至少基因上说是如此。但事实上所有的珊瑚，不仅过去如此，现在仍然如此，都是由众多微小的、看起来像海葵的珊瑚虫组成的群落，每个小珊瑚虫都有一圈尖部带毒液的触手，围着中央一张小嘴。但遍布全球的覆盖着海边岩石的少数小的、常见的海葵（这是孤

　　　　　　　　　新生命史：生命起源和演化的革命性解读

立的水螅）不同，每一个微小的珊瑚虫都有一层薄的组织，连接到周围其他珊瑚虫。这些经常以群体出现的群落，每一部分的基因都完全相同。但这不只是一种动物。事实上，任何珊瑚都支持一个庞大和多元的植物组合，生活在它的组织内部。不管在珊瑚的珊瑚虫和珊瑚虫的连接组织中间，还是珊瑚虫的内部，都生活着数不清的微小植物，这是一种与珊瑚共生共荣的单细胞甲藻。两者互利双赢，微小的植物得到它们最想要的四种东西：光、二氧化碳、营养物质（磷酸盐和硝酸盐）和在珊瑚体内提供的栖身之处，保护它们不会成为许多喜食微小植物的生物的一口美餐。

建立在寒武纪大爆发之上的奥陶纪多样化

寒武纪的终结是因为大规模的物种灭绝，这次灭绝影响到许多更成功的物种，这些物种后来被称为寒武纪动物群，这些海洋生物有三叶虫、腕足动物等在动物生命大历史中的某些早期动物，还有很多非常奇特的布尔吉斯页岩节肢动物，如奇虾（不过人们于 2010 年在新的奥陶纪化石沉积中发现了最接近现代的奇虾，寒武纪末期大灭绝也许对某些奇特的布尔吉斯页岩动物较为宽容，比以前人们认为的友善一些）。这次独特的灭绝已广为人知，但未被列为"主要"灭绝事件，因为此次海洋生物灭绝的种类不到 50%。就像在多样化之火上泼 152了汽油那样，不太容易适应环境的物种灭绝了，为下次的创新和新物种出现扫清了道路，就如同清除花园里的杂草，为"新花草在无杂草环境中快速繁衍"铺平道路一样。

似乎生物界不仅为动物和植物找到了全新的生活方式，而且找到了全新的生活地点：寒武纪时原本动植物稀少的地区，如半咸水区和淡水区，以及海洋里更深的区域和较浅的区域（正好在冲浪区），现在变成了适宜动物居住的环境。许多动物仍是久坐不动，终其一生就坐在同一个地方，过滤更丰富、更有营养的海洋浮游生物。但物种数量和生物量都急速上升了。[3]

奥陶纪出现了许多在寒武纪还没有演化出来的动物种类，其中有许多很快地出现在寒武纪大灭绝之后。其结果是出现了明显不同于大部分寒武纪生物群的动物组合。三叶虫仍然存在，在寒武纪的海洋里，它们可能曾经是各个深度最常见的动物，但是现在，它们的数量和种类远远少于腕足类等贝类动物，并且也少于为数不少的其他软体动物。最大的赢家是那些已经演化出完全新颖的生活方式的动物——以群体方式生存的动物。虽然身体构造更简单的其他生物，都曾使用"形成群体"这种方式，包括很多种类的植物、微生物和原生动物，但在奥陶纪，群体生活主导并驱动了构成奥陶纪标志的永不停止的多样化，进行这种多样化的有珊瑚、苔藓虫和新品种的海绵等。

发生这一多样化的原因，可追溯到氧气。[4]我们认为，海中氧化作用的真正效果可以从这一点看出来。在这里，我们会做历史学家所
153 做的解释，这个解释目前在科学中还太新，不能被视为确凿的事实，但有着巨大的解释能力。这一观点也让我们能全面看待动物的多样化，在本书中这个观点非常恰当。我们将坚持认为正是氧气含量而非任何其他因素，通过时间给我们留下了动物多样性曲线，结果是打造出一门被人接受的"硬科学"。

奥陶纪可以视为地球上开启动物多样性两阶段的第二个阶段——

　　　　　　　　新生命史：生命起源和演化的革命性解读

第一阶段是寒武纪大爆发。[5]这两种情况下，驱动因素都是氧气含量增多。与寒武纪一致，这个时期是新物种也是新的身体构造出现更快的时期，出现速度比近期几个典型时代的速度更快。出现如此高的演化率与创新率，部分原因是第一次在世界范围内出现大量动物。寒武纪的生命史，是用许多实验品填充海洋的历史；而后寒武纪的历史，则是许多早期的和明显原始、没有效率的演化设计被取而代之，生物多样化起飞式地迅速发展，物竞天择无情地淘汰适应能力不强的物种的历史。演化成为探索**身体构造工程是否卓越**的一种手段。

生物多样性历史的历史

生物多样性，可以说是各种类别生物的集合和数量，特别适用于动物，因为它们留下的化石最为丰富而且可以识别；**生物多样性的历史**，由英国地质学家约翰·菲利普斯（John Phillips）最早提出，他的功劳还包括通过引入古生代、中生代和新生代的概念，提出细分地质时标。1860 年，菲利普斯出版了他的不朽著作，其中不仅定义了这些新时代，而且识别出化石记录中可以发现**最大规模的演化变化模式，认识到**过去主要的物种灭绝可能用于细分地质时间，因为**新动物群的出现**乃是化石记录中可以辨识出的此类事件的后果。但是，菲利普斯所做的工作，远不止于认识到过去的大灭绝的重要性，以及定义新的地质时代术语：他提出过去时代的**多样性**远远低于当今时代，生物多样性崛起的表现之一，是物种数量的批量上升，只有大灭绝期间及随后一段时间是例外。他的模式承认了大灭绝放缓了多样性的进程，但只是暂时放缓。菲利普斯关于多样性的历史观是完全新颖的。

但一百年之后，他讨论的话题才再次引起科学界的重视。

20 世纪 60 年代末，古生物学家诺曼·纽厄尔（Norman Newell）和詹姆斯·瓦伦汀（James Valentine）再次地思考了"世界究竟**在何时、以何种速度**出现了大量动物和植物"这个问题。[6] 两人都在思索——真正的多样化格局是不是：在约 5.3 亿到 5.2 亿年前所谓的寒武纪大爆发之后，物种快速增长，再之后是接近稳定的状态（我们这里使用的是修订后的定年，不是 20 世纪 60 年代青睐的定年）。他们的观点立论于**更早的岩石中"化石保存偏倚"的重要性**。也许菲利普斯看到产生的日益多元化模式，事实上是多样化通过时间的考验后保存的记录，而不是多样化的真正的演化模式。按照这种观点，在更古老的岩石中，物种变化更少，因此，**取样偏差**是导致他看到的所谓多样化的真正原因。这种观点很快得到古生物学家戴维·罗普（David Raup）的赞同。他发表了一系列的论文[7]强有力地指出：存在强烈的偏倚，不利于科学家所发现和命名更远古的物种，因为更远古的岩石通过重结晶、埋葬和变质作用经历了更多改变；整个地区或生物地理区已经因为时间而湮灭殆尽（因此减少了更古老的岩石记录）；还有一点原因就是：很简单，可供搜寻化石的岩层，本就是以年轻岩石居多。

物种的多样性是随时间的推移而快速增长，还是早期曾达到过最高水平之后一直保持近乎稳定的状态？这个争论，一直是 20 世纪后半叶古生物研究的主要话题。20 世纪 70 年代，罗普和芝加哥大学的杰克·塞普科斯基[8]（Jack Sepkoski，已故）及其同事和学生开始收集图书馆文献记录的大量数据集。这些构成了海洋中无脊椎动物记

　　　　　　　　新生命史：生命起源和演化的革命性解读

录的数据，以及陆生植物和脊椎动物的其他数据集，似乎印证了菲利 普斯的早期观点。尤其是塞普科斯基发现的曲线显示了相当惊人的记录：存在由不同有机体组合完成的三次主要的多样化脉冲。

第一次脉冲见于寒武纪（所谓的寒武纪动物群，由三叶虫、腕足动物和其他古老的无脊椎动物组成）；紧接着第二次高峰是在奥陶纪，在古生代剩余时间里，形成了一种近似稳定的状态（古生代动物群由造礁珊瑚虫、有节的腕足动物、头足类动物和古老的棘皮动物组成）；最高峰是第三次在中生代开始快速增长，在新生代加速并通过演化出来现代动物群（由腹足动物及双壳类软体动物、大多数脊椎动物、海胆纲动物和其他动物群组成）而产生了当今世界高水平的多样性。

因此对过去 5 亿年间生物多样性的最终看法几乎和约翰·菲利普斯在 1860 年的看法一模一样：如今地球上的物种数多于过去任何 时候。更令人欣慰的是，生物多样化的轨迹似乎表明，多样化的引擎（产生新物种的过程）曾高速运转，预示着地球未来会继续形成更多的物种。但由于无法在任何天体生物学大背景中得到证实，这些发现当然并不表明地球现在处于任何的"行星老龄阶段"。总而言之，从约翰·菲利普斯的研究开始，到约翰·塞普科斯基（John Sepkoski）的研究为止，这 130 年间，研究者坚信：现在的物种多于以往任何时候，这一直是令人欣慰的观点。这个长期存在的科学信念对很多人的暗示是：我们现在处于最好的生物时代（至少在全球生物多样性方面），并有充分的理由相信，即使没有不可思议的生物技术的助力，未来等待我们的，仍然有更好的时代，甚至是更具多样化和创造性的世界。

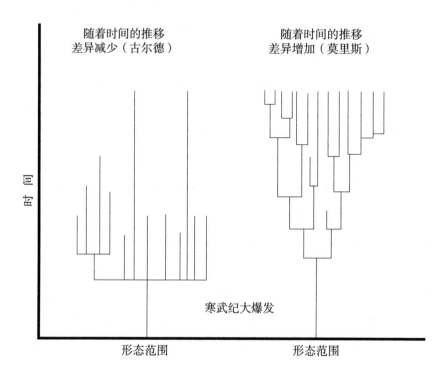

关于差异性和寒武纪大爆发的两种争鸣性假说。多样性是指物种数目，而差异性是指不同种类的构造或身体构造的数目。史蒂芬·杰伊·古尔德（Stephen Jay Gould）认为寒武纪大爆发时期身体构造的数目远多于现在的数目（高度差异性）。他提到了许多奇异的布尔吉斯页岩化石，将其称之为"奇异的奇迹"，认为它们是现在完全灭绝的某些动物门。西蒙·康威·莫里斯（Simon Conway Morris）持相反的观点，他主张随着时间的变化，差异性逐渐提高了。

新生命史：生命起源和演化的革命性解读

塞普科斯基的工作似乎表明"失控的多样化"是晚中生代至当今时代的一大标志,但是,人们仍然担忧早期学者的描述会**顽固地存在**确实的采样偏差,为此,学者们进行了一系列独立的多样性测试。其中的担忧之一是叫作"厚今薄古偏倚"的现象——塞普科斯基所采用的方法,会低估远古时代的多样性,**结果看起来就是**晚近的时代有更多的物种。正是因为这个非常现实的担忧,人们开发出新的测试方法,探测不同时间的生物多样性。哈佛大学的查尔斯·马歇尔(Charles Marshall,现在供职于伯克利大学)和当时在加州大学圣·芭芭拉分校的以约翰·阿尔罗伊(John Alroy)为首的大型团队在新千年的早期,重新检查了这个问题[9]。团队收集了一个更加全面的数据库,基于实际博物馆的馆藏资料,避免使用塞普科斯基的"简单地统计科学文献中所记录的**过去地质时代间隔期的物种数量**"的方法。结果几乎让所有人大感惊诧,这次努力的初步结果,与人们长期接受的观点**截然不同**。

马歇尔—阿尔罗伊研究组的分析发现,古生代多样性几乎等同于中新生代多样性。人们长期以来假定的"经过时间变迁,多样性方面会发生的物种数量急速上涨"在这项新的研究中,表现并不明显。研究结果一目了然:我们可能早在数亿年前就达到了一种多样性的稳定状态。多样性可能在早先动物历史上达到了顶峰,之后一直保持相对稳定的状态,或许已经处于下降期,这和菲利普斯时代以来的所有观点相左。虽然很多创新(如允许演化出来陆地植物、动物的各种适应)肯定会造成有许多新物种加入到地球生物多样性的总数中去,不过可能到了古生代晚期,地球上的物种数量已经大致保持不变。

因此，早寒武纪最初爆发出多样化之后，动物多样性以指数级别增长，古生代期间渐趋稳定，二叠纪末打破平衡，紧接着多样化快速全面展开，但不时地被短期的多样性减少（大灭绝）所打断，其中的5次大灭绝影响极为深远。虽然这些大灭绝每次都导致大量的物种消失，但每次灭绝之后，也会使物种的形成快速增加，形成的多样性水平不但与灭绝事件之前的原有多样性相当，甚至还犹有过之。

这段历史表明，导致多样化和灭绝的一系列复杂因素，造成了在显生宙所观察到的多样性模式。人们援引的、能解释**观察到的多样性增加**的许多可能因素有演化创新、以前空旷或不适合居住的生境变得宜居、新资源的出现等；而另一方面，用来解释**多样性下降**的主要因素是气候变化、资源或栖息地面积减少、新生物竞争或捕食、小行星撞击等外部事件。

158　地球化学家们早就知道，二氧化碳含量和大气中的氧气含量之间呈彼此负相关的趋势：氧气含量升高，二氧化碳通常会下降。虽然很难理解对生物个体影响很小或几乎没有直接影响的二氧化碳浓度如何以某种方式促进或抑制多样化的发展，但有较充分的理由提出，影响多样化的不是二氧化碳含量的改变，而是与之结合的受全球温度影响的氧气含量的改变。

冷水比暖水中含更多的氧气。在氧气水平已经很高的寒冷世界，海中生物很少会受到缺少氧气的损害。相反，在一个氧气水平已经相对较低的温暖世界，大多数不流动的水体，很快就会停滞。并不只是池塘、湖泊如此，在一个温暖的世界，大海大洋也会屈服于此，高二氧化碳的世界，就是这样。

　　　　　　　　　　　新生命史：生命起源和演化的革命性解读

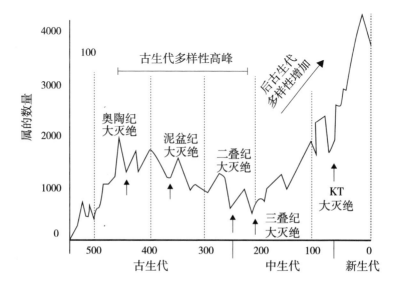

杰克·塞普科斯基发现，海洋无脊椎动物多样性轨迹始于寒武纪。他的发现建立在长期对海量的文献资料研究的基础之上，结果表明古生界时期物种数目迅速上升，之后趋于稳定，只在二叠纪大灭绝时有所减少。之后直到现在，他观察到物种数目激增。

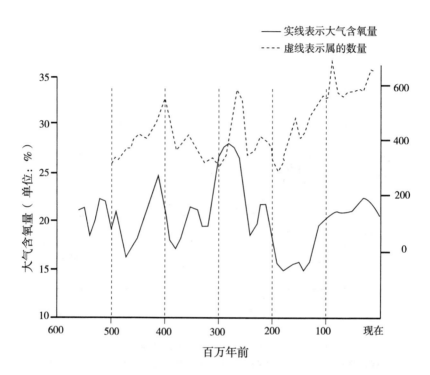

图表中显示了不同时间的氧气含量，由罗伯特·伯纳（Robert Berner）建模，根据约翰·阿尔罗伊等人发表的更新的（与塞普科斯基相比）动物物种数目估算。注意氧含量峰值（最高和最低）和动物物种数目轨迹的强相关性（引自彼得·沃德尚未发表的研究结果）。

迄今为止的数据表明，总体来说，全球的分类多样性（至少是海洋动物）与氧气含量相关，这个结论可以预料，因为所有动物都难以忍受缺氧的条件。意想不到的发现是起源率（以种类或物种计算，相关的物种群都有一个共同祖先）似乎与含氧量呈反比。起源率高的时期是 5.45 亿至大约 5 亿年前（寒武纪大爆发时代）。在那段漫长的时代，氧气含量徘徊在 14% 至 16% 之间，而现在的氧含量高达 21%。志留纪时氧含量迅速上升；在石炭纪时，对应的物种起源降到最低值。氧气在二叠纪下降对应着起源率上升但物种总数下降，这似乎有一个明确的信号。

氧含量高的时期就像一个国家的经济繁荣时期：失业较少，企业成功并保持开放——但没有出现许多初创公司。似乎在经济糟糕时，才大量涌现初创企业。改弦更张、出现新的想法、开始新的冒险，都是绝望无助时的表现。然而，新的初创企业虽然很多，但成功的很少，也有很多在好年景时大为成功的企业，在坏年景时却开始以更快的速度败落。

因此，我们看到：情形一分为二，虽然更多的新企业出现，但其中大多数迅速破产，与许多之前成功的企业一同消失。市场上流通的金钱也减少了，企业总数骤降，物种似乎也是如此。氧含量高时就是繁荣时代：有大量的物种，但没有多少新物种出现。而氧含量低时，物种灭绝速度快于物种更新速度，虽然使新兴物种实际数目高于氧含量高的时期。

例子不胜枚举。最有代表性的是始于侏罗纪时，氧含量便开始了 160 漫长的上升趋势，一直持续到现代，期间伴随着（创新）起源率的长期下降和多样性的大幅上升。但出现了哪些激进的新结构形式呢？鸟类、哺乳类、爬行类、两栖类——新生代的全部物种形式都起源于古生代或中生代的不景气（氧含量低）时期，只是身体构造发生了些许改变。新生代没有出现恐龙（低氧直接催生的激进创新的最佳范例）。

人们认识到，低氧加上二氧化碳浓度升高，两者结合所催生出的演化创新在过去刺激了物种的形成，同时也极大地增大了物种灭绝率——这个认识具有坚实的生物学基础。最终效果是低氧期间物种减少。气温升高，而氧含量降低，这是最糟糕的猛击，因为要适应更热、更低氧的环境从来就不是可以一蹴而就的事情。更多的毛发、羽毛、身体脂肪可以抵御越来越冷的气候。但要保持凉爽却困难重重，必须涉及复杂得多的演化改变。对试图在有史以来氧含量最低的环境中生存的动物来说，形势愈发严峻。因为适应更低的氧含量改变过程更加复杂，涉及多个器官系统——从血液色素到演化出更高效的循环系统、更好的肺或鳃。

耶鲁大学的鲍勃·伯纳（Bob Berner）向我们指出了氧及其与多样性之间关系最引人注目的一面——他在 2009 年提醒我们，在其最新的整个显生宙的氧气曲线图与当时最新的约翰·阿尔罗伊研究组的多样性曲线图之间，存在深度相似性。我们在第 172 页的图中展示了这两条曲线。当氧气水平和多样性都被分解成 1000 万年的时间段时，两者之间的直接相关性虽然很小，但在这同样 1000 万年的时间段中绘制**多样性的变化**时，其与大气中氧气的变化之间存在着绝对惊人的关联。例如，2.3 亿～2.2 亿年前，根据大气氧含量占大气气体总含量百分比的变化绘制的曲线，与相同时间段的物种多样性的变化曲线之间的关联极其显著。也就是说，这绝不是偶然。从统计学的角度来

　　　　　　　　　　　新生命史：生命起源和演化的革命性解读

看，两者之间的关联的确十分强烈。

最有趣的一点是，两者都被引入之后，伯纳研究组（还包括其他组）估算过去的氧气和二氧化碳含量的结果之间相互矛盾。同样矛盾的是阿尔罗伊的各种曲线。每一组结果（一个产生氧气和二氧化碳值，另一个产生不同时期的动物种类估计值）都源自含有完全不同的输入数据的模型。输入到 GEOCARB 和 GEOCARBSULF 模型中的许多值，没有一个和在任何给定的时间段有多少物种有任何关系。相似的是，阿尔罗伊模型和用于建模二氧化碳和氧气的值完全独立。尽管令人难以置信的相关性，在理论上是可能的，却很难用这种方式解释。在研究工作中没有机会。看起来氧气含量和二氧化碳含量（尤其是氧气）是决定动物多样性因素中最重要的因素。用这种方式得到的两条独立曲线在最重要的科学价值方面互相支持。

昆虫和植物类群

显而易见，入侵陆地，同时打开了多样性和差异性两扇闸门。我们对与时俱进的生物多样化的理解，是指现在地球上有更多种类的生命（更多种类的物种或更多以任何其他方式表示的多样性），多于以往任何时候。但这是真的吗？偏差可能是什么？

所有好的科学，都有一个原假设。在这里，原假设是地球上的海洋动物在寒武纪末期达到了现在的水平。这是史蒂芬·杰伊·古尔德在 20 世纪 70 年代持有的观点，而无论他到底是否真的相信这一点，他在这个问题上的观点使得科学研究成果更为强大。

多样性是迅速上升还是缓慢上升到目前的水平，这个问题的答 162

案涉及现代生物体和寒武纪生物体关于"变成化石保存下来的相对潜力"的对比。今天，约有三分之一的海洋动物形成现成化石的坚硬部分——解剖结构有贝壳、骨头和坚硬的甲壳。但是，如果在寒武纪相关比例是十分之一呢？假设成立的话，寒武纪时的动物和现代海洋的动物相比，数量大致相当。支持这一观点的还有塞普科斯基之后的马歇尔和阿尔罗伊，他们的模型结果显示，虽然后寒武纪时代多样性增加了，但没有看到塞普科斯基[10]发现的后二叠纪动物群爆炸性的失控增长。后来使用的新数据已经重复了好几次阿尔罗伊的研究。[11]

还有其他的偏差来源，以及或许为了得出多样化与时俱进的模型而做出的可疑假设。例如，正在研究的不均等的样本大小情况如何？对整个"多样性与时俱进项目"持批评态度的研究者指出，晚新生代或更新世时期可采用的岩石样本，大大多于寒武纪的岩石样本。此外，研究晚新生代和更新世化石的古生物学家**为数众多**，大大多于研究寒武纪岩石和化石的专业人员。大英博物馆的安德鲁·史密斯（Andrew Smith）[12]、独立展开工作的布里斯托尔大学的迈克·本顿（Mike Benton）[13]和威斯康星州的山南·彼得斯（Shanan Peters）[14]都在这方面做出了卓越的贡献。

最终一个很简单的实验表明，自寒武纪大爆发以来，海洋动物类群（不管是种、属还是科）都在增加。实验方式是研究不同时期遗迹化石的数目。遗迹化石是动物活动的结果，正如我们在论述"寒武纪大爆发"的那一章中所看到的，在地层中发现的每个不同的遗迹，肯定来自略有不同的身体构造。它们多样性的模式和来自躯体的化石记录构成了镜像。目前公认的观点是：无脊椎动物古生物学家长期以来

　　　　　　　　　新生命史：生命起源和演化的革命性解读

认识到的多样性总体模式，确实已让我们相当准确地认识到**地球上生命是如何发生多样化的**。

泥盆纪末期，主要的海洋环境从浅水区到最深的海洋都有动物居住。尽管如此，**海洋中的多样化即将面对另一种最终被证明会更为庞大的多样化**，从而相形见绌、黯然失色，那就是地球上创建了最大的动植物物种库的多样化：陆地生命的多样化。

奥陶纪大灭绝

奥陶纪也是所谓的"五次大灭绝"中的第一次大灭绝发生的时代。五次大灭绝都涉及动物和植物。奥陶纪事件之前肯定还有大灭绝，如在大氧化事件和各种雪球地球事件期间发生的灭绝事件。动物正处在快速分化期的时候，突然某一外部因素造成了这一多样性增长的停止。最好的方式是大灭绝发生时地球经历了"小冰河期"，由于气温骤降，把早期的珊瑚礁变成了沉寂的断壁残垣。然而，这次大灭绝依旧蔚然成谜，因为灭绝有两个独立的阶段，分别处于奥陶纪最后阶段（史称赫南特冰期）的前后。

对奥陶纪大灭绝原因的解释，还有其他更稀奇的。最有趣的说法是，奥陶纪时地球遭遇了来自外星际空间硬辐射的巨大爆炸（称为伽马射线爆发）的攻击。[15] 这是最有戏剧性的潜在原因，但没有一丁点儿证据能支持这个观点，多是记者们在宣传。2011 年前，公认的关于这次大灭绝的原因就是——没有公认的原因。[16] 大部分解释选择了某种地球快速变冷事件。一个流行的观点是，或许是火山喷发造成空气浑浊，充满硫气溶胶[17]，情形类似于 19 世纪喀拉喀托火山爆发之后，欧洲经历的"无夏之年"。然而，最近，加州理工学院[18]的地质学家和地球化学家从安蒂科斯蒂岛（Anticosti Island）上一块保存极好的岩石序列入手，积极解决奥陶纪晚期冰川的问题。安蒂科斯蒂岛是圣劳伦斯湾中一座偏远的加拿大岛屿，曾位于热带地区。他们使用一种新型的地球化学温度计，能够用前所未有的分辨率测量相对冰量和温度。他们发现，冰量在赫南特冰期前后只是慢慢地改变，不过热带气温非常高，可能在 32℃ 到 37℃ 之间，冰期前后有次剧烈的变换，与大灭绝的两个步骤相关。热带气温下降了 5~10℃，全球冰量达到峰值，相当于或超过上一次（更新世）冰期最大值，碳同位素显示正尖峰信号，暗示全球碳循环出现大扰动——这种情况应该会埋葬更多的有机碳。

164

这些新数据把这两波灭绝脉冲的实际灭绝机制缩小到两种可能性：或是气候发生了快速变化，或是全球诸洋的海平面发生了快速变化。在一篇跟进性论文中，同一团队[19]的成员挖掘了北美洲两个巨大的电子数据库：一个显示化石分布，另一个显示可发现化石的岩石量（对化石发现的一种必要校正）。它们发现两个过程都能解释灭绝：海平面下降导致栖息地丧失和气温骤降，两者都被列为物种骤减的主要因素。然而，尚不清楚这是否就是故事的全部；气候扰动的时机，包括同位素的正尖峰信号，和前几章提到的某些被真正的极移诱发的事件有惊人的相似之处。短期、强烈的真极移偏移可能引发短期内全球变冷，会产生短暂的冰川期，这仍然是有待研究的神秘课题。当然，这不是传统的解释。事实上这正是本书标题所许诺的——全新的解释。

第十章　提塔利克鱼和进军陆地：4.75 亿～ 3.50 亿年前

支持"从一个物种演化成另一个物种"的"演化论者"，与其敌对阵营"神创论者"长期争论的焦点之一是：最早的两栖动物与其最后已知的鱼祖先之间，存在巨大差异（鱼化石似乎太"像鱼"，而最早的两栖动物又太"不像鱼"），无法说服持怀疑态度者。以上争论确实有事实支撑：直到不久之前，所公认的最古老的两栖动物化石是泥盆纪动物，被命名为鱼石螈[1]（即鱼类两栖动物），它的身体呈鱼状（包括一条很典型的鱼尾），长有四条腿。鱼石螈的直系祖先似乎是有着类似身体形状但没有腿的某种鱼。这种鱼被古生物学家认定为鱼石螈和其他早期陆生脊椎动物（或至少一段时间生活在陆地上的动物）的真正祖先，属于已知的肉鳍鱼纲。肉鳍鱼长有肉质叶状偶鳍，[2]它们都是四肢动物的祖先。其仅存的活化石矛尾鱼（属于腔棘目）被认为至少在某种程度上类似于最终的包括鱼石螈在内的最早两栖动物的直系祖先。批评者问道："缺失的环节在哪里？"21 世纪，在北极高纬度地区的寒冷泥盆纪地层里发现的一块化石，改变了这一切。它被命名为提塔利克鱼，这种鱼如此具有过渡性特征，发现者[3]称它为"鱼足类"。这一发现是最有影响的发现之一，它修改了生命的历史，不仅填补了人类认识中（从水生到陆生脊椎动物的化石记录）的一大空白，还帮助夯实了整个演化论。

事实证明，这一块大化石是对付神创论怀疑者的"完美解药"。化石出土于加拿大北极地区，由芝加哥大学的尼尔·舒宾（Neil Shubin）带领的国际研究团队挖掘出来，当最后费尽周折把它从围岩棺中取出时，这第一条提塔利克鱼化石就被认定是一条鱼，长着鳞和鳃。鱼的特征还表现在它扁平的头部和有鳍条的鳍上，这是最普通的一种鱼鳍。然而，在这条新鱼的身上，还有某种坚固的内骨骼，这是像这件标本大小（长度已接近三英尺）的动物在浅水里使用肢体状的鳍作为支撑（就像四条腿动物那样），把自己支撑起来的必备结构。有了这种奇怪的鳍和两栖类动物（甚至像鳄鱼）的头，提塔利克鱼就拥有了鱼和四足动物两者的特征，表明了从鱼类到四足动物的躯体构架如何完美地一步步演化过渡的过程。[4]

脊椎动物第一次出现在陆地上，是水生动物和植物进行一系列陆地入侵活动中最引人注目的事件。登陆虽然和我们的演化最为相关，但事实上，我们这些脊椎动物是最后一批爬出水域，加入登陆动物名单、完成从水生向陆生转变的。说来话长，要井井有条地讲述登陆故事，得先从植物说起。

植物入侵陆地

可以说，整个生命史上最重要的单一事件，除了第一种生物本身的肇造之外，就是生命所发明的"释放氧气的光合作用"。正是有了光合作用，生命体才能够离开黑暗潮湿、容纳低生物量的栖息地，接触太阳系里提供最多能量的源头——太阳，在海洋的较浅水域和淡水水域繁衍生息。与此同时，一个无心插柳的副产品是，大气成分快速改变，变成了氧含量特别高的行星；第二个意想不到的结果则给活的植物带来所有威胁中最大的威胁——植食动物。这些变化虽然对地球上的生命产生了巨大的影响，但是当植物演化出新的方式、挣脱了禁锢它们的水牢、占有了干燥的陆地时，这些就给地球这颗行星带来了根本性的改变。相对于地球历史而言，只是一眨眼的工夫，在不到生命自身总年龄1%的时间内，植物入侵陆地这个伟大事件，就改变了所有的规则，也改变了地球的生命历史。

正如我们在前一章中看到的那样，现在有大量证据表明，在第一只动物登陆的数亿年之前，某种原始的能进行光合作用的有机体，就找到了在陆地表面生长的方法，事实上，它们可能是造成7亿～6亿年前**最后一次雪球地球插曲**的一大主要原因。我们不知道那种有机体是什么。也许就是蓝细菌，也许它们已经真正适应了陆地生活，有了在同一个地方扎根、获得营养物质、繁衍，获得并保持水分的能力。符合这些条件的候选者，似乎是目前仍存在的单细胞绿藻。

但即使这些7亿年前的植物，可能也不是最早走出大海的生物，因为越来越多的地理生物学家都得出结论：还有更早的陆生生命——单细胞光合细菌，它们早在26亿年前，就已经开始了从海洋到陆地的过渡。果真如此的话，在"高级"植物和动物**最终爬上陆地之前的漫长时期**，这些早期殖民者已经在陆地上安营扎寨。

现在已知的是，动物在海洋中出现之后不到1亿年的时间，绿藻中的某些物种可能还生活在淡水中，但已摆脱纯粹的水生生活的束缚，开始迁移到陆地，迅速从和现在的许多苔藓类植物没有两样的简单无叶枝丫状植物，演化成真正的庞然大物，这要归功于演化的伟大创新之一：叶片。

　　约4.75亿年前，水生绿藻开始发生巨大的演化变化，使它们能够在空气和土壤中获得营养，并进行最重要的繁衍，而不必完全在水中；到大约4.25亿年前，化石记录显示了最早的、美丽的、准确无误的真正维管植物（长着根和茎）的遗迹，但必要的变化过程要一步一步地、缓慢地发生，并在很大程度上不会出现在化石记录中。从最初的这些小钉一样光秃秃的植物，演化成为长着真正叶片的第一株植物，又花了4000万年的时间。但是，最早的叶子一出现，就释放出168快速变化的巨大变革能量。到大约3.7亿~3.6亿年前，树木已高达7.5米。

　　入侵的多细胞植物，从微小的海洋形态演化成为泥盆纪末期覆盖全世界的森林，花了将近1亿年时间。

　　一方面，这些植物对陆地的影响更为长久深刻，远远超过长期占据陆地的微生物，因为多细胞陆生植物的入侵完全改变了地貌和土壤的性质；另一方面，它们也改变了大气的透明度。越来越多的植物扩散到全球各地，开始改变此前曾一直是地貌主要成分的不安分的沙丘和沙尘暴风暴。植物的根逐渐固定住了陆地上的砂砾和灰尘，影响范围之广，远远超过在陆地上定居的细菌——因为单细胞或薄膜是没有一点力气的；随着原始植物在同一地方腐烂、死亡，开始形成越来

　　　　　　　　　　　　　新生命史：生命起源和演化的革命性解读

越厚的土壤，一直构成地球特色的高低不平、岩石嶙峋的地形，开始变得柔软。从太空中观察，空气也变得纯净；有史以来第一次——不管是近观还是远眺各个大陆、海洋、大湖和大河的边缘，都清晰可见。

到了晚泥盆世时期，森林几乎已经完全覆盖陆地，彻底改变了河流在陆地上流淌的方式。期间，植物最终致使大气中的氧气含量攀升到今天的水平（21%）以上，比前一阶段高出30%～35%，这个水平会让有四肢无肺的鱼从海中爬出并生存下来，在之后的数十万年间，它们演化出了高效、能呼吸空气的肺。所有这些由陆生植物引发的入侵和改变，都要归功于一个伟大的躯体结构创新——演化产生了叶子。

陆地对海洋

动物生命体从海洋中爬出来，前仆后继地入侵陆地，很像一群群设备简陋、缺乏配合、散乱、应变能力糟糕的军队，一次只有一小撮士兵，大部分"出师未捷身先死"。对这段特定历史的标准解释是，¹⁶⁹这些入侵之所以能够发生，是因为动物终于演化到一个阶段，已有成功征服陆地的可能，直接驱动力是陆地上出现了未开发的资源，那里竞争小、天敌少（尽管只限短期内）。换句话说，节肢动物、软体动物、环节动物和最终脊椎动物（这些是参与征服陆地的主要动物门类）的演化发展，终于在巧合下达到了组织化的级别，让它们能够爬出水面、征服陆地。但我们的观点是，动物对陆地的最早征服，刚好发生在空气中的氧气含量上升到允许它们生存的水平。

让我们先来了解一下，植物和动物必须具备哪些条件才能登陆成功，也就是说它们做出哪些改变才能在陆地上生存。我们先从植物说起，因为如果陆地上没有食物来源，动物就无法做出在陆地上立足的努力。

6亿年前，植物的演化带来了多细胞植物许多谱系的多样化，其中有一些为我们所熟知的种类：绿藻、棕藻和红藻——它们是在世界上任何海滨都为人们所熟悉的成员。[5] 但这些植物是在海水中演化出来的，它们从周围的海水中能随时轻易得到维持生命必需的二氧化碳和养分。生殖也由液体环境居间做媒介。迁移到陆地需要在二氧化碳获取、营养获取、身体支撑和繁衍等方面进行大规模的演化改变。每一项都需要大幅度修改现有的纯粹水生类群的身体构造。这段历史的大部分仍存在争议，尤其是理清元古宙时那么丰富、多样的各种生物群，即使是在元古宙雪球地球之前亦是如此。[6] 新闻媒体喜欢任何包括"最古老""最大"或其他带有绝对意义的字眼，但尽管发现陆生植物古迹的速度、确定陆生植物的生物隶属关系很快，而更准确地确定它们的年代却需要更长时间。例如，2010年，根据来自阿根廷的新发现的化石，媒体大力宣扬发现了"最古老的"陆生植物。[7] 这些化石似乎和普通苔类植物有着亲属关系，并确定其年龄是4.72亿年。但是，利用这种古老的岩石进行定年，都会犯下本质性的大错。除此之外，尽管这些植物确实都是挺古老的"维管"植物，拥有复杂的内部运输系统，但在当时那种情况下，要给植物下个确定的定义，反而会让故事变得复杂起来。早在4.72亿年前，可进行光合作用的有机体就已经有了许多身体构造，我们完全可以称之为植物。许多古生物

170

学家怀疑，陆地上可能早就存在真菌种类以及从绿色光合作用微生物的多样性到多细胞植物的多样性——早于现在所认定的时间；而即使早在十亿年前，如果我们计入覆盖更潮湿的地区和沼泽的地衣、真菌和成片的绿色微生物，那么就可能已经存在惊人茂盛、数量繁多的可被统称为**植物**的类群。[8]

正是绿藻门中的轮藻纲，最终产生了光合多细胞陆生植物，被公认为真正的"植物"，也就是被大多数叙事所描述的那种最古老的植物有机体。这种植物必须克服许多障碍，或许第一个亟待解决的就是——失水问题。一颗绿藻从水下栖息地被冲上岸，会迅速变性、死亡，因为空气中没有保护层，它就会快速失水。但这些绿藻产生了带有抗干性角质膜的受精卵，在移向陆地的时候，这些角质膜可能已用来保护整个植物。但这种能保护内部充满液体的植物细胞的演化的产生，却带来了新的问题：它切断了随时获得二氧化碳的途径。在海洋中，生物通过细胞壁能轻松地吸收溶解的二氧化碳中的碳元素。新演化的陆地植物体为了解决这个问题，演化出许多小孔（称为气孔）作为微小门户，供气态二氧化碳进入。

植物体必须固定在适当位置，固定早期陆生植物的可能是真菌共生体，因为那时高级形态中还没有出现任何分化。

此外，这种共生关系将为从土壤中获得水分提供一种运输通道。

迁移到陆地，也带来如何支撑的难题。植物需要使较大的表面积朝向阳光。一个解决方案是简单地平铺在地上，最早的陆生植物们可能确实是这样做的。如今的苔藓仍然在使用这种解决方案，它们像平铺在土壤上的地毯那样生长。探索奥陶纪的陆地，可能会是探索一个苔藓的世界，那时世界上最高的"树"只略高于半厘米。这是一个非常有限的解决方案。直立生长能够获取多得多的阳光，尤其是在一个生态系统中，其中有大量在低处生长的植物互相竞争，因此早期植物把各种硬材料纳入体内，变成最早的茎，最终演化成树干。随之而来的是全面的、重新演化成的根部到新演化的叶子运输系统的一整套演化。最后，演化出来可以抵抗干燥时期的生殖器官，保证了在陆地环境中能够繁衍生息。

植物有了这些创新，就巩固了对陆地的征服地位，并在陆地上第一次形成了大量的新有机碳，动物很快跟进。

新的资源，刺激新的演化。最早的陆生植物主要由一小群淡水绿藻演化而来，这是目前最能接受的观点，它们肯定是这样做了，但没有在化石记录上留下大量沸沸扬扬的古生物或证据，只留下了非常零碎的化石记录。发掘这些化石记录（既指字面意义也指哲学意义）需要像侦探那样一流的侦查技术。

对最早的复杂陆生植物的化石记录的复原，开始于一篇1937年的影响深远的论文，本书中的很多讨论以及科学历史的很多讨论都源于这篇论文。我们非常感激这位尖刻而卓越的同事和朋友——谢菲尔德大学的戴维·比尔林（David Beerling）在其革命性著作《翡翠行星》（The Emerald Planet）中理直气壮地抱怨，他研究的地球史领域——古植物学"没有受到尊重"，他用近乎滑稽的罗德尼·丹泽菲尔德（Rodney Dangerfield）的方式表达了这种观点。

但是，比尔林是完全正确的，因为获得了科学兴趣和荣耀中最大份额的虽然是恐龙和恐龙化石搜寻者，但事实上，就对生命历史的影响而言，迄今为止地球上最重要的生物群恐怕仍然是植物。要写一本关于生命"历史"如何改变地球的著作，应该只用一章论述动物，其他章节全部用于论述植物。在任何情况下，很多论述植物作用的内容，明显地来自戴维的研究，尤其是他的著作。 172

陆生植物是如何接管陆地生态系统，并因此而影响全球气温、海洋化学和大气的成分表，从而改变地球上生命的性质？探讨这一历史进程，可以从古植物学家威廉·兰德（William Lander）开始。兰德是最早做出上述这些发现的科学家之一，并且他在威尔士的一些4.17亿年历史的岩石中发现了那时已知的最古老的陆生植物化石（当时，它们的年代是完全未知的。事实上，我们现在使用的绝对年龄，是一个相当新的发现）。这些来自威尔士的具有4.17亿年历史的化石，虽然曾被认为是最古老的陆生植物的记录，但很快地，更古老的岩石中就开始出现其他化石，后来确定它们的年龄是4.25亿年，也是发现于威尔士。

这种古老的植物被命名为顶囊蕨。从这些早期植物开始，陆生植物经历了一个出奇漫长的、严重拖延的演化辐射。在4.25亿~3.6亿年前，植物也进行了自己版本的"动物所经历的寒武纪大爆发"，只是，这一次是陆地上植物的大爆发。最新的观点是，陆生植物最早出现之后至少3000万年的时间里，没有一株植物生有叶子。现在看来，叶子植物好像直到3.6亿年前，才牢固确立它们的地位。

为什么演化出叶子花了这么长时间？这的确还是一个谜。即使是在叶子最早出现之后，又过了1000万年，叶子才遍布整个地球（无论是在多样性还是数量方面）。从出现最早的陆生植物，到出现最早生有叶子的陆生植物，经历了极其漫长的时间。与之形成对比的是，恐龙在 6500 万年前灭绝之后，很快涌现出大型、多样的哺乳动物。关于后者——主要陆生哺乳动物类群的出现，只花了不超过 1000 万年的时间，并且不仅物种多样，而且数量丰富、体形巨大。

再一次地，我们必须审视演化发育生物学和基因的作用，才能了解这一段特殊的演化史。植物必须首先演化出所需的基因工具箱，才能组装叶片，然后它们必须要能够使用这一工具箱，但是这种使用似 173 乎遭到了推迟。迄今为止，最好的证据表明，带叶植物具有形成叶片所需的基因，但它们必须等待其生活环境内部发生变化，才能使用这些基因。在这种特殊情况下，不是等待（动物所需要的）氧含量升高，而是等待一种完全不同的物质——大气中二氧化碳下降，至少根据 21 世纪最新的古植物学解释是如此。

这里又有这样一个例子：当今时代可以告诉我们过去的历史——我们的生命历史。活体植物实验表明，它们非常容易受到所生活地区的二氧化碳含量的影响。所有的植物都需要二氧化碳进行光合作用，但要做到这一点，植物就必须吸收周围大气中的二氧化碳。如果生有叶子，二氧化碳必须穿过其他情况下难以穿透的叶片外壁才能进入，这是通过被称为气孔的小孔来完成的。但这些气孔是双行道，二氧化碳可以通过气孔进入，植物体内的水分也可以通过同样的小孔排出。陆生动物和陆生植物演化过程中重复了一遍又一遍的主题是：干燥仍然是生命体生存下来的主要障碍之一。在高二氧化碳环境中，气孔非常少；但是，二氧化碳减少时，气孔的数量就会增加。

有人会认为，二氧化碳含量高，对任何陆生植物都是最优的一项

　　　　　　　　　　　　新生命史：生命起源和演化的革命性解读

条件。就生理方面而言，这是事实。但是，我们知道，二氧化碳是主要的温室气体之一。高二氧化碳时代也是地球表面上的高热量时代。

植物有一个精致的信号系统，让完全长成的成熟叶片与正在经历初步生长发育阶段的叶片展开交流。较大的叶片告诉较小的叶片，去产生在其生活环境之下最佳的气孔数量。如果我们穿越到过去，来观察陆生植物刚开始演化发展时大气中的二氧化碳含量，就会发现，4亿多年前，有一段时间二氧化碳含量极高，因此地球那时非常暖和。事实上是如此暖和，以至于热本身可能成为了植物演化和适应的**主要阻力**。那些让二氧化碳进入的气孔，同样也让植物体内的水分蒸发——正是蒸发过程真正冷却了植物。

174

少许干燥会让一株植物保持凉爽，但太过干燥则会杀死一株植物，因此，成功来自于平衡。在非常炎热的气候中，有必要进行冷却。但在高二氧化碳含量的空气中，植物只需要很少的气孔，就能满足其对二氧化碳的需要。但是植物摄入二氧化碳所需的那些数目的气孔，对于植物的冷却来说，可能就太少了——特别是在气孔位于一个大而扁平的表面上（如一片叶子上）时，更是如此。在这种情况下，表面积大但气孔少的叶片，会因过热致死。这是关于为何需要如此之久才演化出树叶的最新观点。形成叶片所必需的基因工具箱，已经就位。但大气中的二氧化碳太多，导致植物"不敢"演化出叶片。

戴维·比尔林等人在 21 世纪早期的工作表明，在叶子可以产生之前，首先需要降低二氧化碳浓度，否则一切免谈！在此之前生长出任何叶片，对植物来说都是宣判死刑。因此，蕨类植物第一次出现之后又过了 4000 多万年，才首次出现叶子和植物体内部更好的管道系统

（包括新的、扎得更深的根）。后者，让根具备了扎得更深的能力，使植物拥有两个优点。第一，根扎得越深，植株就越稳定；第二，根部越深越有利于吸收土壤中的养分和水分。最初的植物根系极浅，然而一旦叶子演化出来，根部也开始改变，并向土壤的更深处进发。

在泥盆纪，我们看到了"有些根部向下伸展深达近1米"的证据。新式的更深的根部，大大加强了这些早期植物之下岩石的侵蚀、风化。随着越来越多的植物生活在土壤中，以及越来越多的植物死亡，它们不断地向土壤中贡献有机物质。同时，根部的深入渗透，大大地加强了下方岩石的机械风化和化学风化。这对大气构成以及地球的温度，都具有很重要的影响。

175　　我们已经看到，**硅酸盐岩石的风化**也许是消除大气中二氧化碳最重要的"抽气机"。硅酸盐岩石即花岗岩，同与之化学成分相似的沉积岩或变质岩，是富含硅元素的岩石。土壤中硅酸盐岩石化学风化的反应，就是从大气中移除二氧化碳分子。这被称为生物强化风化，在约3.8亿~3.6亿年前，浓郁的森林开始覆盖陆地的时候，就已发生了这一现象。当植物的根部进入土壤下方更深处的硅酸盐岩石时，陆地上的花岗岩和类似花岗岩成分的岩石的风化速度，变得大大快于森林出现以前，这造成二氧化碳含量大跌，并且跌速迅猛。

二氧化碳含量降低，使大陆上出现了冰，最初只在最高纬度地区，最终蔓延到较低纬度地区。但是"演化大神"青睐高大的树木，随着树木越来越高，树根也越扎越深。植物长得更高，根系扎得更深，地球也越来越冷。实际上，随着根系扎得越来越深，陆地植物的演化使地球从石炭纪开始，陷入了有史以来最漫长的冰期。而在发生这一事件之前，地球表面原本温暖、葱翠，富含二氧化碳，有利于植物的生长。总之，刚刚被维管束植物披上绿装的陆地，就像一个巨大的、储存丰富的自助餐厅，供顾客免费取食。只要你能进入餐厅，就能获得免费的食物。具体到这一次的情况，只要你走出海洋，登上陆地，定居下来，就能获得免费的食物。

最早的陆地动物

任何想要殖民陆地动物，面临的主要问题都是"失水问题"。所有活细胞都需要内部有液体，而只要生活在水中，就不会产生任何形式的"防干燥问题"。但生活在陆地上，就需要强硬的外壳来留住水分。难题是减少表面干燥的解决方案，会抵触对呼吸膜的需求。所以，这时出现了两难的局面：建立外部保护层来抵抗干燥是一种优势，但同时也冒着死于窒息的风险；一个替代方法是演化出表面的呼吸结构，允许氧气扩散进入体内，但这个结构也会增加失水的风险。任何"陆地的征服者"所必须克服的这种困境，显然是难于上青天的，以至于只有极少数的动物、植物和原生动物能够完成从水中到陆地的移民。一些最大、最重要的现存海洋生物门，从没有做到过这一点，例如，并没有陆生的海绵、刺胞动物、腕足类、苔藓虫、棘皮动物，等等。

最古老的陆地动物化石，似乎都是小型节肢类动物，类似于现代的蜘蛛、蝎子、螨类等足类和非常原始的昆虫等。目前尚不清楚这些五花八门的节肢动物门类中的哪一类才是最早登陆的，但是，这种"第一"且"唯一"的地位并没有持续多久，因为所有这些门类都见于古代沉积层的化石记录中。识别这些最早的陆地动物必须依靠化石记录，然而众所周知，小型陆生节肢动物的化石记录很不准确。所有这些动物门类的钙化外骨骼都非常脆弱，很少能够变成化石被保存下来。然而，在晚志留世或早泥盆世时段（约4亿年前），陆地植物的兴起也引来了**动物入侵陆地的先锋部队**。很明显，多种节肢动物独立演化出了能够处理空气的呼吸系统。

当今的蝎子和蜘蛛的呼吸系统，是理解**海洋动物成功转型为陆生动物**的关键。在完成这次关键转变的所有结构中，没有什么结构的重要性能够超过呼吸结构。看似同样很明显的是，节肢动物先驱所使用的最早的肺，作为过渡结构，效率远不及后来物种的肺。但在含氧量非常高的大气中，空气可以渗透进很小的陆地动物的体壁——最早的陆地动物看起来都很小，并且依靠其原始的肺结构来吸收氧气。

登上陆地的物种中，有许多种类的节肢动物、软体动物、环节
动物和脊索动物（以及一些极小的动物，如线虫）、节肢动物已提前在演化上先行一步，确保了未来的演化成功，因为它们已经提前形成了包罗万象的骨骼架构，保护其不受干燥的伤害。但是，它们仍然不得不克服呼吸问题。如我们所见，节肢动物的外骨骼需要在大多数体节演化出广大的鳃，才能确保大多数节肢动物能够生存在含氧量低的寒武纪。也正是在这一时期，大多数节肢动物第一次出现在化石记录中，但这种外部鳃在空气中无法起作用。最早的陆地节肢动物、蜘蛛和蝎子提供的解决方案，是产生一种新的、被称为"书肺"的肺部结构，因为其内侧部分很像**一本书的纸页**，所以得有此名。

177

体内的一系列薄片，让血液在肺片之间流动。空气通过甲壳上的一系列孔洞进入书肺。这是一种被动的肺，因为没有空气流被"吸入"这些肺中。也正因如此，书肺要依赖某个最低氧含量。

众所周知，一些**很小的蜘蛛**被风吹至高空中，被人们称为"空中浮游生物"。这似乎表明蜘蛛的书肺系统在低氧环境中能够提取足够的氧气。但其实这些蜘蛛个头总是很小，小到它们相当一部分的呼吸需求可以通过全身的被动扩散来满足。**大型蜘蛛**都要依赖书肺。

在获取氧气方面，书肺的效率可能高于由管状气管组成的昆虫呼吸系统。像蜘蛛和蝎子一样，昆虫的呼吸系统是被动的，因为昆虫很少或不会主动吸气，虽然最近关于昆虫的研究表明，可能确实会发生轻微的泵氧，但压力很低。蛛形纲动物的书肺系统，表面积大于昆虫的书肺系统，因此应该能在氧气浓度较低的大气中发挥作用。

最早的蝎子和蜘蛛，体形较小，外壳质地不够坚硬，这延迟了它们向陆地的殖民。如今的蝎子比蜘蛛矿化得更好，因此毫不奇怪会有 178 更好的化石记录。相关动物残骸的最早证据来源于威尔士的晚志留世岩石，大约在 4.2 亿年以前，已接近志留纪的终结——当时氧气含量已经达到非常高的水平，是地球演化出来的最高氧气水平。这些早期的化石十分罕见，且欠缺多样性，但我们已经做出了鉴别：大部分材料似乎来自千足虫化石。

苏格兰著名的莱尼燧石（Rhynie Chert）化石群，年代据今 4.1 亿年，包含的化石更加丰富。这一沉积中含有非常早期的植物化石以及小的昆虫化石。其中大部分节肢动物似乎与现代天螨和跳虫近缘，它们既吃植物碎屑也吃废弃物，因此很好地适应于生活在由微小原始植物组成的新的陆地群落。螨类和蜘蛛近缘，然而跳虫类是昆虫，它们大概是当今地球上最大的动物群（昆虫）之中最古老的。似乎可以预见，昆虫一旦演化出来，就会迅速多样化，成为我们时代数量最多且最多样化的陆地动物类群。然而，事实并非如此，似乎发生了与此相反的事情。

古昆虫学家认为，直到3.3亿年前，在密西西比纪结束的时候，昆虫依然是陆地动物中罕见且边缘的成员——当时氧含量已达到现代的水平，实际上还在不断地创造新高，在3.1亿年前的晚宾夕法尼亚世达到最高峰。在这一门类出现之后不久，就出现了飞行的昆虫，确定无疑的飞行昆虫普遍出现在3.3亿年前的记录中。在这种初步进展之后不久，昆虫发生了奇异的演化喷发，演化出一大批新物种，主要是飞行形态的物种。这是经典的适应辐射，新的形态突破，允许它们侵占许多新的生态龛位。但这种辐射的发生，也是在含氧量高的时期，肯定也同样受到大气中高水平氧气不容小觑的帮助和支持。

陆地上最早的动物也不是昆虫。"最早登陆动物"的桂冠可能要授予蝎子。在大约4.3亿年前的中志留世，一群生有水鳃的原始蝎子，爬出它们已经适应了的淡水沼泽和湖泊，向陆地上扩展。它们也许取食死去的动物，如被冲到海滩上的鱼。它们的鳃部仍然保持湿润，这些鳃的表面积大，可能允许各种各样的呼吸。它们当然没有功能性的肺，只有半可用的鳃。

下面是我们现在知道的时间表：蝎子约于4.3亿年前登上陆地，但可能因为繁殖或许呼吸的需要，它们仍然与水有着联系；其次是马陆，在 4.2 亿年前登陆；昆虫最早在 4.1 亿年前登陆。但普通的昆虫直到 3.3 亿年前才出现在陆地上。这一段历史与大气中的氧气曲线有什么关系呢？

对这个时期大气氧含量的最新估算表明，氧气含量的高峰出现在4.1 亿多年前，随后快速下跌，之后又从泥盆纪时很低的水平（12%）上升到地球历史的最高水平，在二叠纪时超过 30%（比现在的 21%高出许多）。出土了最早的丰富的昆虫——蛛形纲动物群的莱尼燧石（Rhynie Chert）的产生年代，正值泥盆纪氧气含量处于最高值的时期。据研究昆虫多样性的古生物学家说，昆虫在化石记录中一直比较罕见，直到在密西西比—宾夕法尼亚纪才上升到将近 20%，那是从3.3 亿～3.1 亿年前，有翅昆虫多样化期间。

各种脊椎动物门类之所以能够征服陆地，似乎是由于在奥陶纪和志留纪期间大气中氧气水平的上升。如果没有发生这一事件，统治陆地的动物历史和种类可能将大不相同——甚至动物可能永远不能定居陆地。我们还知道，在这次定居之后的低氧时期，动物似乎变得很罕见。

对于观察到的化石的丰度和多样性模式，有三种可能的解释：第 [180]一种可能的解释是，看似定居陆地暂停的阶段，并不是真正的暂停期，这仅仅是因为从 4 亿年前到大约 3.7 亿年前那段时间内，化石记录严重匮乏的缘故。第二种可能的解释是，"暂停"是真暂停，因为氧气水平很低，确实只有极少数的节肢动物——主要是昆虫——生活在陆地上。但少数幸存下来的动物，在大约 3000 万年后氧气水平再次上升时，能够多样化发展，并形成一波新的物种。第三种可能的解释是，来自大海、入侵陆地的那部分首批进攻者，在氧气水平下降时灭亡了。是的，只有几种幸存者坚守住了阵地，零散分布在各处。但第二波随即涌来——来自海洋的新种群的侵略者，在氧气的青纱帐中再次蜂拥登陆。因此，动物（节肢动物以及我们即将看到的脊椎动物）定居陆地，发生在两个不同的时间段：一个从 4.3 亿～4.1 亿年前，另一个始于 3.7 亿年前。

当然，节肢动物不是唯一在陆地上谋得新生活的"殖民者"。腹足纲软体动物也同样发生了"演化跃升"，登上了陆地，但直到宾夕法尼亚纪才成功转型（因此属于第二波成员），那时氧含量甚至高于第一波期间的任何时间段；另一个登岸的门类是鲎（马蹄蟹），大约和软体动物在同一时间登陆。但和这段生命历史中最受关注的类群——我们脊椎动物相比，它们只是不起眼的殖民者。但是，两栖动物并不是突然从大海冲出来的。它们是漫长演化历史的结晶，而在讲述它们出现在陆地上之前，先让我们看一看泥盆纪，一段长期以来被称为"鱼类时代"的岁月。为了做到这一点，我们想先描绘一下最最喜欢的野外考察区域之一：泥盆纪的西澳大利亚坎宁盆地，本书的两位作者在这个地球上最美丽的地方（之一，虽然很炎热）度过了数个田野考察季。坎宁盆地（The Canning Basin）保留了世界上最好的石化大堡礁系，就好像海水消失了，大堡礁突然变成了石头。虽然到现在为止，我们在研究那巨大的泥盆纪大堡礁上花费了过多的工夫，但事实上，泥盆纪期间在附近较深水域沉积的岩石中，产生了所有化石研究中一些最奇异的东西，在任何自封的"生命新史"中，都值得大加
181 展现。

约翰·朗（John Long）和高哥（Gogo）岩层的鱼

鱼类虽然广泛分布于咸水、淡水以及两者之间的各种盐度的水域中，但其实很少可以变成化石。通常需要在含氧量低的海底，死鱼才能被迅速掩埋并整个保存下来。食腐动物在分解鱼尸体时实在高效，但零零散散地，还能保留下来美丽的鱼化石。有时它们以二维的结构出现，例如科罗拉多州格林河（Green River）组始新世的页岩中的鱼类化石（此地发现的鱼类化石数量也许冠盖全球）。但鱼的其他部分，尤其是大鱼的头骨，有时候保存在又大又圆、被称为结核的球形岩石中。这些炮弹状物体经常见于沉积岩中，并且这些物体内有着最漂亮、保存最好的化石。这种化石见于俄亥俄州北部泥盆纪的岩层中，那里出土巨大鱼头骨的历史已经有一百多年，其中包括一种标志性怪物的颅骨，来自被称为"邓氏鱼"的古老鱼类，最近美国**探索频道**关于古代掠食者的节目中经常提到这种鱼。但这种保存完好的化石也见于被新奇地称为"高哥"的岩层中，这种岩石和我们自己研究的泥盆纪岩石一样久远（但位于更深的水中）。这些结核中发现了有史以来**一些最重要的化石**。它们为探索两栖动物的祖先最终出现的平台打开窗口。要了解动物对陆地的征服，我们首先要全面了解泥盆纪鱼类的多样性与复杂性。近年来，澳大利亚古生物学家、阿德莱德市弗林德斯大学的教授约翰·朗（也长期待在洛杉矶自然历史博物馆），利用新的高分辨率扫描技术，在研究所有现代的鱼的祖系，以及我们人类自身 DNA 中的远古谱系方面，取得了突破性发现。

约翰·朗在澳大利亚学术界的**科学普及**大获成功，事业蒸蒸日上，撰写了众多书籍，成就实属难得。但约翰·朗的"本职工作"表明：泥盆纪鱼类的演化、形态、多样性和生态学的复杂性其实远远超过当今教科书中的描绘。约翰·朗开创性地使用成像技术（如CT扫描），通过足以让化石产生三维切片的能量轰击化石，实现了对各鱼类的颅内结构的观察。

四个"传统"鱼类门类——现在的代表物种分别是七鳃鳗和盲鳗、鲨鱼、最多样的"硬骨"鱼，还有一种完全灭绝的类群盾皮鱼（第一种有颌的鱼类）——在各方面的复杂性都大大超过它们长期以来被描述的模样。在前往高哥化石遗址的探索中，约翰·朗最主要的发现包括最早的硬骨鱼之一——格格纳瑟斯鱼（*Gogonasus*）——的第一个完整的头骨，表明这一物种有大型的气孔或腮孔，之前从来没有在鱼的头部发现过这种结构。除了证实一种迄今未知的早期其他鱼类的多样性，包括新类型的肺鱼（与最终爬上陆地的鱼近缘），还有一个惊奇的发现：一种叫节甲鱼的奇怪鱼类——这是发现的第一条体内显示有胚胎的泥盆纪鱼类。后者的发现第一次证明了可以通过体内受精繁殖后代，也是迄今为止发现的脊椎动物胎生的最古老的证据。朗的一件标本是"唯一已知的表明胚胎与矿化脐带结构相连的化石"。他使用的高新科技方法，神奇地保留了三维肌肉组织、神经细胞和微毛细管，丝丝都是化石鱼新品种的细节。但对于理解脊椎动物登陆最重要的是其软组织的发现，对于鱼类如何演化成能行走（甚至靠两条腿直立行走）的祖先提供了全新的见解。

新生命史：生命起源和演化的革命性解读

陆生脊椎动物的演化

我们本身的类群中，从完全的水生生物到真正的陆地生物的转变，始于最早的两栖动物的演化。化石记录已帮助我们了解涉及这次转变的物种和转变发生的时间。被称为扇鳍鱼的一类泥盆纪硬骨鱼，似乎是最早的两栖类动物的祖先。这些鱼主要是食肉动物，似乎大多数或全部是淡水动物。这本身就很有趣，也提示人们**淡水**是通往陆地的最早"桥梁"。

这对节肢动物来说可能同样如此。扇鳍鱼看似已经预先适应，演化出了四肢，能够依靠肉质鳍在陆地上提供动力。现在仍存活于世的腔棘鱼，为我们呈现了一个光辉的范例——它既是一个活化石，又是我们能想象到的两栖动物的祖先的模式样本。而另一门类的肉鳍鱼——肺鱼，也同样有助于理解这种过渡——不仅仅有助于理解运动方式的过渡，还有助于理解从鳃到肺这一至关重要的过渡。等待演化成两栖类的动物，如果不能呼吸，即使拥有世界上最好的四肢也没有用。因此，肉鳍鱼类产生了两个支系：总鳍鱼类（腔棘鱼是其中一种）和肺鱼类。

两栖类动物从鳍刺类祖先（这里指总鳍鱼）分化出来，时间是4.5亿多年前，或是大约在奥陶纪到志留纪之交。但这可能只是最终演化成两栖动物的鱼类的演化，而不是两栖类动物自身的演化。古生物学家罗伯特·卡罗尔（Robert Carroll）的专业是研究这种转变，他认为叫作**骨鳞鱼**的属，是最早两栖类动物的**鱼类祖先**的最佳候选，而这个属直到泥盆纪的早期至中期（或者说约4亿年前）才出现。

根据在爱尔兰发现的足迹这一诱人的证据，这个时代可能演化出了最早的水陆两栖动物。瓦伦西亚的一串脚印被视为四足动物最早的脚印的记录，大约有 4 亿年的历史。但是，这里虽然有约 150 个拖着粗尾巴的动物穿过古老泥地留下的脚印"古道"，却没有与之相关联的动物骨骼。这一发现引发了争议，因为它比最早的确定无疑的四足动物骨骼早了 3200 万年。然而有趣的是，这一印迹可以追溯到氧气浓度接近或超过当今水平的时间段，并且就是在此期间，前文论述的昆虫化石记录出现了最早的陆生昆虫和蜘蛛。因此，正像高氧气浓度帮助昆虫从水中过渡到陆地，高氧环境可能也允许演化出最早的陆生脊椎动物。

2010 年人们发现了有 3.95 亿年历史的第二串足迹，这略微减少了陆上最早脊椎动物足迹年代的不确定性。这串足迹保存在现在波兰南部海岸的海洋沉积物中，形成于中泥盆世。因此，这些足迹（其中某些显示了脚趾印迹）比已知的最古老的四足动物躯体化石早了 1800 万年。此外，足迹表明，这种动物能够用前肢和后肢运动，而更像鱼的四足动物或近四足动物（如前文提到的提塔利克鱼和可能是其后代的棘螈）不可能做到这一点。

留下这个足迹的动物，在那时算巨型动物：某些推测认为其身长超过 2.4 米。这种生物及其同类，也许是生存在潮坪上的食腐动物，取食被浪潮冲上海岸而搁浅的海洋动物或大量的陆地节肢动物（包括蝎子和蜘蛛）。

鉴于直到约 3.6 亿年前的岩石中才有已知最早的四足动物骨骼化石，因此这一转变大约发生在 4 亿～3.6 亿年前之间。这一时期的特征是大气中氧气含量快速下降，而且最早的四足动物化石表明，这一

184

　　　　　　　　　新生命史：生命起源和演化的革命性解读

时期是伯纳曲线中氧气含量最低的时期。但是，很有可能的是，从鱼类向两栖类的实际过渡必定发生得更早，在接近泥盆纪含氧量高峰的时段，但仍处于含氧量下降的时间段内。

我们对这些关键事件的了解，大部分来自仅有的几个地点，其中格陵兰岛上出露的岩层出产了最多的四足动物遗骸。虽然鱼石螈属在 185
大多数书本中被放在耀眼的位置，被视为最早的两栖动物，但其实最早的是另一个不同的属，叫作孔螈，生活在3.6亿多年前，接下来几个百万年经过适度的辐射演化，产生了鱼石螈、棘螈和海纳螈。

其中，最著名的是鱼石螈——直到提塔利克鱼取而代之。然而，新近爆得大名的提塔利克鱼，被人为地寄予了太多的感情，它是一种鱼；鱼石螈则是另一种东西，一种两栖类动物。最早复原它的骨骼是在20世纪30年代，但当时做得支离破碎，直到1950年代，详细的检查才让人们重构它的整个骨架。鱼石螈拥有发达的双腿，但也有一条像鱼一样的尾巴。后来进一步的研究表明，这位3.6亿年前的居民，可能不能在陆地上行走。更新的关于它的脚和踝关节的研究似乎表明，没有水中浮力的支持，它可能无法支撑自己的身体。

密封鱼石螈和其他原始四足动物的**格陵兰岩层**，源于紧随灾难性晚泥盆世生物灭绝事件之后的时间段。造成那次灭绝的原因，基本确定是大气中的氧气下降造成海洋中大范围普遍缺氧。鱼石螈及其族类的出现，可能是因为这次大灭绝，因为大灭绝之后经常发生演化创新，要填补生态位的空白。但鱼石螈及其族类的成功是短暂的：化石记录表明，它们最早出现仅几百万年之后，便和其他四足动物拓荒者一起消失了。

鱼石螈及其晚泥盆纪同类的出现，带来一系列关键问题。如果它们确实是最早的陆生脊椎动物，为什么后代中没有出现成功的"适应辐射"？这确实没有发生；相反，在更多两栖动物出现之前，有一段漫长的空白期。这段空白期一直困扰了几代古生物学家。事实上，这段被称为"柔默空缺"的时期，是因 20 世纪早期的古生物学家阿尔弗雷德·柔默（Alfred Romer）而命名的。他最先注意到定居陆地的第一波脊椎动物与第二波之间存在一段神秘的空白期。事实上，人们期待已久的两栖动物的演化辐射，直到大约 3.4 亿～3.3 亿年前才开始，这使得"柔默空缺"至少长达 3000 万年。

186

约翰·朗和马尔科姆·戈登（Malcolm Gordon）在 2004 年写的一篇综述中解释：四足动物生活在 3.7 亿～3.55 亿年前，那时氧气含量已大幅下降，它们是完的水生动物，本质上是长着腿的鱼类，虽然其中有些已经失去了鳃，像当今许多鱼类一样依靠大口吸气进行呼吸，通过皮肤吸收氧气。它们不是我们现在所熟悉的两栖类——完全成年后可以在陆地上生活的物种。看来，泥盆纪的四足动物，没有任何蝌蚪阶段。

2003 年，珍妮·克拉克（Jenny Clack）质疑了所谓的"没有两栖动物的长时间空白期"。她在浏览旧博物馆的收藏时，看到了一块被误认为是完全水生的鱼类化石，但她指出——有着五个脚趾和骨骼结构的四足动物，应该能够在陆地上生活。这块化石被重新命名为彼得普斯螈（Pederpes），它生活在提塔利克鱼很久之后。它可能是最早的真正的两栖动物，而且它确实生活在 3.54 亿～3.44 亿年前，那段被称为柔默空缺的时期。但像过去无数次证明的那样：有时候，化

　　　　　　　　　　新生命史：生命起源和演化的革命性解读

石并未给出答案，而是引出了更多的问题。这块化石告诉我们，在"柔默空缺"的某个时期，有种四足动物确实演化出了陆地生活所必需的腿。然而，我们仍然不知道这种动物是否能呼吸空气，也不知道它是否能浮出水面，哪怕只持续几分钟。

阿尔弗雷德·柔默认为，最早两栖动物的演化的产生，是受到了氧气的影响。罗默认为，肺鱼或其泥盆纪的类似物种，被困在季节性失水的小水池中。他认为这些水池因自然过程导致的氧气不足以及干旱，构成了肺部演变演化的动力：两栖动物的前身被迫从水池中出来，生活在空气中。渐渐地，那些能在水外存活一段时间的动物，变得更有优势。这些鱼仍然有鳃，但鳃本身允许吸收一些氧气。它可能是那种既长着鳃又长着原始肺的过渡形态。

从水生四足动物（如鱼石螈或更可能是彼得普斯螈）开始过渡，经历**提塔利克鱼级别**的鱼类身体结构，涉及了腕部、踝关节、躯干及其他中轴骨部分的改变，演化出能够促进呼吸和运动的结构。胸廓笼对于保护肺部来说十分重要，与在水中托起同等重量躯体的浮力相比，在空气中做出支撑一个沉重的躯干需要肩带、腰带和连接它们的软组织大范围的改变。完成所有这些改变的最早生命形态，可以被认为是最早的陆生两栖动物。然而人们所期待的，在能呼吸空气而不是水的呼吸系统和能支撑沉重身体穿行陆地的四肢演化出来之后很快就会发生的新型两栖动物的快速大范围辐射，直到3.4亿～3.3亿年前才终于出现。但当辐射最后突然出现时，场面无疑极为壮观，在密西西比纪结束时（约3.18亿年前），两栖动物已经遍布世界各地。

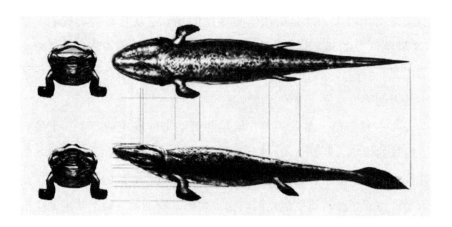

艺术家笔下的提塔利克鱼，为《动物星球》节目中的"动物的末日"而创。作品由阿斯·德拉托雷和彼得·沃德共同完成，经数字牧场制片有限公司（Digital Ranch Productions）的罗布·柯克（Rob Kirk）授权使用。

　　人们掌握的证据表明，两栖类动物组织级别的演化，本质上是**一条鱼来到了陆地上**。这种事件可能发生过两次甚至三次，第一次大约在 4 亿年前，证据是瓦伦西亚脚印和提塔利克鱼化石的发现，第二次大约在 3.6 亿年前，最后一次约在 3.5 亿年前。鱼石螈，长期以来被认为标志着最早的陆生脊椎动物的出现，它的外观可能比我们最早认为的更像鱼，而且它失去了鳃这一事实，并不能证明它完全生活在陆地上。事实上，我们现在知道，有一百多种不同种类的现生鱼类采用各种形式的方法（包括鳃）呼吸空气。空气呼吸在多达 68 种现存鱼类中独立演化成功，可以看出这类适应是多么容易发生。鱼石螈甚至可能不在"产生其他四足动物祖系"的名单之上，还可能是退化到完

188

　　　　　　　　　　　　新生命史：生命起源和演化的革命性解读

全水生生活方式的鱼类祖先，因其原始的肺和晚泥盆世不断下降的氧气水平，而被迫放弃了陆地生活。

人们一直认为，最早的两栖动物是淡水形态，这实际上是生命史中的一个主要问题：登陆途径，最早是通过淡水吗？还是有某些生物，直接从咸水中演化出来夺取了"天下"？然而新的研究表明，早期的总鳍鱼和肺鱼（最早的四足动物的直系祖先）大多数情况下都是海生形态。古生物学家米歇尔·劳林（Michel Laurin）也同样注意到几个典型的石炭纪的地点——这些产生了早期两栖动物并且长期以来被认为是代表淡水沉积的地点，有可能是海洋沉积或海滨沉积的地点，如潮间带或潟湖环境。然而，似乎同样确定的是，著名的提塔利克鱼和一些早期两栖动物（如鱼石螈和棘螈）已被视为淡水生物体。因此，这些最早的两栖动物和近两栖动物居住的环境种类繁多，包括晚古生代的咸水、淡水和陆地环境。这就引出了一个有趣的观点：现代两栖类动物都不能忍受海水；它们的皮肤在浸入水中时可以吸收氧气，但无法处理盐分。这一定是两栖动物历史中，**很晚**才演化出来的一项特征。

总而言之，对陆地的占领分为两个阶段，皆对应高含氧量时间段。期间则是泥盆纪大灭绝，涵盖了所谓的"柔默空缺"期，在此期间基本没有动物生活在陆地上。因此"柔默空缺"在概念上应扩大到包括节肢动物以及脊索动物[9]，并最终结束于石炭纪（在美国被一分为二，称之为密西西比纪和宾夕法尼亚纪）。那时氧气水平以惊人的速度上升，在石炭纪最后的诸阶段，并且之后延续到二叠纪，氧气水平终于登峰造极，几乎高达 32%～35%，开创了地球史上一段独特的历史时代——一个巨型生物的时代。

第十一章　节肢动物时代：3.5 亿～3.0 亿年前

　　"二战"结束时，核时代拉开帷幕，当时好莱坞电影的一大主题是"因核辐射而产生的巨型生物"。其中有些巨型生物的原型，是某些已灭绝的巨兽，往往像从 7000 万年前的冰川中解冻出来的一样。其中大多数是常见的昆虫、蝎子和巨型蜘蛛。尽管这容易让人觉得"不科学"，但是这些电影屏幕中的巨兽的确促使我们提出这样一个合理的问题：给定身体构造的动物，体形所能达到的最大尺寸是多少？因为庞大的体形往往可以保己御敌，所以似乎大部分动物都尽量长得大。那么，是什么最终限制了动物的体形呢？就陆生节肢动物（如蜘蛛、蝎子、马陆、蜈蚣以及其他若干更小的类群）来说，明显有两方面的因素限制了并且仍然限制着它们的体形，从而导致它们的体形难以长到与哺乳动物相近。

　　因素之一是外骨骼。节肢动物外骨骼的主要构成成分是甲壳素这种坚硬的物质。因其缩放性质以及强度限制，无法支撑起来巨型的蚂蚁、蜘蛛、蝎子，甚至与人类体形相当的螳螂——它们的步行足会不堪重负而折断；另一个限制节肢动物体形大小的因素是呼吸。各类昆虫、蜘蛛以及蝎子的体形大小，受限于氧气所能扩散至其身体内部的程度。如今，没有任何昆虫的体长超过 15 厘米。而在过去，地球史上含氧量最高的时期，确实存在过比这大得多的节肢动物。

石炭纪—二叠纪的高氧时代

尽管各位专家在模拟过去大气组成成分时所设定的值不同，但他们各自的模型一致表明：在过去的各时间段中，氧含量在 3.2 亿～2.6 亿年前的时间段空前地高涨，其中最高值出现在这段时间的末期。石炭纪和随后的二叠纪前半段是高氧时代，那时地球上的生物群为高氧留下了明显的证据，而展现最佳证据的，是当时的昆虫。

尼克·连恩（Nick Lane）在 2002 年出版的《氧》[1]（*Oxygen*）一书中，合理地阐述了石炭纪的高氧（以及许多其他内容）。在"波尔索佛的蜻蜓"这一章中，连恩描述了 1979 年发现的一块蜻蜓化石，其翼展约为 50 厘米。同样从石炭纪化石中，我们还发现了更大的蜻蜓，翼展达 75 厘米，是名副其实的巨脉蜻蜓。它们不止翅膀大，身体也相对较大，体宽达 2.5 厘米，体长近 30 厘米。这大小相当于一只海鸥。尽管海鸥从不会与"巨型"一词挂钩，但一只翼展 50 厘米的昆虫，的确算是巨虫了。相比之下，如今蜻蜓的翼展仅达到 10 厘米，且普遍短得多。当时体形庞大的生物还有翼展约 48 厘米的蜉蝣、腿长约 45 厘米的蜘蛛，以及 90 厘米长（甚至更长）的马陆和蝎子。一只 90 厘米长的蝎子重量可达 22.5 千克，对于所有陆地动物，包括两栖动物来说，它都是强大而可怕的捕食者。然而，正如我们会看到的那样，两栖动物自己也会演化出一些巨型的种类。

就昆虫来说，决定它们所能达到的**最大体形**的因素是其呼吸系统的性质及其吸入氧气并将其扩散至身体内部的效率。所有的昆虫都使用一种称为气管的管道系统呼吸。空气快速通入气管，而后扩散至各组织内。空气经由两种方式进入气管，或是通过腹部有规律地扩张与收缩；或是通过拍打翅膀，从而在气管口周围产生气流。这两种方式均能提高气管系统的通气效率。在所有动物中，飞行昆虫的代谢速率最高，并且实验数据显示，提高氧含量甚至能使蜻蜓的代谢速率再创新高。这些研究表明，蜻蜓代谢速率以及可能的体形大小，均受限于如今21%的氧含量。

氧含量是否限制着节肢动物的体形大小，一直备受争议。最有力的证据来自于对端足类动物的研究，这是一类广泛分布于世界海洋与湖泊的小型海洋节肢动物。高蒂尔·夏佩尔（Gauthier Chapelle）和劳埃德·派克（Lloyd Peck）检查了来自各类栖息地的2000件标本，发现在高溶氧量水域，端足类动物的体形更大。亚利桑那州立大学的罗伯特·杜德雷（Robert Dudley）进行了更为直接的实验：他在氧含量更高的环境中培育果蝇，发现当氧含量提升至23%时，它们的体形就一代更比一代大。因此，至少可以肯定的是，就昆虫而言，高氧能快速地促进体形的增长。[2]

允许巨型蜻蜓存在的因素，不仅仅是氧含量较高。当时的空气压力想必也很高。虽然氧分压上升，但空气中其他气体的分压并未减少。与现在相比，当时总气压更高，而且大气中充斥着更多的气体分子，会进一步扩大这些巨虫的体形。显然，当时空气中的氧含量高于

　　　　　新生命史：生命起源和演化的革命性解读

当今。问题是——为什么？

早先我们看到，影响氧含量的因素主要是还原态的碳和含硫矿物（如愚人金——黄铁矿）的埋藏速率。当大量有机物质被掩埋，氧含量就会上升。如果真是这样，那么这意味着石炭纪（地球含氧量最高的时代）必定是一段有大量碳和黄铁矿被快速掩埋的时期。来自于地层记录的证据证明的确发生了这种事，当时通过煤层的形成发生了大量的快速掩埋。

我们研究的是一个漫长的时间段：3.3 亿～2.6 亿年前长达 7000 万年的高氧时代，长于恐龙灭绝至今的时间。研究结果表明，地球 90% 的煤炭沉积均发现于这一时期的岩层中。尼克·连恩在其《氧》一书中指出，当时的煤炭掩埋速率远高于地球史上的任何其他时代，实际高出了六百倍。但"煤炭掩埋"一词的表述相当不准确。煤是古代树木的残留，因此我们知道在这样一个时代，大量倒落的树木被迅速掩埋，经温度和压力的作用才转化成煤。石炭纪是森林发生大规模壮观的掩埋的时代。

石炭纪掩埋的有机物来源并不局限于陆生植物，相当于陆地森林的海洋浮游植物和浮游动物体内，也有大量的碳，于是海洋底部也沉积了大量富含有机物的沉积物。这种独特的碳沉积，导致独特的氧含量最大值的根本肇因，是若干地质事件和生物事件的碰巧同时发生所造成的广泛的碳沉积。首先，当时的陆地板块因为古大西洋的闭合，合并成一个大板块。随着欧洲板块与北美洲板块、南美洲板块、非洲板块的碰撞，这些板块的地缝合线处隆起了巨大的条型山脉。

山脉两侧都形成了宽广的洪泛平原，这些山脉的分布，造成地球上大部分地区处于一种湿润气候。新演化出来的树木占领了广阔的沼泽地及其毗邻的快变得干旱的地区。其中有许多树木长得很奇特，令人感到不可思议，最奇怪的莫过于它们的根系非常浅，因此它们虽高挺却极易倒落。当今世界也有很多倒伏的树木，但目前的碳沉积远不及去。除了当时的沼泽世界非常适合树木生长外，还有许多其他因素导致当时的碳沉积多于现在。

约 3.75 亿年前形成的森林，由最早的真正的树木组成，这些树木利用木质素和纤维素构成支撑骨架。木质素这种物质非常坚韧结实，如今可被各种细菌降解。但就算已经过了近 4 亿年，这些细菌进行降解时仍需花很长的时间。[3] 一棵倒下的树需要多年的时间才会"腐坏"。与诸如雪松、松树等软木相比，那些含有更多木质素的硬木则需要更漫长的时间才能被分解。

¹⁹⁴ 树木的分解，是通过树木本身所含大量碳的氧化而完成的，因此即使其残留物最后被掩埋，也只有很少的还原态的碳会被纳入地质记录。追溯到石炭纪，很多（或者可以说所有）能分解树木的细菌，都还没有演化出来，[4] 这可以解释为什么当时的微生物似乎无法分解树木的主要结构成分——木质素。那时，树木会倒下，但不会被分解。最终，沉积物会覆盖未分解的树木，而且在此过程中也会掩埋还原态的碳。这些树（以及海洋中的浮游生物）通过光合作用产生氧，但这些氧几乎不用于分解迅速生长及倒落的森林树木，于是氧含量开始上升。

氧气与森林大火

石炭纪的氧气高峰不但导致动物的体形庞大，而且还产生了其他影响。氧气助燃，且氧含量越高，火势越大；氧气有助于引燃燃料，这里所谈的燃料，是指石炭纪地球上广袤的森林。

石炭纪可能见证了地球历史上最为凶猛的森林大火（这一纪录至少保持到 6500 万年前杀灭恐龙的希克苏鲁伯小行星撞击地球所引起的大火）。与"氧含量随着时间推移而有变化"的研究结果存在争议一样，"大气中高氧含量引发森林大火的可能性"仍具有争议，不过随着越来越多的证据出现，争议变得越来越少。实际上，森林大火之争是对**过去氧含量不同于（包括高于）当今氧含量这一整体理论**的一项重要批判。有观点认为，古森林无法从这样的大火中幸存下来，既然我们具有长期以来的森林化石记录，这就表明**并没有发生**这种灾难性的大火。

高氧环境至少在理论上能加快火苗蔓延的速率，并且助长火势，而在北美地区[5]发现的密西西比纪和宾夕法尼亚纪沉积岩中，大量的木炭化石沉积证实，当时的确发生过森林大火。当时的森林大火同现在的森林大火相比，规模更大、更频繁、火势更强——尽管当时的森 195 林与现代的森林在生物构成方面差别很大，难以直接比较。

如果猛烈的森林大火越来越多，那么随着时间的推移，我们会看到为适应这种环境而演化出来的抗火性状。植物演化出了一系列我们熟知的适应性，统称为抗火性状，包括厚实的树皮、深嵌的维管组织（寒武纪）以及包围着茎的须根。

有人可能会问，氧含量如此之高，为什么大火却没有将石炭纪的森林都夷为平地呢？答案是，尽管森林大火似乎更频繁，但植物具有抗火性，植物本身体内水分含量高，并且占地球表面大比例的众多煤沼泽的沼泽地带也含有大量水分，这些限制了森林大火的破坏程度。同样重要的是导致森林大火的"引燃物"的温度。最近关于氧含量和树木是否燃烧的研究[6]表明，植物在氧含量低于11%～12%时是不会燃烧的。不过，试验者们用来引火的是一根点燃的火柴，而不是温度远高于火柴的任何闪电。

高氧含量对植物的影响

植物和动物一样，也需要氧来维持生命。在光呼吸过程中，植物细胞吸入氧，但其水平远远低于大部分动物所需的氧。第二个不同之处则如陆生植物的不同部位，对氧的需求量也不同。几乎所有的陆生植物都生存在两种截然不同的介质中——一部分暴露于空气，一部分（根系）埋藏于土地。根系所处的截然不同的地下环境（周围有水、土和空气）具有截然不同的演化需求。叶子暴露在空气中，它们要担心的是失水问题（如果它们会像人一样"担心"的话），以及能否获得充足的光照，而不必担心水分过于充沛。然而在大部分情况下，根系则对氧含量有严格的要求，这与叶子相反。因为根系最容易因缺氧而受损，甚至造成细胞死亡，这对于那些园丁或家中栽种植物的人们来说，再熟悉不过了。根系处于极易缺氧的地下，甚至在空气中含氧充足时，地下环境也可能缺氧，尤其是土里含有太多水分的时候。譬如，根系会因地下水分过多导致的缺氧而窒息。

那么，高氧会对植物有什么影响呢？现有的数据还很少，但已知的研究结果表明，高氧对植物有害。空气中氧气含量高，会提高光合作用率，然而更严重的后果是：氧气含量越高，"OH自由基"就越多，这种有毒物质会威胁活细胞的生存。为进一步证实这些推论，耶鲁大学鲍勃·伯纳（Bob Berner）的学生大卫·比尔林（David Beerling）以较高氧气水平在密闭帐篷[7]内培养多种植物，篷内的氧气含量提高到35%（这是地球史上最高的氧气水平，发生在晚石炭世或早二叠世），植物的净初级生产力（衡量植物生长的指标）下降了1/5。石炭纪至早二叠世的高氧应该也在一定程度上导致了植物的减少，尽管在这一时段的化石中，没有发现任何植物发生显著改变或出现大规模灭种的记录。

氧与陆地动物

脊索动物（我们的谱系）征服陆地，需要很多关键的适应性状。最迫切的需要，是一种能让卵内的胚胎不依赖水而发育的繁殖方式。据推测，宾夕法尼亚纪和二叠纪的两栖动物仍在水中产卵，因此无法利用那些没有湖泊或河流的陆地资源。随后演化出的羊膜卵解决了这一问题。可能正是因为有了这种卵，才确保能出现（今天所说的）爬行动物这类脊椎动物。羊膜卵的出现，将爬行类、鸟类、哺乳类与它们的祖先（两栖类）区分开来。

化石记录表明，羊膜动物是单源动物，也就是说，它们仅有一个共同的祖先，而不是动物们多次演化出了羊膜。这个共同祖先是一种两栖动物，生活在密西西比纪，因此这个关键转变发生时，氧气水平正不断升高。最早的羊膜卵可能产生于同今天氧气水平相当或更高的环境中。¹⁹⁷

爬行动物也被认为是单源的，大约从3.2亿多年前密西西比纪的某一时间开始，一支物种偏离了两栖动物祖先。正如我们所知，这个时期的氧气水平呈上升趋势，陆生和水生两栖动物正在进行多样化演化。虽然这一分歧的遗传证据可以追溯至3.4亿年前，但在世界各地区，已经找到并复原了最早的爬行动物（而非陆生两栖动物）化石。在早宾夕法尼亚世的树桩化石中发现了名叫林蜥和古窗龙的小型爬行动物，这个较晚出现的化石记录说服力应该强于"这一类群是在密西西比纪演化出来的"这一假说。然而，不管是哪一种情况，这些最早的爬行动物体形都很小，一般只有10～15厘米长。

这些最早的爬行动物的颅骨没有鼓膜（耳膜），因此它们的听觉迟钝，或根本没有听觉。与迷齿两栖动物不同，它们没有大型肉食两栖动物中常见的那对大獠牙。但与这些庞大的两栖动物比起来，真正最早的爬行动物具有可以使其更快更好地移动的头后骨骼，还有相对于身体而言很长的尾巴。

"这些爬行动物最先产下羊膜卵"的说法，仍然只是推测。在早二叠纪之前的化石记录中，我们并没有发现羊膜卵，而这唯一早二叠纪的发现还具有争议。然而在它们过渡到可以产下羊膜卵的爬行动物形态的过程中，很可能经历过一种类似两栖动物的卵形态（没有能够防止卵发生缺水的膜系），但将卵产在潮湿的地面。胚胎表面也将演化出一系列膜（绒毛膜和羊膜），并且膜外覆盖有类似皮革或含钙的物质，不过完全的陆地繁殖还要求卵的表面疏松多孔。还有一种可能的假设似乎从未提及，即这些最早的四足动物演化出胎生的形式，所以胚胎在母体中进行了充分的生长后才会出生。

最终，它们在陆地上产下了这些能成功孵化出可成活子代的卵，氧气水平和温度对于这些新生的羊膜卵肯定产生了影响。对于所有采用卵生策略的陆地动物来说，这都是一次重大的权衡。为了保持一定的湿度，卵的气孔必须少而小。虽然这样减少了卵内部水分的蒸发，但同时也降低了氧扩散到卵内部的速率。[8]

没有氧气，卵就无法发育。最早的羊膜动物产生于高氧时期，这也许并不是偶然。胚胎发育受大气氧含量的影响，高氧含量可以加快胚胎发育，所以看起来似乎不可避免地，这样的繁殖策略被生活在不同海拔地区的动物保留下来。高含氧量有利于胎生。有些生物学家提出，至少对哺乳动物来说，低氧情况下不可能实现胎生，因为在同一母体内胎盘提供的氧，甚至低于动脉血中的含氧量。不过这一结论只适用于哺乳动物，它们的胚胎在氧含量、温度、水分含量都可以调节的环境中，进行大量的生长变化。爬行动物则有一套截然不同的生殖解剖学，或许低氧含量反而更有利于胎生。支持这个说法的依据有三点：第一，我们都知道生活在高海拔地区的鸟类（卵生动物）捕食高度往往会高于其能进行繁殖的最高海拔。

许多山区鸟类巢穴所处的最高海拔，都反复呈现出上述模式。巢穴所处最高海拔为 5400 米，在比这更高的地方，胚胎无法成功地发育。[9] 这至少受三方面因素的影响（因海拔高而低氧、因空气干燥而缺水、相对较低的温度），而氧含量可能是最为关键的因素。

第二，耶鲁大学的约翰·凡登·布鲁克斯（John Vanden Brooks）[199]最近进行的实验表明，取自自然环境中的鳄鱼卵，在人为的高氧水平下孵化，则其生长速率明显高于正常情况下的生长速率，比在正常大气含氧量下的胚胎对照组快了约 25%。至少对于美国短吻鳄来说，增加氧气很明显地影响了生长速率。最后，华盛顿大学的雷·休伊

（Ray Huey）表明，高海拔地区爬行动物采用胎生的比例高于低海拔地区爬行动物。

鱼类在祖先演化为四足脊椎动物的过程中，需要克服许多身体结构方面的新挑战。在陆地，它们不再有水支撑身体，必须依靠四足支撑身体进行运动。它们急待演化出一个完全不同的肩膀和骨盆，以及为适应运动所需的肌肉。同样棘手的问题还包括如何获取充足的氧气来进行持续性运动。显然，早期四足动物使用同一套肌肉进行运动和呼吸，因此它们**无法同时进行**这两项活动。然而，鱼类似乎可以轻松地进行持续性运动，也就是说鱼类可以边运动边呼吸，这就意味着氧气并不是限制它们日常活动的因素。而陆地四足动物则不然。早期四足动物的身体构造为其躯干两侧伸出四肢、形成爬行姿态做出了准备。这样的身体构造使得它们在行走或奔跑时，躯干会先往一边扭，随后往另一边扭，以这样弯扭的方式运动。左脚前迈时，右胸以及肺部会被挤压；右脚前迈时，则左侧胸部及肺部会受到压迫。

四足动物运动时，胸腔发生变形，这使它们无法进行“正常”的呼吸——每一次呼吸都要在迈步的间隔进行。这样一来，它们在奔跑时根本无法呼吸。因此，现代两栖动物和爬行动物都无法一边跑一边呼吸，由此可以比较肯定地推测，它们的古生代祖先也是如此。正因为如此，当时的爬行动物中没有短跑健将。这也解释了为什么两栖动物和爬行动物都是伏击型猎手，而不是追捕型猎手。现代爬行动物中的奔跑健将当属蜥蜴，它们攻击猎物时，最多可以冲刺 9 米。这一现象叫作卡里尔约束，以其发现者生理学家大卫·卡里尔（David Carrier）的名字命名。

200

　　　　　　　　　　　　　新生命史：生命起源和演化的革命性解读

呼吸和快速运动**不可同时兼顾**的困境，是四足动物统治陆地的一大障碍。最初的陆生四足动物，甚至在物竞天择中，不敌蝎子等陆地节肢动物——这是因为它们行动迟缓，并且需要频繁地停下来进行呼吸。这就解释了氧气含量为何如此关键：只有在高氧环境下，最初的陆生脊椎动物才有机会在陆地上成功地生存。

这一问题造成的结果之一，是早期两栖动物及爬行动物演化出了具有三个腔室的心脏。这样的心脏在现代的两栖动物及爬行动物中极为常见，这是运动时呼吸困难的动物的一种适应性。蜥蜴在追捕猎物时不能进行呼吸，因此将血液泵入肺部的第四心室是多余的。其余三个心室则将血液泵出流经全身，但是产生的代价必然就是，当蜥蜴停止运动时，需要较长时间才能使血液变得再次富含氧气。

氧气与温度，繁殖与体温调节

在这里，我们可以总结并讨论一下"影响陆生动物繁殖的可变因素"，然后试着将这些因素与氧气水平和温度的归纳联系起来。可能的繁殖策略已知有两种：卵生或胎生。卵生方式下，卵的表面覆盖着一层钙质壳，或相对更柔软的革质壳。现在所有鸟类所产的卵均为钙质壳，爬行动物所产的卵均为革质壳。遗憾的是，与钙质壳类卵相比，我们对革质壳类卵（或者称羊皮纸类卵）的氧相对扩散率的信息知之甚少。

卵生还是胎生，对陆地动物具有重要的影响。胎生产出的胚胎不会受温度变化、脱水及缺氧的威胁。但代价是母体的体积会增加，它 201 们必须摄入比成年个体更多的食物，而且变得更容易被捕食。卵生动物不存在这样的问题。不过相对地，卵内的胚胎从母体出来后就会面临一个更危险的环境，捕食者的掠食以及致命的外部环境都会提高胚胎死亡率。

密西西比纪结束之前，爬行动物已经分化出了三大独立的分支：一支孕育了哺乳动物；另一支孕育了龟类；还有一支孕育了其他爬行动物类群以及鸟类。化石记录表明，这三大类群由许多独特的物种组成。一系列相对丰富的化石记录，勾勒出了上述各群的演化历程。这里还需要对"爬行动物是什么"这个问题本身进行重新评定。根据通常的定义，爬行动物纲包括龟类、蜥蜴类、鳄类。从专业的角度来说，现在可以根据"它们不具有什么"来判定爬行动物：它们是一类不具有鸟类和哺乳类特征的羊膜动物。常被忽视的是，这三个类群都源于冰川广布、氧含量很高的时代。在这里我们假定，出身于一个寒冷而高氧的世界，会影响到这些动物的许多生物学特性。那么我们来看一看这些特征。

关于生命的历史，有着许多经久不衰的问题，其中之一就是动物体温调节的历史。动物的体温调节形式有三类：一类是内温性的；另一类是外温性的；而第三类恒温性的在本质上不同于前两类，并且与动物庞大的体形密切相关。以上三种体温调节形式的演化，一直以来都吸引着科学界进行仔细的研究（尤其是体温调节的途径），其中最具争议的便是关于"恐龙究竟是不是恒温动物"这一论题。这一论题存在争议的很大一部分原因在于：这三类调节的主要特征所涉及的生理方面或者身体部分（比如毛皮）很难变成化石。

我们知道，所有现存哺乳类和鸟类都是恒温动物，前者有毛发，后者有羽毛，正如我们所知，所有爬行类都是变温动物，它们既没有

202

毛发也没有羽毛。已灭绝的类群属于哪类体温调节形式还存在争议。我们感兴趣的是氧气浓度及典型的全球温度，是否影响远古时代各类动物的体温调节以及典型的体表特征。

爬行动物的分化

头骨上颞孔的数目，是区分上述三类主要"爬行动物"[10]的一种简便方法。无孔类（龟鳖类祖先）的头骨没有大的孔或开口；下孔类（哺乳动物祖先）的头骨有一个孔；双孔类（恐龙、鳄鱼、蜥蜴以及蛇类）的头骨有两个孔。化石记录表明，这三类爬行动物都出现在大气氧含量高的时代。[11]最后提到的这个双孔类，其最早的成员见于宾夕法尼亚系的岩石中。它的体形很小，总长约 20 厘米。从它们的起源直到氧气水平开始下降（氧气水平下降大概发生于约 2.6 亿年前的二叠纪中期和晚期），这些动物几乎没有发生多样化或特殊的演化。它们的体形依旧很小，尽管多种多样的双孔亚纲类群的演化，可能是发生在宾夕法尼亚纪末至二叠纪初（高氧时代），但这些动物本身依旧小如蜥蜴。它们并没有任何迹象表明自己是地球史上最大的陆生动物（中生代恐龙）的祖先。如果说高氧巅峰促使昆虫的体形达到最大，那么这一论断并不适用于双孔类动物。

最为迫切的问题是，双孔类动物是不是恒温动物，它们是如何繁殖的？我们没有获得任何与二叠纪期间这三类爬行动物的卵相关的确切数据，因而无从得知它们是如何繁殖的。据推测说，它们最先在陆地产下了革质外壳的羊膜卵，不过我们也不能排除胎生的可能。直到二叠纪的最后阶段，进入氧气危机（随有史以来最严重的大灭绝而臻于极致）之后很久——双孔类动物才受到激发出现了多样化，并且随后因这一多样化而闻名于世。毕竟，是它们演化出了恐龙。

双孔类动物演化出了适宜运动的体形。它们是敏捷的食肉动物。但另一支爬行类，即无孔类动物则向另一方向演化。没人会认为龟是敏捷的爬行动物，而无孔类动物后来就变成了这个：龟鳖类。在演化成龟类之前，无孔类动物曾演化成一种叫作锯齿龙的巨兽，它们身躯庞大且行动迟缓，是晚二叠世最大的已具骨骼的爬行动物之一。

然而从无孔亚纲的早期成员来看，很难预见它们会演化成行动迟缓、藏身龟壳的动物。它们原本体形更小，行动不慢，在晚宾夕法尼亚纪末生活得很顺利，不过在二叠纪生活得就比较艰难了。随着跨越半个二叠纪的漫长冰期结束，冰川消退，它们演化成体形更为庞大的物种，包括杯龙类甚至更大的锯齿龙。这些动物都是身披外壳的巨兽，当然行动也较为迟缓，食植物类为生，一直生活到二叠世。早二叠世无孔亚纲动物的庞大体形，很有可能与高氧含量相关。

爬行动物的最后一个主要分支是下孔类，它们是我们人类的祖先。如果说在宾夕法尼亚纪至早二叠世的高氧时段，双孔亚纲动物几乎没有什么演化，那么，同样的说法却**不适用**于这个时期的第三类爬行动物——下孔类动物或称"似哺乳类爬行动物"。和双孔类动物一样，最早的下孔类化石也发现于宾夕法尼亚纪的岩石中，同样也和那时的双孔类动物一样，这些哺乳动物的祖先体形小，身形及生活方式极有可能与蜥蜴相似。据推测，这些早期的下孔类动物和无孔类动物（两栖动物的前身）一样，也是变温动物。它们先后演化出了两大重要的类群：一是盘龙类，类似于早二叠世的异齿龙；随后出现的继承者是兽孔类，哺乳动物的祖先。兽孔类动物也叫作似哺乳类爬行动物。

与无孔类动物不同，下孔亚纲动物在高氧期间发生了多样化，并 204 且在氧气含量达到峰值时，成为体形最大的陆生脊椎动物。在宾夕法尼亚纪的后半期，盘龙类的外形和行为，或许与大型的巨蜥甚至是今天的鬣蜥相似，四肢向身体两侧舒展。在宾夕法尼亚纪末期，有些盘龙类的体形接近今天的科莫多龙，它们可能曾是可怕的食肉动物。在二叠纪初期，即约 3 亿年前，盘龙类至少占据了陆生脊椎动物的 70%。同时，它们的食物来源也各异。已知的三类有食鱼类、食肉类以及最早的大型食草动物。

捕食者和被捕食者，都可以长成接近 4.5 米长的体形，其中有些物种（如异齿龙），身后还长有大尾巴，这使它们看起来更加庞大。还有，它们通过改变姿态，部分地或者完全地解决了"爬行动物无法同时进行奔跑和呼吸"这一问题。下孔类动物的演化趋势是腿部逐渐挪至身体躯干的下方（而不是像现代蜥蜴那样，四肢从身体两侧向外伸展），这样就形成了一种更加直立的形态，同时消除了（或至少减轻了）蜥蜴与火蜥蜴因弯曲的步态而对肺部造成的压迫。尽管它们躯干的旁边还留存了一部分伸展向外，但程度无疑比最初的四足动物轻了很多。二叠纪中期演化出来的兽孔类的姿态已变得更加直立。

在晚宾夕法尼亚世和早二叠世，食肉动物和食草动物身上的"帆"是研究盘龙类新陈代谢的关键线索。"帆"是它们用于晨间快速升温的"装备"，通过将帆置于日光下来吸收热量，捕食者和猎物们都能够很快地暖和自己庞大的身躯，从而可以进行快速的运动。最先让身体内部暖和起来的动物，将成为猎食或逃生游戏中的赢家，自然选择因此而发挥作用。不过，由此得到的更大的线索是，在这段高氧的时间里，哺乳动物的祖先还没有演化成能够保持体温的动物，或者说没有成为温血动物。那么，第一次出现这一特征是在什么时候呢？这一革命性的突破，必定发生在盘龙类的后代——兽孔类动物身上。必须指出的是，这是一个高氧的时代，也是一个低温的时代。那段时间出现过一次大冰期，两个半球极地的大部分地区，不论是陆地还是海洋，应该都被冰雪覆盖。

205

我们对盘龙类演化的大部分认知，虽然都来自在北美发现的化石，但是这一地区的年轻河床含有的脊椎动物化石很少。向兽孔类的转变过程，在欧洲和俄罗斯得到了最好的呈现，不过即使是在这些地方，由于那个关键时期留下的化石沉积很少，所以可以了解到的也并不多。我们对下孔类化石记录的这一段认知空白，大约是从 2.85 亿至约 2.7 亿年前。两个主要地区——俄罗斯乌拉尔山脉周围地区以及南非卡鲁沙漠——向我们展示了这一类群的历史。南非卡鲁沙漠的记录起始于约 2.7 亿年前的冰川沉积物，随后直至侏罗纪期间仍有不间断的记录，让我们对于这一谱系的动物有了前所未有的认知。

兽孔类则分化成两个分支：占主要地位的食肉动物以及植食动物。约 2.6 亿年前，南非的冰川已经消退，不过我们可以推测，这一超大的泛古大陆上纬度相对较高的地区（大约南纬 60 度）依旧寒冷。这仍然是一个高氧时代，无疑高于今天，但事情正在发生变化。随着二叠纪向前推进，氧气含量不断下降。在肉食动物和植食动物中，似乎产生了两种重要的体温调节形式。大概在 2.7 亿～2.6 亿年前，处

新生命史：生命起源和演化的革命性解读

于优势地位的陆地动物是恐头兽类，这些庞大而笨重的野兽体形达到惊人的程度：虽然小于恐龙，但是无疑大于任何现存的陆生哺乳动物，也许接近大象，最大的恐头兽类肯定与大象的重量相当。譬如南非地区常见且为人所熟知的一属——麝足兽，身高达 5 米，头部巨大，前肢长于背部。它的天敌是体形大小与之相当的食肉动物。

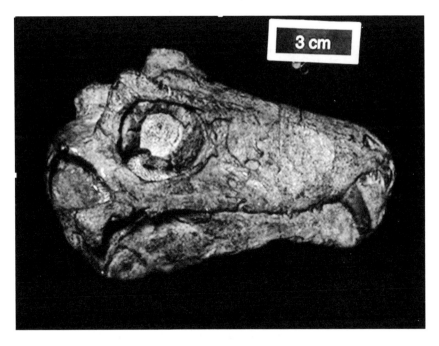

在南非二叠纪晚期沉积层中发现的丽齿兽亚目动物的头骨。（彼得·沃德　摄）

约 2.6 亿年前，恐头兽类及其捕食者遭遇了一场大灭绝（我们对

此仍知之甚少）。关于恐头兽类和它们直接的后继者——称霸陆地的最早的二齿兽类动物及其捕食者，研究数据也仍较少。这种不确定性一直存在，直到在南非和俄罗斯发现了新化石。遗憾的是，这个时期出土的化石很少，研究这一方面的古生物学家更少，因此，即使未来我们的子孙继续探寻化石，也要经过很多代的时间才可能找到答案。

二齿兽类是 2.6 亿～2.5 亿年前这段时间占主导地位的植食动物。它们在二叠纪大灭绝中几乎灭绝殆尽，我们将在下一章详细地描述它们。它们被三种肉食动物捕食：一是在二叠纪末灭绝的丽齿兽类；二是种类更为多样的兽头类；三是最终在三叠纪演化成哺乳动物的犬齿兽类。

动物的体形大小与氧气水平

大气中氧含量不断上升，史无前例地突破 30%，随之出现的是昆虫演化到**空前庞大的体形**。从晚石炭世到早二叠世，巨型蜻蜓和其
他昆虫是地球史上最大的昆虫。这也许只是巧合，但是大多数专家认为，高氧会让昆虫体形长得更为庞大，这是因为**昆虫的呼吸系统**需要通过气管，将氧扩散至身体内部，而在氧含量高时，有更多这些关键气体可以进入体形更大的昆虫体内。如果说昆虫的体形随着氧气含量增高而变大，那么脊椎动物会如何变化呢？新的数据表明，脊椎动物的体形也随氧含量的增高而增大。

2006 年，古生物学家米歇尔·劳伦（Michel Laurin）测量了多种爬行动物的头骨化石和身体化石的长度，这些化石来自石炭纪至二

叠纪期间，即大约 3.2 亿至 2.5 亿年前。这两项体形指标都与氧气水平紧密相关。随着晚石炭世氧气水平的上升，爬行动物的体形也增大；而随着二叠纪中期，氧气水平开始下降，爬行动物的体形也趋于变小。我们回过头来看一看讲述新生代哺乳动物的这一章，保罗·法尔科斯基（Paul Falkowski）及其同事对于后来的哺乳动物的研究表明，新生代早期也出现了一种非常相似的现象：在模型表明的氧气水平显著提升的同时，哺乳动物的平均体形也变大了。

　　随着二叠纪的结束，这样的变化趋势也发生在似哺乳爬行动物身上。氧含量达到最高的时候，演化出了有史以来最大的兽孔类动物（二叠纪中期的恐头兽类）。在中二叠世，氧含量开始下降，多种兽孔类的继承类群（以及最重要的二齿兽类）的头骨显示出继续变小的趋势。尽管二叠纪最晚期也生活着许多体形相对较大的物种，例如二齿兽，甚至包括食肉的丽齿兽类，但是此时许多二齿兽的体形都变得更小了。二叠纪最新的类群小头兽以及双齿兽等，身形都很小。2007 年的研究表明，从晚二叠世到早三叠世这段时间，水龙兽属在三叠纪的体形小于其在二叠纪的体形，并且在这段氧气水平₂₀₈骤降的时代，多种犬齿兽类的体形也都很小。当然也有例外，如三叠纪的少数巨兽——肯氏兽、三瘤齿兽，不过总体来说，三叠纪的兽孔类比二叠纪的小多了。我们的同仁克里斯琴·西多尔（Christian Sidor，现在在华盛顿大学）近期撰写的一篇论文证实了这一说法。由此可见，二叠纪晚期至三叠纪期间，陆生动物的体形大小与氧气水平有着密不可分的关联。在高氧时代，四足动物体形庞大，而随着氧气水平下降，其体形会变小。

生命起源专家和人文主义者安东尼·拉斯卡诺（Antonio Lazcano）在加拉帕戈斯群岛上凝视一只"低级"生物。（彼得·沃德　摄）

　　　　　　　　　　　新生命史：生命起源和演化的革命性解读

第一个哺乳动物时代

耶鲁大学壮观的皮博迪博物馆，是世界上化石藏量最大的博物馆之一，也是迄今为止收藏古生物画作最多的展馆。

皮博迪博物馆内，有两幅巨大的壁画使得宽大的墙面充满魅力。对于一代代的美国人而言，它们已成为陆地生命的标志性画作，它们就是历时三年（1943—1947 年）绘成的《爬行动物时代》（*The Age of Reptiles*）和历时六年（1961—1967 年）绘成的《哺乳动物时代》（*The Age of Mammals*）。

《爬行动物时代》的开端是黑暗的沼泽地，结尾处是霸王龙身后正在喷发的火山。《哺乳动物时代》也以丛林为开端，不过长着完全不同且为我们所熟悉的植被。综合来说，这两幅画告诉我们，两栖动物孕育了爬行动物，爬行动物随后孕育了哺乳动物。然而我们现在想要的是两幅不同的"壁画"，能够形象并准确地展示那个深邃时代的脊椎动物群。事实上，我们赞同将哺乳动物分成三个独立的"时代"（当然，我们都知道，这里的"时代"只是非正式的标签和分类，不具有科学有效性）。

第一个哺乳动物时代是二叠纪，爬行动物及其祖先下孔类的全盛时期。严格地说，它们还不是哺乳动物。不过已经非常接近了。在这段时期，其种类繁多，数量也不胜枚举；在南非，那时可多达 50 个属（因为正常的属一般包含几个或者很多种类，因此实际上种类非常多，保守估计可能有 150 种）。

今天的南非在纬度上，甚至有可能在气候上，都与约 2.55 亿年前的**冈瓦纳古陆南部的南非**差别不大。南非现有 299 种这类物种。我们能够想象，如果今天的非洲草原上，生活着的是二齿兽而非大型食草动物以及各种各样的食肉动物，包括从狮子大小的丽齿兽类到鼬大小的兽齿类，将是多么壮观。浩瀚的兽群不食牧草，而是啃食低浅、茂密的舌羊齿和蕨类植物。这就是处于第一个哺乳动物时代的非洲。

210 　　**第二个哺乳动物时代**是三叠纪后期末至白垩纪末的这段时间：哺乳动物被限制住了。它们被恐龙霸主有力地遏制着，在生态的夹缝中生存：夜晚在洞穴以及在树上。体形大小不超过一只家猫，通常还远小于家猫。

　　最后，**第三个哺乳动物时代**，也称为哺乳动物的查林格时代。白垩纪—第三纪大灭绝事件之后，源源不断地出现了很多物种，丰富了我们今天熟知的各科动物。以下是我们最为了解的故事：从希克苏鲁伯小行星惨烈撞击下老鼠一般的幸存者，到早期如雷兽、尤因他兽（一种像犀牛的野兽）等庞大生物，再到我们今天所熟知的一系列哺乳动物。

　　直至 2000 年左右，我们对于第一个哺乳动物时代的认识，还主要来自于南非的卡鲁沙漠（karoo desert）。但是在 21 世纪，克里斯琴·西多尔（Christian Sidor）收集了大量来自中非北部的新化石藏品，而在俄罗斯，人们发现了另一大套化石藏品，这要感谢古生物学家迈克尔·本顿（Michael Benton）。在第二个哺乳动物时代，哺乳动物们的体形仍然很小；直到第三纪它们才最终取得优势，就像一些曾长期被否定的继位者，终于荣登大宝，有了以自己名字命名的时代（就好像皇帝的年号）。

有人几乎要认为，整个恐龙时代就是一个大错误。如果发生一场巨大的溢流玄武岩事件的话，历史也许将会大不相同。难道 2.5 亿年前就会出现人类智能吗？毕竟，不久之前，从猿类演化成更高级的物种并没有花费很长时间。

第十二章 大灭绝——缺氧与全球停滞：2.52 亿~2.50 亿年前

南非中部的卡鲁沙漠可能会让初次到访的游客感到些许失望。每当"非洲"和"沙漠"这两个词出现在同一个短语中，通常会构成一幅撒哈拉沙漠的景象，那是非洲出了名的干旱之地，或者构成一幅克拉哈里沙漠的景象——这是另一片广大的几近不毛之地，因为它的恶劣环境——白天暴日炙烤、夜晚冰冷彻骨。在这些地方，动植物的生存状况格外困难，现存数量和种类非常之少，撒哈拉沙漠和克拉哈里沙漠的人口受限也不足为奇。很少有农牧业动植物品种能在这里培养。卡鲁沙漠和这两大沙漠不同，它没有流动沙丘，主要是一些覆有植被的岩石，这片沙漠虽然幅员辽阔，但无处不在的羊粪证明了这一引进物种的普遍存在。这里没有大象，没有长颈鹿，也没有河马、鳄鱼、水牛以及犀牛；这里有动物能够生存，并且在有些地方为数不少，但这些物种不曾在非洲记忆中占据过显赫地位。那里还有不少人居住在大牧场。因此，卡鲁沙漠并不是沙漠探访者的理想去处。不过，卡鲁沙漠所拥有的，是千百万年以来积累的沉积岩——时间从大约 2.7 亿—约 1.75 亿年前。

在大量的岩石沉积的中间，被埋藏的大型陆生动物堪称世上最佳的纪录，其中有生存在最严重的那场大灭绝（二叠纪—三叠纪大灭绝）前后的动物。从 19 世纪中期开始，一代又一代的古生物学者搜索了古河床和古河谷地层——构造了其中卡鲁地层的所在。动物死后通常会被带入河中，或者留在被袭击的水洼里，骨头陷入泥沙而被保留在那里。这片地区一直是二叠纪—三叠纪大灭绝前后到相当晚近的时代的主要化石记录地点，直到最近，我们的同仁布里斯托尔大学的迈克尔·本顿在俄罗斯东部以及华盛顿大学的同仁克里斯琴·西多尔 212（Christian Sidor）在非洲中北部的尼日尔，发掘出土了新的重要记录。[1] 但即使是这些新发现的地区，在丰富性和时间分辨度上也无法媲美卡鲁岩层提供给我们的记录——如果尚可以用"提供"这个词的话。其实，卡鲁沙漠不情愿地向我们提供了大量关于地球生命史中一段最关键时期的信息。我们必须获取这些信息，然后，尽管需要做的工作充满吸引力（哪一位古生物学家不梦想着发现一些巨大的远古猎手的头骨？例如一颗霸王龙头骨），但狂热追求这一爱好的人们依然面临着极大的困难。

从开普敦驾车到卡鲁沙漠的中心需要一整天。但是因为岩层有点倾斜，在人们朝向东北进入卡鲁沙漠中心的过程中，海拔会不可避免地上升，因此可以纵览它那以远古的中二叠世为封面、到以侏罗纪为终曲的"历史书卷"，沿路向上走。随时间变化的还有卡鲁的沉积记录，它起始于冰天雪地的时代，结束于可能是地球史上最热的时期，贯穿了数千万年，期间的大气氧含量曾降到"近6亿年前动物开始真正出现以来"的最低值。阅读这一纪录可以让人收获颇丰，有一段岩石所体现的时间，则受到了研究者的更多青睐。

这段岩石就是2.52亿～2.48亿年前的地层沉积，有数百米厚——包含了二叠纪最后的几千年（古生代也随着二叠纪的结束而画上了句号）以及2.52亿年前的大灭绝之后的几百万年。

近几十年来，古生物学家们提出了一些关于这些岩石及其中稀少却常常被保存完好的头骨、身体骨骼的重要问题。第一个问题便是，这场大灭绝历经了多长时间？大灭绝要从物种灭绝率首次超过正常的"背景"灭绝率开始算起，据估计"背景灭绝"是每五年就有一个物种灭绝；第二个问题是，这场发生在陆地的大灭绝，是否会同时伴随着海洋中的大灭绝？第三个问题，也许也是最有趣的，就是导致这场大灭绝的原因是什么？最后，了解陆地生态系统的恢复速度至关重要，因为这些距今较近的线索，也许可以提供给我们有用的信息，有助于我们将来在二叠纪那样的大灭绝中幸存，这并不是杞人忧天！

模仿21世纪耶鲁大学的古生物学家戴维·罗普（David Raup）造一个句：那些幸存的物种，是因为天赋优质基因呢？还是只是因为运气好？

二叠纪大灭绝的后果

如果说对二叠纪大灭绝的起因仍有争论的话，那么对于那个时间段，至少有一个方面是取得了共识的，那就是，遭遇灭绝之后的生态系统，发生了翻天覆地的变化，并且大灭绝之后的复生延迟了很久。

复生延迟的证据，使得二叠纪大灭绝不同于之后的白垩纪—第三纪大灭绝。尽管两者都导致了地球一半以上的物种灭绝，但白垩纪—第三纪大灭绝过后，地球恢复得相对较快。这有可能归根于两者的起因不同。十几年以来，小行星撞击地球及其撞击造成的环境破坏被认为是白垩纪—第三纪大灭绝的原因。不过，撞击后的致命环境不久就消失了。二叠纪大灭绝之后却不是这样的。正如我们在上面了解到的，尽管一些科学家认为二叠纪事件和白垩纪—第三纪的一样，都是因大型小天体撞击地球引发的，不过导致二叠纪大灭绝发生的环境，在大灭绝过后仍持续了好几百万年。直到约 2.45 亿年前的三叠纪中期，似乎才开始一些表面上的恢复。

如果始于二叠纪末的氧气减少直接或间接地、部分地导致了二叠 214 纪大灭绝，那么以上这些结果就是预料之中的了。最新的博纳曲线显示，二叠纪期间氧气水平都很低；甚至有些迹象表明，直到进入了三叠纪以后，氧气水平还是很低；更有迹象表明，它并没有触底回升，而是在三叠纪快结束时才开始上升，这也许可以解释生命的复生为何姗姗来迟。这一证据证明了**环境事件引发的灭绝一直在持续**。这样的话，如果动物面临这些致命的环境可以产生任何形式的适应性，我们可以推测，三叠纪将呈现出"大量新物种出现"的景象。这既是大灭绝导致了大量生态位空缺的影响，也是漫长的大灭绝本身导致的更漫长环境影响的结果。这就是见于三叠纪的格局：世界上遍布着外形、举止很像已灭绝物种的物种（一种生态替换），尤其是陆地上也出现了大量的怪异生物。在下一章我们将假定，后来出现的新物种中有许多发生了演化，以应对近三叠纪末直至侏罗纪的五千多万年的低氧环境。三叠纪无疑是动物适应两个完全不同世界的分岔路口，一边是高氧世界，另一边是低氧世界。

争议：撞击还是温室?

随着20世纪的结束以及21世纪的来临，二叠纪大灭绝确实得到了更多的关注，主要因为它是毁灭性最大的一场灭绝，如今已反复提到——据估计有90%的物种在那时灭绝。但是，这场灭绝有多快（这同时也是研究"它们是如何灭绝"的线索）开始成为中美两国古生物学家研究的重点，同时也是找出原因的线索。这些科学家广泛地研究中国眉山[2]附近露出的二叠纪和三叠纪厚石灰岩，地质学家们努力测量出每一沉积层相对彼此的厚度和密度，然后从这些经过精密测量的地带中收集化石。

215　每一块化石都得到了认真的鉴定，并记录了其出土的地层。古生物学家们利用了查尔斯·马歇尔（Charles Marshall）的新统计法——置信区间法[3]，可以估算出一块化石可能存在的时间范围。在中国的地质学家在找寻化石方面，近水楼台，得天独厚。中国有分散的火山，可以通过使用敏感的仪器测量铀或铅的同位素比值进行定年。近来，这个方式大多由麻省理工学院的萨姆·宝灵（Sam Bowring）[4]进行样品测定。这个团队最新的一项工作推测出，大灭绝持续不超过6万年，在2.5亿年前的岩层中求得这么精确的时间段，实在惊人！

中国科学家的努力，结合了眉山当地五个不同的地层剖面得到的结果，其采样的间隔为30～50厘米。在这些岩石中最终总共发现了333种海洋生物，种类各式各样，如珊瑚、双壳类以及腕足类、螺

　　　　　　　　　　新生命史：生命起源和演化的革命性解读

类、头足类。除此之外，还发现了三叶虫。再没有那一次研究，曾经对任何一片地层层位这样充分地取样；或者说用这样精细的工作记录如此丰富的一个动物群。

二叠纪末，海洋的诸多状况——包括广泛的证据——证明了海洋缺氧症，或者说浅海和深海氧气含量都很低。这是 1996 年由东京大学的矶崎幸夫（Yukio Isozaki）完美测算出来的，他将边界定位在被推上日本大陆的深海海床燧石上。恰在大灭绝左右，因为几乎所有生物都灭绝了，平常呈红色的燧石变成了深黑色。显然，当时缺氧非常严重，因为很多海洋生物都被相当快速地杀死，就像今天的赤潮。也有证据表明，灭绝的时代发生了全球变暖，以及在大灭绝的同时爆发了西伯利亚熔岩。

对于这场大灭绝的起因，人们有着各种各样的猜测。第一种假说是西伯利亚溢流玄武岩带来大量气体，引发了气候巨变以及酸雨。这一假说的代表人物是伯克利的古年代学家保罗·莱纳（Paul Renne）等。来自不同数据源的新信息表明，"疑似的杀戮凶手"是突然释放到大气中的甲烷。虽然还没有证据支持撞击说，但是撞击会导致大灭绝的概念仍深入人心。来自中国的新证据支持了某种"迅速打击说"。在大灭绝的众多可能原因中，人们认为只有"小行星撞击"才能在这么短的时间内造成这种集群绝灭。

世纪之交的时候，地球史学家热衷于认为地外大天体的撞击是造成大多数（如果不是全部的话）大灭绝的原因。2000 年，人们认为二叠纪大灭绝和所知的其他灭绝都不一样：地质学界仍有人推测这次大灭绝的原因是某种撞击，但看似不同于 1980 年轰动一时的白垩纪—第三纪事件（K-T Event）。二叠纪大灭绝也许是多种原因导致的，或者说是某一主要影响因素叠加其他的灭绝机制导致的。最令人疑惑的是，20世纪末至21世纪初，研究中国岩层的科学家们虽然尽力寻找，却没人能够找到与终结白垩纪的碰撞大灭绝（当时已经在许多K-T界线地点得到了很好的研究）相关的重要线索，如铱、玻璃陨石以及冲击石英。

2001年以及随后的几年里，地球化学家卢安·贝克尔（Luann Becker）带领的一支团队，报告了[5]他们关于高水平复杂碳分子伯克明斯特富勒烯（Buckminster fullerenes）的研究成果，这种物质的名字很拗口，简称为**富勒烯**。他们利用这个证据指出：就像白垩纪末的大灭绝那样，二叠纪大灭绝也来自巨大小行星撞击地球。只是这一次撞击的时间是在2.51亿年前。

这个团队所描述的富勒烯是这样的：它是包含至少60个碳原子的大分子，其构造像足球或圆顶建筑结构，因此以圆顶建筑结构的发明者——建筑师伯克明斯特·富勒（Buckminster Fuller）的名字命名。他们的假说如下：圆顶建筑结构状的碳分子将氦气和氩气封在它们的笼形结构里，这些新的撞击指标存在于二叠纪的三个不同地层中，遍布世界各地。贝克尔团队解释说，这些特殊的富勒烯起源于地外之物，因为困在其中的这些稀有气体具有不同寻常的同位素比率，因而具有类似铱的指示物作用（特别注意，这次并未发现铱）。例如，地球上的氦，存在形式几乎都是氦-4以及极少量氦-3，然而，这些在富勒烯内发现的来自地球之外的氦，几乎都以氦-3形式存在。根据作者的观点，所有这些星际物质只可能是由二叠纪末的一颗彗星撞

217

　　　　　　　　　　新生命史：生命起源和演化的革命性解读

击地球而被带到地球上来的（更准确地说，这次撞击结束了二叠纪）。

研究者宣布，这颗彗星或小行星直径为 6~12 千米，或者说大小相当于白垩纪—第三纪撞击地球的小行星。6500 万年前这颗小行星撞击的位置，位于今天墨西哥尤卡坦半岛（Yucatán Peninsula）的普拉格瑞斯（Progreso）小镇，并留下了巨大的希克苏鲁伯撞击坑。因此，二叠纪这样一次严重的撞击，**也理应**留下一个巨大的撞击坑，就像后来的希克苏鲁伯大撞击那样，于是，贝克尔的团队开始认真地寻找这个曾被忽略或掩埋的撞击坑。

两年后，即 2003 年，他们宣布在澳大利亚外海的海床上找到了一个被掩埋的巨坑。[6] 至此，似乎已可以确定"大撞击导致二叠纪大灭绝"的说法。但是随即出现了问题。对于富勒烯的解读，以及名为贝德奥（Bedout）巨坑的巨大水下结构是一个撞击坑的可能性，都还存在疑问。

科学，首先是关于重复和预测的学问。在这两点上，二叠纪大灭绝的富勒烯假说最终都无法成立（尽管很奇怪的是，2012 年上谷歌一搜"二叠纪大灭绝"，出现的第一条搜索结果就是撞击说和富勒烯）。但我们这些搜寻大灭绝原因的研究者对此的疑问由来已久，我们肯定：这个假说不可能是真的。

贝克特等人的最初研究是基于采集自中国、日本等地的样品，但后来的工作不能重复中国样品得出的成果，我们的朋友由矶崎行雄 218（Yukio Isozaki）几年前就已经表明，贝克尔在日本大阪采集样品的关键地界间隔，实际上已经被恰好位于地界间隔的小角度断层挪动了位置——地界两边的整整三个牙形石带都缺失了。但是他们所报告的氦-3 异常之处，正是位于别人（错误地）告诉他们的边界应位于的位置。这里面大有蹊跷。最终，我们在加州理工学院的同仁们证实：封存在富勒烯里的氦-3 会在一百万年内漏尽，因此 2.52 亿年后一定荡然无存。更进一步地，那个被解释成引发所有富勒烯、氦-3 及地球生物死亡的陨击坑的深层结构，最后被证实只是个大的火山口，完全无关任何小行星或彗星的撞击。

由地质学家和有机化学家组成的一支队伍，利用相当先进的工具勘测了二叠纪末和三叠纪初的海相地层。他们没有搜寻实体化石，而是提取出地层[7]里的有机残留物以搜寻化学化石，如果能找到的话，就是所谓的生物标志物。这样获得的生物标志物，只能来自一种进行光合作用的紫细菌。这种细菌只能生存在少氧、富含有毒的硫化氢的浅水中。看来，大量产生硫化氢的微生物充满了海洋——不仅是今天的黑海那样大小的区域，而是全球海洋的大部分，甚至全部。基于麻省理工学院团队最新的研究，在 2009 年之前，他们已经在分散于全球各地的十多个二叠纪末的位置发现了同样的生物标志物。[8]

关于这一最严重的大灭绝诱因的谜题，2005 年来自宾州州立大学的一支地球化学家团队给出了一个可能的谜底。世界最权威的海洋化学专家，尤其是海洋碳循环专家李·坎普赫（Lee Kump）带领这一研究队伍，同时与其长期的同事迈克·亚瑟（Mike Arthur）联手在论文中提出，二叠纪末海洋中的微生物（准确地说，一种和紫色的硫细菌不同的物种）所产生的硫化氢，直接涉及陆地和海洋中的生物灭绝。[9]

坎普赫等人发现，如果在海洋缺氧的时间段里（此时海底甚至海表也失氧），深海中硫化氢浓度上升超过临界点，原本和表面含氧海水分离的富含硫的深海海水（例如现代的黑海）会突然上升至海面。产生的可怕结果就是，剧毒的硫化氢气体通过大气泡上升进入空气。这个新上道的行星杀手将海洋灭绝和陆地灭绝联系了起来，因为硫化氢在空气中积累，达到了对在较低硫化氢含量下生存的动植物致命的水平。这个观点不仅适用于二叠纪晚期，可能也适用于地球史上其他时间，因此可能是导致大灭绝的一种主要扰动。[10]

坎普赫及其团队做了粗略计算，非常惊讶地推断出：释放到二叠纪空气中的硫化氢气体量超过了现代小通量（来自火山的剧毒杀手）的2000倍。大量的气体释放到空气中，很可能达到有毒的水平。

此外，臭氧屏障（避免生命暴露于危险剂量的紫外线的一个保护层）也遭到了破坏。确实有证据证明，这在二叠纪末发生过，我们在格陵兰沉积物中发现的灭绝时段的孢子化石证明：其随臭氧屏障的丧失而大量暴露于高强紫外线，于是引发了意料之中的突变。

如今，我们在南极洲上空的大气层看到了臭氧层空洞，那里的浮游植物生物量在急速下降。如果食物链的基础被破坏了，不用多久上层的生物也会紊乱。曾有人提出，如果来自附近的一颗超新星粒子轰击地球，这些粒子也会破坏臭氧屏障层，臭氧屏障的完全丧失很可能是导致大灭绝的原因之一。最终，由于相应的二氧化碳以及甲烷含量上升至100ppm以上，甲烷浓度的迅速提升会显著加快温

220 室增温。随着硫化氢进入大气，温室气体在破坏臭氧屏障层的同时，也在发挥作用让地球增温。结果硫化氢的杀伤力随温度升高而变强。这样一来，就引出了新颖又看似合理的另一种设想。灭绝事件应该是漫长的，或者是以脉冲形式发生的一系列短期事件，每一次都制造着杀戮。

直到现在，我们研究的都是来自岩石本身的证据。不过，还有第二种途径来阐明地球往事，就是利用一些数据构建过去的大气情况的模型。这种模型有多种，很多都试图预测未来地球大气和温度的情况。关于二叠纪，氧气和二氧化碳含量，以及可能的全球温度，都已建好模型。首先，大气中的二氧化碳和氧气的变化已经由耶鲁大学的鲍勃·伯纳（Bob Berner）计算出来。鲍勃·伯纳等人发现，在二叠纪末，二氧化碳一定曾有一次明显上升，伴随着氧气水平的急速下降。其次，坎普赫的团队从事了一项艰难的工作——研究硫化氢排放在地球各处的可能分布。为此，他们利用了全球环流模型（GCM）。

研发这些模型最初是为了理解现代天气和气候模式，但是由于二叠纪末到三叠纪这段关键时间的大陆位置、温度、大气和海洋中的氧气以及二氧化碳含量都是已知的，所以这个（模型）方法也可以应用于二叠纪。坎普赫及其团队推断，要追踪的关键元素应该是磷。它是肥料的主要组成部分，如果观测到二叠纪末的磷含量急速上升，就可以计算硫化氢气体的量，这多亏了磷含量上升的受益者——硫细菌。

硫化氢的涌现发生了不止一次，而且是反复多次，像连续打嗝泛酸水儿那样集中在世界各处沉积二叠纪—三叠纪分界地层的时期。坎

新生命史：生命起源和演化的革命性解读

普赫完成工作之后得出的消息十分不祥。这个模型不仅表明了硫化氢 ²²¹ 从海洋的何处涌入大气，而且新的计算完美地证实了早先他在 2005 年对硫化氢进入大气的量的估算值。结果是，H_2S 的量能够杀死所有陆地生命还绰绰有余，这种邪恶的物质还溶解在海水中，对生活在浅水的海洋生物也非常致命，尤其是分泌碳酸钙骨骼的浅水生物，如珊瑚、贝类、腕足类以及苔藓虫类——都是此"最大的**灭绝**"的无脊椎动物受害者。

自坎普赫等人的说法提出之后，通过大量的参考文献，包括辛西那提大学（the University of Cincinnati）的汤姆·艾格（Tom Algeo）在内的其他人，都对这场特殊的大灭绝的化学方面有了进一步的认识。[11]

海拔压缩

关于远古大灭绝的研究并不是什么新工作。实际上，在 19 世纪，地质学刚成为一门令人振奋的学科时，它最初进行的"科学"研究之一就是过去的大灭绝。然而对于我们的认知来说，其中的新研究是，我们对于微生物们在引发这样一场或多场所谓的"显生宙五次大灭绝"中所发挥的作用的理解。

然而，即使灭绝本身不是个新话题，硬币的反面（大灭绝的后果）在过去的 10 年里，也成了演化生物学和古生物学的一个重要分支。我们已经知道，大灭绝的毁灭性越强，随后的世界就越不一样，不只是刚结束时的残局（头几十万年到几百万年），还有随后的数千万年——对于一些生物谱系来说，改变则是永久性的。

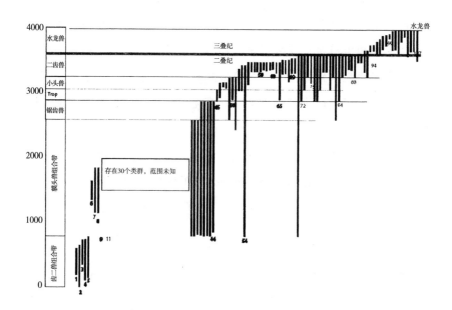

南非卡鲁沙漠脊椎动物化石的范围,约在 2.6 亿至 2.5 亿年前。每一条垂直直线代表一个脊椎动物属(基于从地层中复原的化石)。然而大部分灭绝都发生在相当短的时间间隔里,这样的模式和白垩纪末观察到的截然不同。这里展示出的灭绝看起来"污迹斑斑",这就是"温室大灭绝"——不是一次单一的灭绝,而是连续不断的几次灭绝。

新生命史:生命起源和演化的革命性解读

关于氧气水平的变化，先前有过一个未被认识到的方面，即其对物种迁徙和基因交流的影响。世界各地的山脉通常是基因交流的障碍，在山脉两边形成不同的生物群。二叠纪晚期，仅仅是生活在海平面这样的高度，呼吸就已经相当于今天在海拔 5 千米的高度——高于华盛顿州的瑞尼尔山（Mount Rainier）山顶。这样的话，二叠纪的低海拔地区更是恶劣，所以即使一些较低的山地也少有生机，除了有些耐高海拔和低氧的动物。可能导致的结果就是在海平面高度的海岸上分布着众多地方性生物群落，构成了当时的世界。

很多大陆上的高原，可能只有最耐高的动物能够在此存活下来。这和人们基于大陆位置的期望相悖：因为 2.5 亿年前，大陆都合并成了一块巨大的陆地（叫作盘古大陆），动物可以从大陆的一边走到其他大陆，途中没有大西洋的阻碍，我们本应期待，那个世界只有很少的陆地生物地理分区。然而，海拔高度会成为迁徙的新障碍。关于各种脊椎动物群的新研究表明：至少在陆地上有许多独立的生物地理区。

20 世纪末 21 世纪初，罗杰·史密斯（Roger Smith）、珍妮佛·博塔（Jennifer Botha）以及笔者沃德三人在卡鲁沙漠，及迈克·本顿（Mike Benton）在俄罗斯、克里斯琴·西多尔（Christian Sidor）在尼日尔[12]的研究成果，表明了这些分离的非洲产地各自具有大部分不重叠的独特动物群。[13]因此，在低氧的时段里，海拔便为迁徙和基因交流制造了障碍。低氧的时段因而形成很多单独的生物地理区，至少在陆地上是这样。在高氧时段里则呈现与此相反的状态：生物地理分区相对较少，有一个世界性的动物群。

氧气的减少不仅让山脉成为了迁徙的障碍，而且令晚二叠世到三叠纪期间的海拔高于 1000 米的大部分地区变得不宜生存。这种影响被称为"海拔压缩",会严重影响二叠纪低氧时期的陆地生命。因海拔压缩而转移栖息地,使得来自高海拔的物种迁向海洋或走向灭绝。这样一来,在"人口"刚有所增加的低地空间,空间竞争和资源竞争会变得激烈,并且可能引入新的捕食者、寄生虫、疾病,导致一些物种走向灭绝。经估算,在二叠纪末,有超过 50% 的地球表面由于海拔压缩而变得不再适宜生存。当时甚至可能发生了罗伯特·麦克阿瑟(Robert MacArthur)和爱德华·O. 威尔逊(E. O. Wilson)在著作《岛屿生物地理学理论》(*The Theory of Island Biogeography*)中所建立的模型效应而致的灭绝。这两位科学家注意到,多样性和生境面积有关,当岛屿或一些物种的聚集区变小,物种就会灭绝。海拔压缩通过降低陆地可用地区的功能性,从而达到同样的效果。

二叠纪大灭绝:最后一幕

关于二叠纪大灭绝的最后一部分来自于尚未发表的研究,但是,因为研究者就是本书的合著者沃德,因此把它作为二叠纪大灭绝最攸关的方面,在这里报告如下。沃德的一名研究生,弗雷德里克·杜利(Frederick Dooley)和坎普赫联合获得了一项意想不到的发现。杜利研究硫化氢对植物和一些动物的影响,坎普赫建立了一个二叠纪末海洋状况模型,其中包括在全球海洋表面可估计数量的硫化氢的量。坎普赫测出的值符合杜利当时用于单细胞海洋浮游植物以及最重要的海洋浮游动物(像小虾的桡足动物)的实验数据。这个水平不足以杀死藻类,实际上,更惊人的是,反而加快了它们的生长;另一方面,桡

新生命史:生命起源和演化的革命性解读

足类几乎立即就死掉了。如果没有以浮游植物为食的桡足类来抑制的话，这些微小的植物就会沉到海洋底部，然后腐烂，将氧气消耗得一干二净。碳同位素模式中便会产生一个巨大的振荡，并消灭所有拥有漫长的生命历史、以半浮游生物形式生活在浅海的海洋生物。结果可能会是，一颗行星在植物腐坏、几乎没有动物的情况之下缺氧窒息。总之，这就是二叠纪末期海洋中发生的事情。在陆地上，这就非常类似于"一战"和"二战"结合在一起的情景。现在，南非的罗杰·史密斯（Roger Smith）拥有关于 2.52 亿年前特殊时期南非发生的死亡和突然升温的可靠证据，然而我们 2005 年发表的关于南非卡鲁沙漠的脊椎动物的成果，仍然是关于跨越这一界线时陆栖动物灭绝的最佳记录。[14] 罗杰认为，干旱和高温本身就可以解释大多数脊椎动物的灭绝。我们主张的"世界大战"类比是恰当的：大军在沙漠中死亡，在第一次世界大战中是死于有毒的氯气。在很久以前，沙漠中的死亡是由于天空与海洋中的有毒气体硫化氢。

第十三章 三叠纪大爆发：2.52亿～2.00亿年前

　　无论是在社区大学，还是在实力雄厚的科研机构，学术界最大的乐趣之一就是同行之间的共同体意识。这种意识大多源于美国大学系统的本质。因为正式任职前需要6～7年的试工期，才会授予教职，大学教师工作的稳定性也许强于任何其他职业，与其他职业相比，大学教师的稳定性更高，周转率更低。其结果是，他们之间的关系会持续一生中相当长的一段时间。这样的大学教师系统的确很像曾经衍生出它的母系统——在与世隔绝的神学院里，僧侣们从年轻人做起，和同类人待在一起修行，度过一生。正像在旧时大修道院中的情况一样，随着年龄和智慧的增长，人们学会尊敬与听从于那些经验更丰富的人。

　　2000年前后，本书作者与加州理工学院最年长的几位理学院教授共进午餐。其中一位知名前辈，便是古今最伟大的地球化学特聘教授之一——山姆·爱泼斯坦（Sam Epstein）。山姆教授曾在"好年景"里任职于芝加哥大学。当时诺贝尔奖得主、化学家哈罗德·尤里（Harold Urey）发现了一种方法，可以测出古碳酸盐岩形成时的温度，该方法的实现是通过比较沉淀析出的碳酸盐岩中找到的氧同位素。同位素 O^{16} 的比例随稀少得多的 O^{18} 而变化，且与形成温度成比例。

山姆最终转到了加州理工学院（Caltech），投身利用大量不同的方法，精准地测量许多种类的样品。但他钟爱的似乎是远古时代的温度。愉快的午餐过后，他带着克什维克和沃德来到他楼下（当时正在拆除）的实验室。20 世纪 50 至 60 年代是山姆教授的全盛时226代，当时研究地球化学所用的仪器由手工制作和人工吹制的玻璃器皿组成。曲曲折折的玻璃器皿、导管旋转、交叉，在实验室里构成像蜘蛛网一样的玻璃墙，中间夹以来来回回的橡胶管、涂了油的精致玻璃塞——一切工艺，都由当时用自己的双手推进科学前进的工匠们完成。如今，预算削减和新一代的高新技术，已经放逐了技术精湛的工匠们。

我们走过山姆的实验室，交谈也逐渐转移到热衷的话题——二叠纪大灭绝及其可能的原因。当时，撞击假说还被认为是可能的原因之一。然而，山姆却不认同。他微笑着转向我们，告诉我们如下一段故事：他在早些时候曾采集到三叠纪最早期的海相灰岩样品，可能形成于二叠纪时赤道附近的一个很浅的海区（今天伊朗的位置）。也许是一时心血来潮，也许因为这是他钟爱的做法，山姆开始分析这些样品远古时代的温度。他说道，他吃惊地发现这些样品全都在 40℃ 以上的温度下形成，甚至有些形成温度超过 50℃——高达 104～120 °F！这些样品来自远古珊瑚，这种生物需要生活在正常盐度的水中。

第十三章　三叠纪大爆发：2.52 亿～2.00 亿年前　　　　　　　247

在死水塘和潟湖里会有这样的温度。但是腕足动物并不生活在这些地方。山姆·爱泼斯坦所发现的这些温度，不可能在今天地球上的任何地方形成。这些温度表明了在大灭绝之后的时代，主要的海洋中存在着超现实的水温。

当时已经80多岁的山姆又多活了一年，他悲伤地笑了，告诉我们，他一直没有勇气公开这些数据。任何一项对古温度的测算要想准确，都需要真正的原始样品来佐证，然而在很多情况下，即使看似没有经过再加热或接触过地下水、没有经过明显化学变化的样品，**事实上其氧同位素温度也已经发生过"重置"**，这样的"重置"通常会导致看似反常的高温。样品越古老，这作用就越普遍。不过，他还是坚信自己有证据证明，在二叠纪大灭绝后的头100万年——三叠纪的头100万年，海水温度曾超过100 $°F$。

几年后，在分析另外一个下三叠统的远古温度时，我们同样发现了看似100 $°F$以上的水。这一次的深度超过了预计的远古时代水的深度（前不久山姆·爱泼斯坦研究的三叠纪腕足动物曾经生存的深度）。和山姆一样，我们也没有发表这些结果。

懦夫得不到奖赏。2012年，一个中美联合研究组尝试去理解为什么在二叠纪大灭绝过后，海洋花了那么长的时间来恢复，他们发表了一份惊人的报告。[1]他们发现，海洋里水的温度达到了104 $°F$，陆地则达到了炙烤般的140 $°F$！和爱泼斯坦的成果不同，这次的研究囊括了对15000多个样品的分析，使之成为当今对于二叠纪大灭绝之后的环境状况的最详尽、最仔细的资料。

完成这项研究的科学家们，自然会想去推测：这样一个炎热的远古世界，究竟会是什么模样？研究者们发现，100 °F 以上，绝大多数海洋生物会死掉；而实际上，在远高于此温度时，光合作用才会基本停止。在那样的世界里，整个热带的动物们被一扫而空，复杂的生命形式仅在高纬度地区顽强存活。即使在中纬度地区，陆地动物也十分罕见。在这样的高温下，空气中会含有大量水分，应该会终年潮湿。但是仍然会是一片潮湿的沙漠，因为没有任何植物。

现在，更准确的地质年代学测定表明，这段高温的时间至少蔓延到了三叠纪最初 300 万年，并且在此期间温度有可能更高，最高温度出现在我们今天称的"斯密斯期"（2.47 亿年前一段长达 100 万年的时间段），是自从动物首次出现以来的最高温度。山姆·爱泼斯坦是对的。

我们取自欧泊溪（Opal Creek）[2] 的数据没有错，我们错在没有发表这些数据！

对多细胞动植物来说，二叠纪大灭绝无疑是一次根本性的灾难。而对于微生物，尤其是对于那些从生命伊始到演化出动物都在地球生物中占据多数派的"厌氧好硫"的微生物来说，二叠纪大灭绝更像是重返天堂。很久以后，在我们看来，二叠纪生命大灭绝不过是重演了泥盆纪末期的历史，其本身是首次上演现在所说的温室灭绝。三叠纪 228 末期注定会出现更多次温室灭绝，在侏罗纪和白垩纪会出现多次，以约六千万年前古新世的最后一次温室大灭绝为结束。但是，没有哪一次温室灭绝能像二叠纪事件这样重大，或者说能在大灭绝之后释放这么多样的生命形态。

二叠纪大灭绝为世界带来了很多新生命，但是对于我们来说，在三叠纪结束之前，有两种崭新的谱系都兴旺繁荣地发展演化着。同样意义重大的是，二叠纪大灭绝孕育了哺乳动物，还创造了形成我们的长期冤家（恐龙）的条件。二叠纪的恐龙和哺乳动物虽然是最重要的陆地动物（很少类群的名字之后能缀以"时代"二字），但是它们都是三叠纪大爆发时期的"后来者、迟到者"，当时都保持着较小的体形（尤其是哺乳动物，体形很少有超过老鼠的），绝对丰度和物种多样性方面都不丰富。恐龙时代从侏罗纪才开始，而繁衍至今的哺乳动物则在新生代才出现。

在恐龙和哺乳动物在演化舞台上"姗姗来迟（三叠纪）"之前，三叠纪的其他动植物早就组成了一套最为有趣的生物特征，古老类群的新版本和完全新晋的物种，以及从古生代存活下来之物种的截然不同的新设计，混合形成了新的阵容。这使得三叠纪成为历史上名副其实的重大转折点。在某些方面，它和寒武纪大爆发没什么不同——大量新产生的物种占满空荡的地球，正如最早的动物迅速演变出身体构造，并在最早的动物灭绝后充满了海洋，它们就是埃迪卡拉动物群。而同寒武纪大爆发相似，许多新奇的物种最终仅仅是昙花一现，在与设计更优良的生物的竞争中和捕食下走向灭亡。除了寒武纪和三叠纪，再也没出现过如此多种多样的新物种景象。最主要的原因似乎有两个：二叠纪大灭绝掏空了世界，掏空到了几乎任何新的物种都可以（至少）发展一段时间的程度。但是还有第二个关于三叠纪的新观点，或许和第一个原因同样重要或者更重要。

刚经历了最具毁灭性的大规模灭绝，三叠纪早期的生物格外稀缺。与此同时，所有的模型表明，三叠纪的很长时间内，氧气水平低于当今时代。此前，我们认为低氧时代，特别是在大规模灭绝之后的低氧时代促进了不一致：新的身体构造的多样化。这两个因素结合起来，创造了从寒武纪以来最大数量的新的身体构造，在此，我们提出：三叠纪恰好可以同创生性的寒武纪相提并论。我们将这个时代及其生物影响称为"三叠纪大爆发"。

三叠纪时代，海洋和陆地差距极大、令人咋舌。在海洋中，新出现的双壳类软体动物取代了许多已经灭绝的腕足类动物，而大量多样化的菊石类和鹦鹉螺类动物又让海洋中充满了活跃的捕食者。整整1/4的曾经存活过的菊石类动物在三叠纪的岩石中被发现，而三叠纪只占它们在地球存在时间的10%。海洋里充满了各种各样的菊石，形状和模样都是全新的（相比于它们的祖先）。这并不奇怪，因为如上所述，在所有无脊椎动物之中，这类动物具有卓尔不群的低氧适应性。一种新的珊瑚——造礁珊瑚，开始造礁，[3]许多陆生爬行动物也回归了大海。但是，身体构造的更新和实验性的**彻底改变**，发生在陆地上。此前和此后，陆地都再也没有出现过这样不同结构的多样化群体。有一些是熟悉的二叠纪类型：二叠纪灭绝幸存的兽孔目，在三叠纪早期与祖龙争夺陆地的占有权，但这种兴起是短暂的。许多种类的爬行动物为了占有陆地，而陷入了与兽孔目以及同类的激烈斗争。从似哺乳爬行动物到蜥蜴，到最早的哺乳动物：三叠纪，是一次**动物设计**方面的壮观实验。

表面看来，哺乳动物应该胜过纯粹的爬行动物。毕竟，这时的大多数似哺乳爬行动物是温血动物，或许能够比卵生的恐龙提供更多的亲代抚养（就像今天这样）；哺乳动物最终称霸世界的主要原因之一是它们的牙齿，它们无穷无尽的牙齿形态的可变化性，使它们能摄取各种食物（从小种子到草、到各种类型的肉）。但是，它们没有赢得胜利。它们的灭绝结束了第一个哺乳动物时代，推出了第二个哺乳动物时代——包含一个截然不同的哺乳动物类群。

有一项重大的变化，已经（并且将继续）让人们对所有灭绝的动物类群进行全新类型的研究。这是一场大革命，涉及信息沟通、形态特征和形象分析，以及深度文献检索。现在，我们可以建立大型数据库，然后利用微处理器技术，进行电光火石般的搜索和分析。

现在，已无需用人工精细测量每一块化石，开展工作已不再意味着一位研究者在博物馆之间单枪匹马地来回奔波。几乎每一项给生命史带来改变的新研究，都来自大型的研究员团队（最终所处理的海量数据）。现在这方面的大部分工作由机器来完成，而得到的结果能产生新的洞察。

慕尼黑大学（the University of Munich）的古生物学家罗兰·苏卡斯（Roland Sookias）和路德维希·马西米兰（Ludwig Maximilian）进行了一个这样的研究：观察三叠纪脊椎动物在陆地上生活的体形大小。

231　　在后续的工作中，他们发现：尽管二叠纪大灭绝遗留下了生态空位，但是在早三叠世，仅新出现了两种主要的身体构造，即使用四条腿的动物（四足动物）和只使用两条腿走路的动物（两足动物）。随着时长接近 5000 万年的三叠纪进步到侏罗纪，他们发现，与同类哺乳类爬行类相比，蜥蜴类发展出了大量的种类和形态（当然体形绝对要大得多，这表征了差距性）。尽管古生物学家们长久以来因细观藏

　　　　　　　　　　　　新生命史：生命起源和演化的革命性解读

品而有所直觉，不过现在首次出现了可以支持这一点的数据。

他们的研究还证实蜥蜴生长得更快，比其他类群更快地长到成年和更大体形。这种"繁殖时间"的差异，很可能是最重要的那个衡量指标。更快的增长和繁殖速度意味着：在那些体形小、生长慢的兽孔类演化占领这些结构形态和生态位之前，蜥蜴类会率先迅速适应，得以主演大型植食动物和大型食肉动物的生态角色。

问题仍然存在。在晚三叠世，恐龙已演化得很成熟，我们可以推测，它们很快就会变大——变成像侏罗纪恐龙那样的庞然大物，而且将变得常见。根据芝加哥古生物学家保罗·塞利诺（Paul Sereno）的研究，那些最早公之于众的恐龙称霸时代，没有一个是正确的。在大约 2000 万年的时间里（从它们 2.21 亿年前第一次出现到大约在 2.01 亿年前三叠纪结束），恐龙和兽孔类都相对罕见，而且体形小。[4] 在这期间，恐龙的数量可能多于兽孔类，但总体来说，它们的发展都不是特别好。我们自己得到的结论是，陆地上的动物都发展得很不好；事实上，对这些四足陆地动物来说，**返回海洋**可能是好得多的归宿，三叠纪期间，它们返回海洋的数量高于地球历史上的任何时期。

关于三叠纪大爆发的原因，传统的回答是，二叠纪大灭绝清除了大量之前在陆地上占主导地位的动物；和非灭绝时代相比，或与任何其他大灭绝相比，**二叠纪大灭绝的特色是——为创新开辟了道路**。或许还有许多陆生动物的身体改造计划最终演化到了真正高度有效的关头，甚至到了二叠纪末至三叠纪的时候，**像似哺乳爬行动物**那样已演化成熟的群体（那时的二齿兽类和犬齿兽类群）仍在试图获得那种最高效的直立姿势，代替陆地爬行动物（衍生出了各种麻烦和不利后果）的大撇腿方式。

身体构造因强烈的自然选择压力而发生演化性改变，其中最主要的是需要在一个低氧世界中获得充分的氧气，以进行摄食、繁殖和竞争。一个古老的谚语说：没有什么比迫在眉睫的死亡威胁，更能让人急中生智。当面临所有选择压力中最紧迫的压力时，演化力量也是如此。这种压力就是获得高水平动物活动所必需的氧气，而这种氧气是在二叠纪的高氧世界中演化获得的，当时没有什么比这更容易从大气中提取出来。当大气中的氧气下降了2/3，这无疑点燃了演化的导火索，并在三叠纪爆发。因此，三叠纪动物的多样化类似于寒武纪大爆发导致的海洋生物身体构造的多样化。正如我们前面所述，寒武纪大爆发之后发生了一次埃迪卡拉动物群大灭绝，当时氧气水平低于今日。后者刺激了许多新设计的产生。

三叠纪的回弹

早三叠世的定义，是2.5亿～2.45亿年前，这一段时间，在大灭绝之后的复兴之路上的进展不大。三叠纪的氧气"故事"令人震惊。从2.5亿年到2.45亿年前，氧气下降至最低水平：10%～15%，并且保持了至少500万年。同一时期内，碳同位素出现大量摆动的现象，这是非常奇怪的记录，表明了这一时期碳循环本身受到了扰动，看起来像是甲烷气体进入海洋和大气，或者是发生了一连串的小规模灭绝。这又一次地与寒武纪早期的情况惊人地相似。

所有的证据，无疑都描绘了**动物面临着一个荒凉且恶劣的世界**的画面。微生物可能生长旺盛，尤其是固硫的微生物，动物则长期处于

　　　　　　　　　　　　新生命史：生命起源和演化的革命性解读

艰难的时世之中。然而，"艰难困苦，玉汝于成"——困难正是促使动物演化最好的动力。而且在此期间，地球上的氧气缺乏催生了新的物种。这些物种活跃的呼吸系统，能更好应付氧气危机。在陆地上，有两大类生物即将登场，那就是恐龙和哺乳动物。在前者接管天下的时候，后者是预备队员。

正如我们在最后一章所看到的，二叠纪大灭绝几乎灭绝了所有陆地生物。兽孔类动物受到了严重打击。我们对于主龙类（一类解剖结构类似于鳄鱼的爬行动物）的了解要少得多。因为在二叠纪末，无论在卡鲁沙漠，还是在产生了富含大量二齿兽类化石的俄罗斯，我们都很难再看到它们了。至少在卡鲁沙漠，沃德和克什维克在南非的罗杰·史密斯（Roger Smith）的陪伴下，从所研究的最晚之二叠纪的层带中，只掘出了很少的保存良好的主龙类的化石。

即使我们尚未充分了解它们在二叠纪的祖先，我们也清楚早三叠世的主龙类形态的成功。在卡鲁沙漠，标记了二叠系向三叠系转变的地层也仅几米厚，那里有相对常见的爬行动物古鳄（又称加斯马吐龙）的残留物。这种陆地动物无疑拥有一套令人惊叹的锋利牙齿。同样是捕食者，但是和鳄鱼的腿一样，它的腿向两边张开着（比鳄鱼的体态更直立一些）。但是这样的状态需要主龙类迅速演变出更直立的后代，随着三叠纪的推进，更细长敏捷的捕食者很快取代了早期的鳄龙（例如古鳄）。234

尽管向更好的运动姿势演化的主要驱动力之一无疑是**对速度的需求**，但同样重要的驱动力可能是**能在走路的同时进行呼吸**。古鳄同蜥蜴相似，在爬行过程中身体仍然会前后摆动。正如我们之前所看到的，由于"卡里尔约束"[5]，这样的运动方式使肺部受到了压迫，"卡里尔约束"这一概念认为，腿向外伸展的四足动物因为它们身体的左右摆动冲击了肺部和胸腔，抑制了气体的吸入，所以在奔跑的时候无法进行呼吸。因此，蜥蜴和蝾螈不能边爬边呼吸，古鳄虽然不像如今的蜥蜴和蝾螈这样明显，但可能也受到了一些影响。

一种解决的方法就是把腿放在下部，但这只能解决部分问题。[6]为了真正摆脱呼吸对姿势的局限，必须广泛地改造呼吸系统和运动系统。不久后产生了恐龙和鸟类的伟大谱系，创立出一种有效和独特的适应，来解决这种呼吸问题，那就是——用两腿运动。通过克服四腿运动的姿态，它们就不用受运动和呼吸功能的约束。哺乳类动物的祖先，同样创造出了新方法，包括次生腭（能使呼吸和摄食同时进行）和十分直立（但仍是四足）的姿势。然而，这还不够符合要求。于是，演化出来一种新呼吸系统。一系列强有力的肌肉，也就是我们所称的隔膜，使强有力的吸入和呼出气体的系统**成为可能**。

除了恐龙骨骼，还有其他线索反映地球生物性质以及它们在低氧的三叠纪所面临的挑战。三叠纪大爆发的一部分原因是由于爬行动物回归海洋的多样化。许多独立的谱系发生了这种现象，原因可能系于三叠纪世界时高温低氧造成的问题。

氧气对于动物新陈代谢的运行必不可少，它维持了生命本身的化学反应。然而，在化学反应过程中，有几个因素控制着反应本身，其中最重要的就是温度。新陈代谢的速度就是生物利用能量的速度。恒温动物利用能量的速度远远高于变温动物；但是，即使同一生物，新陈代谢的速度受温度影响的程度也令人震惊。近期的研究表明，动物

　　　　　　　　新生命史：生命起源和演化的革命性解读

单单要维持正常生存，通过蛋白质消耗、离子泵、血液循环和呼吸所消耗的能量，就高达所消耗之总能量的 1/3 到 1/2。其他必需的活动，如运动、繁殖、喂食，及其他行为的耗能还要另外计算。[7] 而且随着体温的升高，所需"燃料"的供给效率也要上升。不过随着新陈代谢速度的提高，对氧气的需求也跟着提高，因为生命的化学反应依赖氧气。关键的发现是温度每提高 10℃，新陈代谢速率就提高 1～2 倍。在一个可用的氧气少于现今，平均温度却高于现今的世界，以上这些因素的影响将十分重大。

大气中氧气的含量与温度并没有直接的联系。但温度和二氧化碳有密切关联，如我们所知道的温室效应。就像我们在第三章所说的，氧气和大气二氧化碳的水平大致上是反比关系，当氧气水平高时，二氧化碳水平就低，反过来也一样。在过去的很多时代，都是低氧高碳，因此非常炎热。在低氧的炎热世界里，动物损失惨重。我们已经看到了很多应对低氧的办法。其中之一就是简单明了的方法——保持凉爽。保持凉爽的方法，有些是生理性的，有些是行为性的。

其中有一个解决方案，则同时兼具形态性、生理性和行为性。那就是——回归海洋，回归凉爽的海洋。依据其物理性质，即便是在有史以来最热的时期，海洋也是凉爽的。或许是因为这个原因，许多中生代的陆地动物以惊人的速度将脚退化成鳍足或鳍，然后返回海洋。

正如在本章中标注过的，在全球气温升高（事实上，全球平均气温可能升高了 30 华氏度）和氧气含量只有今天一半的时代，在倒退回海洋生活的动物中，四足动物的多样性也相应地增长。此前从未有过这么多物种放弃陆地回归海洋。我们十分庆幸能有这么多种类的鲸鱼、海豹和企鹅家族。这些曾为"陆地居民"的三大家族，如今展示出了它们杰出的海洋适应能力。鲸鱼和海豹共占所有哺乳类物种的2%，而企鹅仅占鸟类的1%。但在三叠纪的海洋，有远多于此的改弦更张的生物——曾经适应了陆地的动物，逆转演化出在海洋中生活的身体构造。在三叠纪时，就有了巨大的鱼龙和生活在海洋的四足动物，如盾齿龙（它们就像巨大的海豹，但不同的是，能看到钝齿很明显已经演化成了能咬碎贝壳的形态）；在侏罗纪，鱼龙仍然存在，并且演变成了长颈或短颈的蛇颈龙；在白垩纪，鱼龙逐渐消失，被巨大的沧龙取代。但以上所有这些，都有一个共同的主题：返回海洋。

早在1994年，海洋爬行动物专家娜塔丽·巴代（Nathalie Bardet）就发表了一份已知的中生代海洋爬行动物科的名单[8]，证实了存在许多海洋四足动物。令人惊喜的是，三叠纪它们竟占这么大的比例。但是，为什么会有那么多的动物能够演化出海洋生活方式呢？

当时地球上两个主导性的环境因素就是低氧和全球高温。华盛顿大学（the University of Washington）的爬行动物专家雷·休伊（Ray Huey）认为，早三叠世和侏罗纪的高温，是导致大量爬行动物退回海洋的诱因。事实上，2006年，沃德已表明，中生代氧气水平和海洋爬行动物数量两者之间，呈现出有趣的反比关系。当氧气含量较低时，海洋爬行动物所占的百分比就升高；但随着氧气含量升高，完全海生的四足动物科所占的比例显著下降。这可能并不意味着海洋形态绝对数量的下降，而主要反映的是陆地生物数量的显著增加，但是它标志了关于中生代温室地球的一种非同寻常的、新的观点。

新生命史：生命起源和演化的革命性解读

三叠纪—侏罗纪大灭绝

关于氧气随时间变化的研究，最惊人的新发现之一就是"三叠纪的氧气水平"。仅在数年之前，人们普遍认为最近 3 亿年以来，最低氧气水平位于 2.52 亿年前的二叠纪和三叠纪交界处。但是经过研究，这一低氧时间已经发生了显著的移动，现在可能更加吻合的是 2 亿年前的三叠纪到侏罗纪的交界处。因此，三叠纪不是氧气含量上升的时间，甚至也不是发生了两次氧气水平下挫的时代（一次在二叠纪末、一次在三叠纪末），我们面临的是氧气含量在晚三叠世低于早三叠世的可能性，也许海平面大气含氧量低至 10%，或者说大约是当今水平的一半。这段时间对应了三叠纪的一些主要变化：大部分的陆地脊椎动物惨遭淘汰——除了最早的恐龙。

这次大灭绝的原因一直以来都有争议。然而，我们所清楚的是，就像二叠纪一样，三叠纪—侏罗纪大灭绝是因为发生的一次浩大的溢流玄武岩事件而导致的致死性高温（这种表达既真实又形象），仅次于晚二叠世的西伯利亚暗色岩（the Siberian Traps）事件。回到大量物种灭绝的话题上来，距今 5000 万年前，物种灭绝不但关乎巨大的溢流玄武岩事件，而且关乎在空气、海洋中迅速增长的二氧化碳含量开始发挥作用。有人估计，当时大气中的二氧化碳的峰值在 2000～3000ppm 浮动，与此相比，2014 年的大气中的二氧化碳为 400ppm。

如果植物被彻底破坏，就会削弱碳循环，并改变 C_{13} 和 C_{12} 的相对比例。本书中多处讨论的对这些比较的应用（碳同位素分析），似乎成为了大灭绝的固定研究方法。直到 2001 年，才在沃德等人的一 238

份报告中发现了这次碳同位素的异常扰动，这份报告阐述的是，三叠纪—侏罗纪期间的一条沿着海岸线的地层，海岸线面朝位于不列颠哥伦比亚的夏洛特皇后群岛[9]（Queen Charlotte Islands）某岛屿上的一片古老的寒带雨林。就像之前的泥盆纪—二叠纪温室灭绝，这个新发现以 C_{13} 和 C_{12} 比例的摆动变化为特征，这是由这颗行星上各种生命的丰度、种类以及埋藏史的改变引起的。

　　同泥盆纪—二叠纪诸事件一样，这个信号似乎意味着，这场灭绝不是由撞击导致的。在报告出最早的碳同位素偏移之后不久，三叠纪—侏罗纪大灭绝属于温室灭绝"一系"这种结论，便遭到了另一种发现的短暂挑战。哥伦比亚大学的保罗·奥尔森（Paul Olsen）和同事们宣称，造成三叠纪—侏罗纪大灭绝的原因，事实上是**庞大的小天体**撞击地球，这一宣布令媒体舆论大哗。这似乎提供了一种良好的对称，所谓败也萧何，成也萧何——被一颗小行星结束的恐龙时代，看似是被 1.35 亿年前的另一颗小行星所开启的！至少看似如此。奥尔森在新泽西州纽瓦克市地区（地球上三叠纪末、侏罗纪初恐龙足迹种类最多的地方）发现了撞击的证据。恐龙和大灭绝相伴随，刺激了新闻界人士大量报道的欲望。

239　　奥尔森和同事们报告道：新泽西州的三叠纪—侏罗纪界线层出现了一次铱元素反常。正是这一次反常于 1980 年首次提醒了阿尔瓦雷茨（Alvarez）团队**白垩纪末大撞击**的可能性：铱成为了撞击证据的**金标准**。然而，从这里开始，两种研究就变得大相径庭了。阿尔瓦雷茨团队在意大利边界的物理证据和地球化学证据后，接着追加数据，证实海洋微小生命的大灭绝和大撞击是同时发生的，而奥尔森根据三叠纪事件的物理证据和地球化学证据所写的论文，得到的结论却恰好相反：他们发现，不能说大撞击毁灭了大部的生命；相反，大撞击看来起到了生态施肥的作用，引发了更多而且更庞大的生命！

　　奥尔森团队的采样来自于陆地沉积层（更准确地说，是陆地上的溪流和浅湖泊），他们研究的"化石"是足迹，而不是身体部分的残余。然而，尽管这两方面有惊人的差别，但奥尔森等人的结论是一致的：一颗巨大的小行星撞击了地球（这一次大约是在 2.0 亿年前三叠纪、侏罗纪之交），并且和白垩纪—第三纪事件一样，影响了恐龙。不过他们的主张重点在于——这次大撞击消灭的是恐龙的竞争对手，导致了恐龙种类和体形的增加。不同于卢安·贝克（Luann Becker）对于二叠纪大灭绝的研究工作和方法都"实行保密"的做法，保罗·奥尔森带领所有关注的人，造访了在市区露出地面的岩层。许多当时从事大灭绝研究的专家，都参加了那次旅行。

　　奥尔森的样品中含有铱元素，和贝克的研究不同，他的发现得到了各类实验室的证实。不过，仅是关于铱元素的发现，并不足以使他的成果刊登在《科学》这一著名的科学期刊上。奥尔森及其同事从新泽西州的岩石中又找出了一系列完全不同的证据。在与铱产生的年代相当的大量出露的岩层，奥尔森和研究组成员在足迹中观察到一个明显的改变。两百多年来，为当地居民熟知的那些漂亮的三趾足迹，在数量、大小以及形状多样性上都有提升。

　　有人可能会认为，三叠纪—侏罗纪大灭绝后，沉积的地层里发现的足迹，数量会更少（代表周边动物数量少）、种类会更少（代表物种多样性更低）、尺寸会更小，因为我们从小行星撞击导致白垩纪—

第三纪大灭绝这一事件中得到的一个教训就是，大撞击对于大型动物来说尤为致命。在白垩纪末，没有恐龙（或与之身材相当的爬行动物和似哺乳爬行动物）走向灭绝，但是却有很多恐龙大小的动物因白垩纪—第三纪小行星大撞击而灭绝。如果让三叠纪画上句号的是一次大撞击，那么在侏罗纪最早期岩石中发掘的足迹应该会数量更少、种类更少、尺寸更小。但我们对这三方面的证据研究发现：恰好相反，足迹数量更多了，种类也更多了，并且很多足迹更大了，远大于三叠纪最大的足迹。正是这个和铱的发现不相上下的证据，说服了《科学》——这篇研究论文的分量足够登上这本期刊。

240

和一年前卢安·贝克发表的成果一样，奥尔森等人 [10] 在《科学》刊登的论文细节都经过了细致的考察。两位解读地质沉积的专家——加州大学洛杉矶分校（UCLA）的弗兰克·凯特（Frank Kyte）和亚利桑那大学的戴维·金（David Kring）都认同**铱的发现明确证实了那场大撞击**；并且都指出，奥尔森团队从各处报告的铱的量，几乎比每一处白垩纪—第三纪分界线处发现的都要至少少一个数量级。没错，是有某个东西坠落在了地球上，但是它很小——很可能小到无法导致三叠纪末那样大的灭绝。因此，虽然三叠纪末撞击的证据比二叠纪末的可信得多，但是基于这个新证据，我们还是很难相信**三叠纪灭绝**是**白垩纪—第三纪事件**那样的撞击灭绝。

魁北克确实有一个大陨石坑，名为曼尼古根陨石坑（Manicouagan Crater），是地球上最大的可见环形山之一，直径约 100 千米（对比一下：希克苏鲁伯陨石坑直径约 180～200 千米），年龄也一直被认为是恰到好处—— 2.1 亿年左右，恰好在三叠纪—侏罗纪之交。放射

　　　　　　　　　　　　新生命史：生命起源和演化的革命性解读

性衰变技术表明，三叠纪在约 1.99 亿年前走到了尽头。2005 年，这个数据被轻微地调动到了 2.01 亿年前。并且不仅是三叠纪—侏罗纪往前推了一点，曼尼古根陨石坑的年龄也增加了。更准确的数据将其年代定在了 2.14 亿年前。

我们在夏洛特皇后群岛做研究的目的是研究三叠纪—侏罗纪灭绝，以及在估计年龄为 2.14 亿年的岩层中搜寻在那之前已经灭绝的任何可能的化石。20 世纪末，对这条"死亡曲线"的评估预示，能造成曼尼古根这样大的陨石坑的撞击，会轻易毁灭地球上 1/4 至 1/3 的物种——但我们没有找到这种大灭绝的痕迹！是我们高估了小行星撞击的杀伤力吗？

三叠纪的暗夜

21 世纪的早些年，耶鲁大学地球化学家罗伯特·伯纳大幅度改善了其复杂电脑模型的分辨率，这个模型用于估算过去 5.6 亿年间的任一个 1000 万年时间段的氧气和二氧化碳的量。他得到的结果表明，低氧时代或氧气水平骤降的时代，和大灭绝事件之间，呈现出惊人的匹配。

原因存疑的所有这三次大灭绝事件，都表明地层沉积形成于低氧环境之下。[11] 在这样的环境下，地层通常会变黑（因为它们含有矿物质黄铁矿和其他硫化物，据称这些硫化物是还原态的，来自于仅在缺氧情况下发生的化学反应）；第二条线索是这些时代的岩石为单薄层，或甚至是由薄层叠成的，它们的地层通常呈现出脆弱的沉积结构。因为大量的动物挖掘泥土，所以说寒武纪以来沉积在海洋中的大部分地层都受到了无数无脊椎动物所谓的"生物扰动"，这些无脊椎动物摄取了水体底部的沉淀物，以滤食其中的少许有机物。良好的层理只有在没有动物或是动物稀少的环境中才会出现。通过建模、岩石矿物学（表现为颜色）以及沉积层理三条途径的研究，很明确地得出：二叠纪、三叠纪和古新纪灭绝，都发生在一种低氧环境。

20世纪90年代末和新世纪初的新发现表明，尽管当时地球大气中氧气水平可能较低，但大气的另一成分（二氧化碳）却很高。与低氧的证据一样，二氧化碳证据也来自伯纳的模型，以及来自保留在岩石中的记录，更精确地就本案来说，是来自化石记录。遗憾的是，其实并不存在测量过去任何一段时间里存在的二氧化碳精确体积的方法。二氧化碳不能使岩石变色或影响层理。不过，一些非常聪明的方法是，转而研究植物叶化石，结果实现了对二氧化碳相对测量的一项重大突破。比如，利用这个方法，古植物学家就能够判定在100万年里二氧化碳含量是在上升、下降还是不变。此外，这个方法还能测定出**相对**于某些基底水平的观察，这些水平要高多少倍或低多少倍。

捷报频传，不断取得出色的突破证实了这种二氧化碳测量方法既灵活又简单。研究现代植物叶片的植物学家们，在培育植物物种的封闭系统内进行试验，系统内的二氧化碳可以相对我们的大气（这些实验首次进行时大约为360ppm）升高或是降低。结果表明，植物对二氧化碳含量高度敏感，因为即使是大气中微量的二氧化碳也是它们的碳源，而碳是构成生命的重要成分。它们主要通过叶片上叫作**气孔**的、通向外界的微小孔洞获得二氧化碳。在高含量二氧化碳下生长时，植物会产生较少的气孔，因为即使少量气孔，在高含量二氧化碳下也已足够。然后，研究者们急切地去研究化石记录；在叶化石中果然轻易地发现了气孔。这个结果证实了鲍伯·伯纳模型的结果。

在二叠纪末和早三叠世，叶化石呈现出少量气孔。二氧化碳在这三个时代都格外地高。此外，二氧化碳不仅含量高，而且上升快，其飙升速度要用数千年（而非百万年）这种数量级来衡量。

这两项结果给出了一个关于大灭绝的**全新观点**。两次大灭绝都发生在因短期内二氧化碳（根据另一系列证据，或许还有甲烷）急剧上升而快速升温的世界。除了炎热之外，这还是一个低氧的世界。高温、低氧的环境和大灭绝"不谋而合"。尽管现代的温室不是低氧环境（恰恰相反，通过光合作用形成的是高氧环境），但它们是因为覆盖整个构造的玻璃板的温室特性而升温很快的地方。阳光穿过玻璃板进入温室，可是当阳光以光波和热量的形式辐射回来的时候，温室的 243 玻璃板便困住了能量，这股能量加热了空气，很像二氧化碳、甲烷和水蒸气分子所做的事情。

热量对任何动物而言都是危险的。所有动物能承受的最高温度，甚至都不及沸水温度的一半。几乎所有的动物都会死于 40℃，最能承受的也会死于 45℃。正如大家都听到过的、时常发生的令人痛心的悲剧事件——大晴天把孩子遗忘在汽车里，导致孩子死亡——快速升温可以是致命的。生理系统的这两个方面（可利用的氧气量以及热量）的结合，使得结果更加致命：温度上升则动物需要更多的氧气。

在这三次大灭绝之中，三叠纪—侏罗纪的二氧化碳上升数据尤其惊人。芝加哥大学的古植物学家詹妮·麦克尔韦恩（Jenny McElwain）在20世纪的最后几年，踏入格陵兰岛的茫茫冰雪，到危险、苦寒的地表出露处采集岩石。结果毫无疑问地表明，低氧世界里突如其来的二氧化碳上升迅速终结了三叠纪。

渐渐地，三叠纪的模样看起来开始类似于二叠纪末的情况。不同的则是，白垩纪—第三纪灭绝事件是突如其来的，而且席卷每一片动植物群。但是，这些芸芸众生似乎没有一个能在生态或演化方面感知到或"预见到"这一场灭绝。与此不同的是：在三叠纪末，除蜥臀目恐龙外，每一个类群在三叠纪—侏罗纪大灭绝前后都经历着尺寸缩减（或者充其量是维持大致平等的多样性），就好像**它们提前知道了艰难时代即将到来**，小体形会更容易适应。

拥有最简单的肺的物种（两栖动物和早期演化出来的爬行动物）遭遇最为惨重。很多三叠纪早期很成功的类群，例如植龙类，遭到了灭顶之灾。两栖动物和节肢动物很可能拥有仅靠肋部肌肉组织就能鼓起来的非常简单的肺。当时的哺乳动物和高级的兽孔类很可能拥有靠隔肌膨胀的肺，这样就会好一些，但是鳄类可能是因为只靠肺部吸气，就比较困难了。蜥臀类的成功也许归因于很多因素，如食物的获244 得、耐热性、对捕食者的躲避、繁殖的成功，但我们的结论是，这个物种有一项独一无二的优势：具有一个隔膜丰富的肺（具有很多微小皮瓣以增大表面积），这种肺比其他谱系拥有的肺都要有效，并且在三叠纪—侏罗纪大灭绝前后的低氧世界里，这样的呼吸系统赋予了它们极大的竞争优势。在这种情况下，蜥臀目恐龙接管了三叠纪末的地球，并因其杰出的活动性水平，很好地维持着优势，直至侏罗纪。

　　　　　　　新生命史：生命起源和演化的革命性解读

我们现在知道，在中三叠世至晚三叠世，众多爬行动物身体构造之中，面对着其他类群保持不变（或更普遍地说，类型减少）的情况，只有蜥臀类恐龙一枝独秀地进行了多样性演化。我们还知道，氧气在晚三叠世达到了 5 亿年来的最低水平。蜥臀类的某些物种在低氧世界提高了它们的存活率。地面的实际情况表明，漫长又缓慢的氧气下降状况，在三叠纪大灭绝时达到了极致，不过这次灭绝确实是祸不单行的两个事件，之间有 300 万～700 万年的间隔。

在陆地上，**极少有地方能发现这个时间段丰富的脊椎动物化石**。我们真的不清楚脊椎动物灭绝的模式以及海洋中大灭绝的模式，也不清楚这次大灭绝的主要受害者们——植龙类、鹰龙类、原始主龙型类、兽孔目的三瘤齿兽类以及其他大型动物的消失有多快。然而，到了海洋里大量出现华丽的侏罗纪菊石类、在早侏罗系的岩石中遗留下焕然复兴的丰富记录的时候，恐龙已经赢得了这个世界。它们拥有的是什么类型的肺？只有一样是确定的：它们拥有的肺和呼吸系统能够应对"地球上动物产生以来**最严峻的低氧危机**"。

对此的一种新观点是，蜥臀类恐龙的灭绝率低于所有其他脊椎动物类群，因为它们强大的呼吸系统**极具竞争力**——这是第一种气囊系统。蜥臀类竟然跨越了大灭绝的分界线，在数量上扩张发展。这一项事实，在纷纷万事之中，最为惊人。

第十四章 低氧世界的恐龙霸权：2.3 亿～1.8 亿年前

拜《侏罗纪公园》系列电影热映所赐，"侏罗纪"一词，如今已经不可逆转地绑定了恐龙和恐龙公园。但事实上，真正的侏罗纪世界，一点也不像那三部越拍越烂的电影中所呈现的那样。电影中随处可见被子植物或我们熟悉的开花植物，然而事实上在侏罗纪，这些植物尚未演化出来。实际上，我们甚至无法描述出一个"侏罗纪"世界，因为侏罗纪从其早期到晚期发生了彻底的变化（从 2.01 亿年前到其约 1.35 亿年前最后的滞留期）。起初，这是个凋敝不堪的世界：它又一次经历了大规模灭绝，连珊瑚礁都没有，当时恐龙的数量仍然较少，种类稀少并且体形较小；在如此低氧的环境下，昆虫几乎难以飞行，但这没关系，因为能够捕捉它们的、会飞行的脊椎动物，同样付诸阙如。但是，这种情况在接下来相对较短的时段内（以地质时期而言）就发生了改变。

到侏罗纪末期，有史以来最大的陆地动物盛极一时：恐龙成为霸主，君临天下，主宰着所有生物；而体形较小的原始鸟类和更小的原始哺乳类只能苟且偷生，寄身于最卑陋的"地段"。起初，海洋如此空旷，以至于叠层石卷土重来，并且大型鱼类和食肉动物确实十分稀少。

而到了侏罗纪末期，海洋已经变成了异常富饶的家园，里面居住着各种各样的海洋生物：长颈的爬行动物蛇颈龙类、像海豚的鱼龙，以及壮观的原始鱼类——类似于现代的雀鳝和鲟鱼（体表都覆盖着奇怪的盔甲）——成长于有着广袤的珊瑚礁、充满了各种各样菊石类及它们长得更像鱿鱼的近亲箭石类的海洋中。菊石种类繁多，从表面光滑的到有棱纹的；其形状也多种多样，从早期的平旋壳到侏罗纪末期菊石特有的带有轻微弧形的锥状体。至今为止的最大菊石，来自于不 246
列颠哥伦比亚芬尼镇地下的侏罗纪岩层中，其生前直径接近 8 英尺，重达半吨。然而，科学家们在研究这个最具代表性的史前时代的时候，发现了一件奇怪的事：大多数生物相继灭绝，并且没有后来者取而代之。

可以说正是因为侏罗纪，地质学才会成为一门现代学科。威廉·"地层"·史密斯（William "Strata" Smith）于 19 世纪早期，第一次编绘了侏罗纪地层图表，也正是侏罗纪地层验证了可以用化石来关联相隔遥远的地层。正是来自侏罗纪地层中的菊石，给达尔文提供了证明演化论最著名的例子。关于这一时代，请参见本书的第一章，这里一如既往地推荐英国科学史学家马丁·S. 鲁德威克（Martin S. Rudwick）的历史著作。

和所有大规模灭绝时代之后出现的一样，侏罗纪出现了物种的短期爆炸式演化，这类时段被称为恢复期。在每个恢复期之初，都只有从大规模灭绝中侥幸存活下的少量物种，但是恢复期仅仅经过500万～1000万年后就结束了。然而，在灭绝之后，物种多样性总会再次上升。各种新的动物和植物组成了庞大的、不同物种的集合。在大多数情况下，这些物种在复苏时期会再度演化，但在某些情况下，它们在大灭绝之前本就稀疏地存在，艰难维生，族群数量和生态地位却在新世界中都得到了爆炸式的发展。早侏罗世也不例外，从恢复期的"种子"开始，逐渐演化形成了一套伟大的海洋生物的新组合，包括大量的新类型软体生物，海洋爬行动物以及许多新型硬骨鱼。但是，侏罗纪（或之后的白垩纪）并非因为这些海洋动物而闻名。那三部顶着**侏罗纪**名头的电影大片，也并非以海洋生物为特色。公众们想要的，并仍然想要的，只有一类生物。

恐龙

247　壮哉恐龙，青史留名。要写一部"生命的历史"，必然要投入长篇大论描写恐龙。然而，鉴于本书求新的宗旨，似乎在一开始就不能指望我们大写特写恐龙，因为这里所叙述的历史含有一个特质——新。过去，人们曾经如此大肆地描写这些"大洪水之前的大蜥蜴"（维多利亚时代的人们对它们的认识），以至于在这本书动笔之初，似乎不可能写出关于它们的任何新鲜内容。因此，当我们发现"事实上新的研究结果纷纷扰乱了21世纪的科学记录"，这些就构成了一个非常令人惊喜的意外发现。非专业人士对恐龙的问题通常聚焦于三个方面：它们是不是温血动物，它们如何繁殖与筑巢，以及它们最终是怎样灭绝的？但是，还有其他有趣的问题，也许是最有趣的问题：到底为什么会有恐龙，或者为什么会出现恐龙这种身体构造？这反过来关系到它们如何进行呼吸的问题。我们在这里将讨论的第二个问题也与它自己的呼吸方式有关：关于从恐龙演化到鸟类的故事有什么新发现吗？结果，我们看到，有许多新发现，其中大部分来自中国。南极也有发现，本书作者就曾见证。最后，新世纪的发现为恐龙生理学中最基本的两个方面提供了关键信息，为"恐龙是不是温血动物"这一长久的谜题提供了明确的答案，并在恐龙的典型生长速度上有了新的发现。这些新数据也提供了一个有趣的研究方向，将我们带回到恐龙和"真正"的鸟类之间的差异问题上，不仅仅是鸟类恐龙，而是指具有现在鸟类全部特征的物种。

为什么曾经有恐龙？

为了讲述恐龙的新历史，我们必须追溯到三叠纪—侏罗纪大灭绝（这次大灭绝是结束上一章的主题）之前几百万年的时代。恐龙是侏罗纪和白垩纪的真正统治者。不过在三叠纪时，它们只是一种种类稀少、数量较少的脊椎动物，试图在低氧环境下艰难维生。然而，生命的历史似乎真的反复证明，其主导主题之一是，时代危机促进新的创造。种群的多样性仍然较低，但不同的是——就恐龙的情况而言，完全不同的身体构造和解剖结构的数量猛增。一个类比出自汤姆·沃尔夫（Tom Wolfe）精彩的《太空先锋》（*The Right Stuff*）一书。书中描述了在 20 世纪 50 年代后期，开发新型喷气式飞机时，试飞的结束常常是短暂而剧烈的。试飞员迟早都会发现自己正处在要命的俯冲

248

中。但沃尔夫这样描写飞行员的反应：很冷静地按步骤处理：尝试方法 A，错；尝试 B；试试 C；尝试方案……在最后的三叠纪世界，许多生物就像是那些故障的飞机，而演化就像是飞行员，尝试一种形态，然后另一种形态，再一种形态……用这个类比来说，恐龙就是这样摆脱了低氧带来的死亡阴影，晚三叠纪生物圈通过不断演化，最终拥有了有史以来最复杂、最高效的一套肺部系统。

大约 2 亿年前，在二叠纪大灭绝后仅 5000 万年，三叠纪又以一次大流血而告终。正如我们在上一章了解到的那样，在陆地上生活的许多谱系都遭受了这次灭绝，只有蜥恐龙毫发无损地渡过了这次劫难。结束三叠纪的大灭绝不仅仅发生在陆地，还摧毁了大部分幸存的隔室头足类动物，不过在早侏罗世，它们分化形成了三个伟大谱系：鹦鹉螺类、菊石类和箭鞘类。造礁石珊瑚礁再次繁荣，大量的平贝占领海底。属于鱼龙和新蛇颈龙家系的海洋爬行动物，再次成为顶级食肉动物。

陆地上恐龙兴盛，体形和数量俱减的哺乳动物成为陆地动物的一小部分，但在白垩纪接近结束时发生显著的辐射演化，构成了许多现代的目。在侏罗纪后期，恐龙中演化出了鸟类。这是众所周知的，这本书的主题和目标不是写出那种修修补补的历史。相反，让我们看一看侏罗纪氧气的记录，并与《侏罗纪公园》里恐龙的数量和种类做一个比较。

关于恐龙的问题，问的最多的大概是"它们是怎么灭绝的"，这是因为它们能广泛吸引大众的兴趣，并且相当具有轰动性。阿尔瓦雷茨团队在 1980 年提出了假说：6500 万年前地球曾被一颗小行星击中，由此对环境造成了影响，相当突然地导致了白垩纪—第三纪大灭绝，最大的受害者无疑是恐龙——这已成了大众意识里最重要的问题。然而，随着新发现的出土，这场论战每隔几年就硝烟又起。于是，这个问题的地位甚至取代了"恐龙是不是温血动物"。顺着关于恐龙的问题清单，出现了与恐龙灭绝完全相反的问题，不再是"恐龙为什么灭绝？"，而是问"起初为什么会演化出恐龙？"我们明确知道的是，它们在三叠纪进行到2/3的时候（约2.35亿年前）首次出现，以及这些早期恐龙的外貌很像后来的标志性恐龙——霸王龙和异特龙的缩小版。两足的形态迅速地变大。鲜为人知或者说有些人的确知道但从未考虑过的是，2.3亿年前的氧气含量已经接近自寒武纪以来的最低水平。

历史上为什么会有恐龙？现在，可以从多个方面来解答这个问题。恐龙的存在，是因为曾经的二叠纪大灭绝为新物种的形成打开了大门；是因为它们拥有的身体构造能使其非常成功地生存在三叠纪的地球上。但是，这些笼统的概括可能都没有一针见血。芝加哥大学的古生物学家保罗·塞丽诺（Paul Sereno）曾发掘出最古老的恐龙的部分化石，并且把它们的支配地位作为了主要的研究对象，他以一种不同寻常的视角看待这些恐龙的出现。他在1999年对《恐龙的演化》（*The Evolution of Dinosaurs*）的评论中写道："现在看来，恐龙在白垩纪末的灭亡，以及被真兽亚纲哺乳动物所替代，正像恐龙在三叠纪快结束时称霸陆地一样，只是偶然和机遇。"塞丽诺接着提出，最早的恐龙们出现之后的辐射演化速度较慢，而且缺乏多样性。这样的模式**不像**一个新兴的、明显成功的身体构造首次出现后的常规演化模

式。通常，许多新物种会利用演化创作的新形态，在短时间内爆炸式
250 地产生很多种新类型；恐龙却不然。塞丽诺后来又说道："恐龙的辐
射演化始于 1 米长的两足动物，与真兽亚纲哺乳动物相比，它们的演
化速度更缓慢，适应范围也更狭窄。"

千百万年来，恐龙和其他陆地脊椎动物的物种多样性都相对较
低，塞丽诺等人一直认为这一项发现令人费解。但是现在已可以回答
这个问题：地球上动物生命的历史，反复表明了大气中的氧气关乎动
物多样性和体形大小：低氧与高氧的时间段相比，动物的平均多样性
较少，并且体形较小。同样的关系似乎也适用于恐龙。沃德 2006 年
的著作《来自稀空》（*Out of Thin Air*）是明确地将恐龙体形与随后的
巨大化用**氧气水平**联系起来的第一部文献。

如果恐龙的多样性确实依赖于空气中的含氧量，那么，晚三叠
世极低的大气含氧量就轻而易举地解释了自恐龙在三叠纪最早出现之
后，多样性长期低迷的原因。

低氧时代许多物种灭绝了（同时刺激了新的身体构造的试验，以
应对艰难的时代）。对比最新的三叠纪至白垩纪**大气含氧预估量**与
同时代最完整的**恐龙多样性的汇编**，就可以看到支持这篇论文的论
据。而后者，于 2005 年由古生物学者和沉积学者大卫·法斯托夫斯
基（David Fastovsky）及其同事发表，表明从三叠纪后半期到侏罗纪
前半期的第一恐龙时代，恐龙的属大致保持不变。直到晚侏罗世，恐
龙的数量才开始明显上升，而且这个趋势一直延续到白垩纪末，仅在
晚白垩世初期有过轻微的增长停滞。晚白垩纪（8400 万至 7200 万年
前的坎帕期）的恐龙数量是三叠纪至晚侏罗世的几百倍。那么，这个

　　　　　　　　新生命史：生命起源和演化的革命性解读

大增长的原因是什么呢？这种关系表明，氧含量在决定恐龙的多样性中起到了一定的作用。从三叠纪末至侏罗纪的前半期，恐龙数量稳定并且较少，大气含氧量也是如此（同现今相比）。侏罗纪时，氧气水平逐渐增长，在后期增长到15%～20%。从那时候开始，恐龙的数量才真正开始增加。氧气水平在白垩纪平稳地增长，恐龙的数量也是如此，晚白垩世（真正的恐龙全盛时代）见证了恐龙数量的巨大增长。氧气急剧增长的侏罗纪末，也是恐龙体形增长的时代，最终在晚侏罗世至白垩纪，出现了已知最大的恐龙。

当然，还有很多其他的原因造成了白垩纪恐龙的增长。比如，在白垩纪中期，被子植物的出现引起了植物的革命；而至白垩纪末期，显花植物已经广泛代替了侏罗纪的优势物种——松柏类植物。被子植物的兴起创造了更多的植物，并且引发了昆虫的多样化。在整个生态系统中有更多的可利用资源，而这可能也成为了触发物种多样性的一个扳机。然而，氧气与多样性及体形大小之间的关系，在许多不同种群的动物中一遍又一遍地上演，从昆虫到鱼，到爬行动物，再到哺乳动物。为什么不能也在恐龙中上演呢？

恐龙演化自晚三叠世氧气低点（在10%～12%之间，相当于现在海拔4500米处的氧气水平）期间或紧接氧气低点之前，该时期的氧气水平是过去5亿年来的最低值。我们已经看到，许多其他的动物改变身体结构以适应极端的氧气环境，恐龙也一样。恐龙的身体结构完全不同于更早期爬行类动物的身体结构，而且恐龙几乎出现在一个致命热度（全球高温）同时氧含量最低的时代。也许这只是一个巧合，但因为可以根据生命在低氧条件下的适应力来解释"恐龙性质"的许多

方面，所以似乎不可能是巧合。最初恐龙的身体结构（由最早的蜥臀
252 目恐龙演化而来，比如南十字龙和稍微年轻一些的、长得很像野兽的
艾雷拉龙）部分是为了适应当时的低氧环境，从中我们可以得出结论：
恐龙最初的两足身体结构，是为了适应中三叠纪的低氧环境而演化形
成的；两只脚的形态使得最早的恐龙克服了卡里尔约束强制带来的呼
吸限制问题。因此，三叠纪的低氧环境引发了原始恐龙新的身体结构
的形成。

　　我们完全误解了栖息于海平面氧气含量只有10%的世界意味着
什么，三叠纪最后的2000万年都是如此。这是在华盛顿雷尼尔山
（Mount Rainier）山顶发现的氧气水平。这是夏威夷最高火山的顶峰
的空气总量，在那里，巨大的凯克天文台（Keck Observatory）凝视
着太空，在这个含氧量如此低的地方，天文学家可以快速地体会到
"低氧会造成身体乏力和头脑迟钝"。均变论原则在这里让我们失望
了，因为利用海拔高度去更好地理解低含氧量的方法在许多高度水平
都失败了。因为在高空，不但氧气水平更低，而且所有的气体浓度都
更低。其中一种气体便是水蒸气，而这会对处在高海拔的鸟蛋产生实
质的影响。然而，低氧是当时陆地动物演化最重要的限制条件，必须
存在一种主要的适应如此低氧环境的方式。这种适应方式确实存在。
被我们称为"恐龙"的最早的恐龙，全是拥有新型的肺和呼吸方式的
两足动物，成为了有史以来在低氧环境下最有效率的陆地动物。那些
生存下来的，我们叫作鸟类的生物，也保留了这一项卓越的技能。

　　化石记录表明，最早的恐龙是双足行走的，它们源自三叠纪略早
时更原始的两足行走主龙型类。这些主龙型类也是孕育鳄鱼谱系的祖

先，它们要么是温血动物，要么正在往温血动物的方向演化。我们发现这个群体里再次出现了两足动物的身体结构，而在早期，甚至出现过两足的鳄鱼。为什么用两足运动？"两足"又是如何成为低氧环境下的一种适应方式的呢？

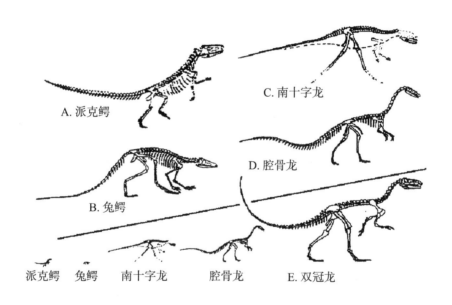

即使今天的蜥蜴也无法在奔跑的同时呼吸（它们已有数亿年时间来争取实现这样的潜能），这归因于它们不规则伸展的步态。现代哺乳动物呼吸与肢体的同步运动呈现出一种有规律的节奏。马、野兔和非洲猎豹（还包括许多其他哺乳动物）每跨一步就呼吸一次。它们的肢体正好位于大部分躯体的下方，并且为了实现这一形态，和伸展型

253

爬行动物相比，这些四足哺乳动物的脊柱得到了巨大的强化。哺乳动物的脊柱在奔跑时轻微向下弯曲，然后伸直，这样的轻微起伏与空气的吸入和呼出相协调。不过直到三叠纪，真正的哺乳动物出现时这个机制才形成。即使是三叠纪最进步的犬齿龙类，也没有完全地实现直立，因此在奔跑和呼吸的时候，多少会遭受些痛苦。

如果一种生物用双足而不是四足奔跑的话，肺部和胸腔就不会受到影响，呼吸就能和运动分离开来，两足动物在高速奔跑或追逐过程中就能够进行足够的呼吸。在低氧而生存竞争激烈的时代，无论是在捕食猎物还是躲避捕食者方面——甚至是寻找食物的总时间以及猎食方式上的微小优势，都无疑能够提高生存几率。晚二叠世的伸展型捕食者，例如可怕的丽齿兽类，像大多数处于和早于它们时代的猎食者一样，属于伏击型猎食者，就像今天的蜥蜴。想要主动找到食物的捕食者需要有速度和耐力。那么当三叠纪的动物第一次发现捕食者不再通过埋伏等待，而是主动出击寻找它们时，会是什么样的状况呢？

在三叠纪，鳄鱼谱系和恐龙谱系有一个共同的四足祖先。这种野兽可能是来自南非的一种名为派克鳄（*Euparkeria*）的爬行动物。从专业角度来讲，这个群体被称为鸟颈类主龙，这个群体最早的成员就已经开始向两足演化。它们的踝骨，从四足动物的复杂机制简化成一种简单的铰链结合就表明了这一点。这种简化伴随着后肢相对于前肢的延长，这也佐证了这样的演化，颈部则延长成了轻微的 S 形。这些早期鸟颈类主龙分化成了不同的两支：一支飞向了天空，即翼龙，二叠纪晚期鸟颈类主龙中的斯克列洛龙（*Scleromochlus*）也许就是其中的先驱者；另一种仍停留在陆地上，看起来像奔跑健将，也许已经开始利用有皮瓣的臂膀在大跨步的间隙进行滑翔。毋庸置疑，最古老的飞行翼龙是真双型齿翼龙（*Eudimorphodon*），同样生活在晚三叠世。

这些鸟颈类主龙渐渐开始飞行时，它们在陆地上的姐妹类群正向最早的恐龙形态演变。三叠纪的兔鳄（*Lagosuchus*）就是两足奔跑动物向四足转变的一种过渡形态。它很可能用四足一起缓慢移动，但在速度爆发的时候利用后肢实现跳跃——它需要这种爆发来击倒猎物，因为它是捕食者。然而它仍然具有前肢和手，未达到恐龙的形态，因此它没有被划分为恐龙。它的后代——三叠纪的埃雷拉龙（*Herrerasaurus*）则符合了恐龙的所有划分标准，并被归入恐龙之列——这是第一种恐龙。不过，正如我们接下来将看到的，也许它还缺乏一种属性，它的直系后裔将完善这一点：一种能够"克服地球大气含氧低"这一问题的新型呼吸系统。

最早的恐龙完全利用两足行走，[1]并且能够用手抓住东西，像我们一样具有手指。这样的五指手在功能上不同于三趾足（实际上是五趾足，但是有两趾发育不全，所以当奔跑或行走时只有三趾接触地面）。因为是完全的两足动物，所以演化不用再操心维护必须接触地面运动的"手"。那么怎么处理一个行动时不再需要的附加物呢？很久过后出现的更著名的霸王龙退化了前肢，退化到有观点认为它们已经失去了功能。不过对于这些最初的恐龙来说并非如此。尽管它们的体态和后来出现的我们熟悉的食肉恐龙一样，但是它们的"手"显然是有用的——大概是用于在奔跑时抓取、握住猎物。

所以这就是最初的恐龙的身体构造，从这种身体结构演化出来了其他的所有：两足、长颈、具备有使用功能的"手指"且可用于抓取的"手"，以及一个庞大而与众不同的腰带，这样的腰带提供了行走和奔跑中使用的大块肌肉以及它们附着所需的足够大的表面积。这些早期的两足动物体形相对较小，在三叠纪结束前它们再次分化成了两个类群，其中留下了整个恐龙族系中最基本的分支。和最初的恐龙拥有的朝前的耻骨相比，这些两足动物中的一种——三叠纪恐龙，合并了一个后翻的耻骨来完善它们的腰带。每一个小学生都知道，这种腰带上的改变标志着恐龙分化成了两大分支：较古老的蜥臀目恐龙，以及将在接下来的1.7亿年里与它们共享这个世界的衍生后代——鸟臀目恐龙。

有趣的问题当然是关于恐龙怎么呼吸。[2] 据发现，它们的呼吸系统迥异于我们今天的变温爬行动物，但是和恒温的鸟类非常相似。现代羊膜动物（爬行类、鸟类及哺乳类）的肺部有两种基本类型（尽管我们将会发现有两种以上的呼吸系统，包括肺部、循环系统以及血色素类型）。这两种肺可合理地认为是源自石炭纪的一些爬行类祖先具备的简单囊状肺部。现存的哺乳动物的肺都具有肺泡，虽然现存的乌龟、蜥蜴、鸟类和鳄鱼类——以及其余所有的种类——都拥有隔膜肺。构成肺泡型肺的是成千上万个高度血管化的球状囊（称为肺泡）。空气能够进出这些囊，因此它是双向的。

哺乳动物利用我们熟悉的呼吸——吸、呼、吸、呼——是相当典型的。我们吸入的空气必须被泵入这些囊，然后随着氧气和二氧化碳的置换而被排出。我们通过扩张胸腔（当然是由肌肉驱动的），结合大肌肉群的收缩来实现这个过程。有点自相矛盾的是，收缩膈肌增大了肺的容量。这两个活动——肋骨扩张和膈肌收缩相互作用——使

　　　　　　　　　　　　　　新生命史：生命起源和演化的革命性解读

得肺内部气压减小，随后空气流入。呼气由单个肺泡的弹性反弹部分完成：它们充气时扩大，不久便因其组织的弹性性质自然地收缩。此类肺利用的大量肺泡形成了一个非常高效的氧采集系统，对我们恒温哺乳动物维持活跃、运动丰富的生活方式而言，十分必要。然而空气在相同的管道进出是非常低效的，相对于为得到氧气而消耗的能量来说，氧气摄入量便减少了。[3]

与哺乳动物的肺相比较，爬行动物和鸟类的隔膜肺就像一个巨大的肺泡。为将其分开成更小的囊以增大可供气体互换的表面积，于是大量片状组织薄片向囊内伸展。这些分隔元素就是隔膜，此类的肺即以它命名。在拥有这种肺的很多不同种类的动物中，这种基础肺的设计有许多不同的变化：一些类型的隔膜肺被划分成小的气室；其余的具有位于肺外部的第二个囊，不过通过气管与肺连接。正如在肺泡型肺中，空气流动大部分是双向的——但是，最近发现并不都是这样，对于规则的这一个例外不仅深深地改变了我们对早期爬行动物的古生物学认识，而且改变了我们对它们在二叠纪大灭绝中命运的认识。

隔膜肺不具有弹性，因而不能随着吸气自然收缩。不同类群的隔膜肺里穿过气室的空气流通也有所区别。蜥蜴和蛇类通过肋骨的运动吸入空气，然而正如我们所见，蜥蜴的运动抑制了整个肺腔的扩张，导致其在运动时无法进行呼吸。257

纵膈肺变化的多样性使得这个系统比肺泡系统更多样化。例如，鳄类同时拥有一个隔膜肺和横隔膜——一种在蛇类、蜥蜴或鸟类身上都找不到的器官。但是鳄类的横隔膜和哺乳动物也有些差别：它不是肌肉性的，却附属于肝脏——隔膜运动就像一个让肺膨胀的活塞，并靠肌肉附着于骨盆。哺乳动物（包括人类）的隔膜拖动肝脏的方式和鳄鱼一样，形成一个内脏活塞，不过两者完成的方式不同。

直至近些年，鳄鱼和短吻鳄的隔膜肺仍被认为是相对原始的，因而是低效的。但是，一项崭新的发现不仅让我们重新评估现有形态的呼吸能力，而且就爬行动物成功渡过二叠纪大灭绝和在三叠纪的成功，提出了一个崭新的观点。

哺乳动物的呼吸方式最为低效：肺部吸入和呼出空气共用一根管道。随着一次呼气完成和一次吸气开始，气体分子的混乱导致了低效。任何一种形式的快速呼吸，试图在吸气开始前排出气体，都会产生混乱碰撞——通常是相同的气体分子，包括大量二氧化碳多而氧气少的气体也会被吸入。长久以来，人们一直认为鳄鱼也有这样的问题。但是2010年的一项研究表明，事实上鳄鱼用的是一个单独的通道，和鸟类还有恐龙很像。这揭示出，远古二叠纪和三叠纪的基干爬行动物（最终这个种群孕育了现代的鳄鱼和鸟类，及灭绝的恐龙）呼吸也比同代的兽孔类效率更高。它们拥有两大优势，从而通过了二叠纪大灭绝这个大难关：它们是变温动物，并且和哺乳动物与似哺乳爬行动物相比，它们能够从空气中吸入更多的氧气。这些优势合在一起对哺乳动物非常不利。在这场最重要的竞争中，我们从未真正有过一次机会，不仅是生存的机会，而且是在危机和混乱的大规模灭绝中获得最终主导地位的机会。中生代的哺乳动物体形最终很少超过老鼠。可能它们也像老鼠一样十分惶恐，因为周围恐龙环伺。

鸟类的气囊系统

陆栖脊椎动物身上发现的最后一种肺，转化自纵膈肺。这种肺的最好实例和相关的呼吸系统，可见于所有鸟类。这个系统中的这些肺本身很小，并且缺乏弹性。因此，鸟类的肺在每一次呼吸时，不会像我们那样大幅度地扩张和收缩。但是胸腔在呼吸过程中非常"尽职"，尤其是那些最靠近骨盆区域的肋骨，与胸骨底部的连接非常灵活，这样的灵活移动对于容许呼吸至关重要。然而，这不是最大的区别。和现存的爬行动物以及哺乳动物不同的是，这些肺有附属物——我们所知的气囊，由此产生的呼吸系统非常高效。其原因如下：哺乳动物（其他所有非鸟类恐龙也一样）将空气吸进"死胡同型"的肺，然后呼出。鸟类的系统与此完全不同。

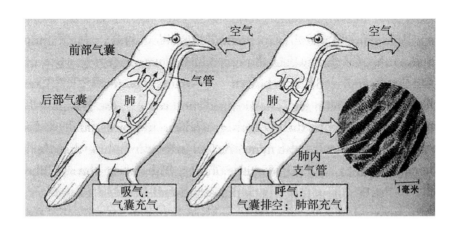

259　　鸟类吸入空气时，空气首先进入一系列气囊里，然后完全地通入肺部，不过这样的话空气仅由一个方向通过肺，因为它不是从气管流出的，而是从那些附属的气囊流出的。呼出的空气随后排出肺部。空气在肺膜的单一路径流动允许一种逆流系统的建立：空气沿着一个方向流通，肺内血管的血液则沿相反的方向流通。这个逆流交换所允许摄取的氧气及排出二氧化碳的效率，要高于"死胡同型"的肺。

　　解剖学家致力于解剖和描述鸟类，已有数百年之久。结果，对鸟类肺部解剖结构的正确认识在 2005 年才浮出水面，这是多么奇怪的一件事。帕特里克·奥康纳（Patrick O'Connor）和里昂·克拉森斯（Leon Claessens）这两名鸟类解剖学家将大量的快速定型的塑料注入各种各样鸟类的呼吸系统内，然后仔细解剖这些尸体，并描述这些被填满的腔，也就是现在这些填满塑料的气囊。[4]令他们惊讶的是，鸟类的气囊比所有人预计的都要大和复杂。他们第一次观察到了气囊和含气骨（内部含有空气腔的骨骼）之间的真正关系。在同一份报告中，这两位作者随后还比较了鸟类的含气骨和恐龙的含气骨。其相同之处令人难忘：因为在相同的（或者说同源的）一块骨骼上，具有相同类型的气孔。

　　那些主张"恐龙不具有气囊系统"的人，并没有否认恐龙骨骼里有气孔。他们认为的确存在气孔，没错，不过仅仅是为了让骨骼变轻的一种适应。然而，"这样的相似性仅是外形上的巧合"这种说法，实在是具有让人无法承受之重，于是"巧合说"崩溃了。

　　第 283 页的图解，展示了各种气囊与肺的交流联系。很明显，气囊的容量远超过了肺本身的容量。气囊没有参与气体交换，它们是使

284　　　　　　　　　　　　　　新生命史：生命起源和演化的革命性解读

逆流系统运作起来的一种适应机制。毫无疑问，这个系统效率高于其 260
他所有脊椎动物的肺，这和鸟类体内这种由气囊产生的双重呼吸、逆
流系统有关。

到2005年，许多关于恐龙拥有气囊的证据已势不可挡。直到那
时，仍有一个解剖学家团体强烈主张：恐龙的肺和现代鳄鱼的没什么
两样，只是更大一些；而鸟类那种具有大量附加气囊和单向气流通道
的肺[5]，直到1亿年前的白垩纪才出现——而且从那以后就成为鸟类
的专利，只见于鸟类之中！但是到了2005年，人们还没有认识到**早
中生代大气中氧气水平变化的程度**，也没有认识到这些变化可能**在何
种程度上影响各种各样的呼吸系统**。

这种气囊系统优于哺乳动物的系统。据估计，鸟在海平面从空气
中吸入氧气的效率比哺乳动物要高33％。而在更高海拔时，这个差
别更大了：在海拔约1500米处，一只鸟吸入氧气的效率可能是一只
哺乳动物的两倍。这赋予了鸟类一个胜过居住在高海拔的哺乳动物和
爬行动物的巨大优势。如果这样的系统出现在很早之前，当时海平面
的氧气水平比我们今天在海拔1500米的高处发现的氧气水平还低，
毫无疑问，这样的构造会是有利的，相对于不具有这一构造的竞争对
手或捕食对象来说，或许非常有利。

我们知道，鸟类演化自小型双足恐龙（和最早期的恐龙——蜥臀
目，属于同一谱系）。第一具鸟类骨骼来自侏罗纪，尽管现在关于这
类最早的物种（如著名的始祖鸟）到底有多么地"像鸟"仍有争议，
我们之后将会再回到这个话题。但是这些鸟类肺部附加的气囊属于柔
软的组织，仅在十分异常的环境下保存才会形成化石。因此，我们没

有直接证据证明肺泡系统是何时出现的。但是，我们有间接证据，足以激发研究"恐龙的气囊"的团队去假设所有蜥臀目恐龙都有相同的气囊系统，就如现代鸟类一样。它们和鸟类一样也是恒温动物。证据来自骨骼里的孔，这些孔刚好处在这些气囊静止时可能位于的地方。

首次提出"恐龙拥有鸟类起飞系统"这项大胆建议的罗伯特·贝克（Robert Bakker）可谓实至名归。自 19 世纪晚期人们就已经知道，某些恐龙骨骼里有奇怪的空洞，正如鸟类的骨骼一样。几十年以来，这个发现或被遗忘，或被归因为让大骨骼变轻的适应，因为这些骨骼很多都有气孔，后称之为含气骨，它们来自有史以来最大的陆地动物——侏罗纪和白垩纪庞大的蜥脚类恐龙。含气骨主要发现于椎骨。鸟儿有相似的含气椎骨，尽管可以说一些鸟类骨骼为加强飞行而变轻，但是也很明显，一些肺部附加的气囊位于骨骼的空洞处。因此，在鸟类体内，骨骼的充气性是为藏起这另外多出的占空间的气囊的一种适应。动物的身体充满着必需的器官，并且将气囊置于有孔的骨骼中在演化上非常合理。但是，贝克的观点进行了大胆飞跃，提出自己钟爱的蜥脚类恐龙化石中含气骨的演化也是为了一个类似的目的，并且这含气骨的演化直接证明了蜥脚类恐龙拥有并且使用这种气囊系统。

贝克更大的目的是试着寻找更多关于恐龙属于恒温动物的证据，而不再主张这是低氧下的一种适应。鸟类因飞行而需要大量能量和氧气，它们演化出气囊系统，被认为是满足其恒温性新陈代谢需求的一种方法。

在贝克之后，其他的恐龙研究者承担起了这一重任。2003 年，古生物学家兼恐龙专家马特·威德尔（Matt Wedel）列举了蜥脚类恐龙体内存在气囊的具体实例；大约与此同时，恐龙专家格雷戈·保罗（Greg

Paul）也提出了关于两足动物的类似主张。2002 年，他提出最早的所谓的主龙类具有气囊，主龙即晚二叠世至早三叠世的原始爬行动物（也称为初龙类）最终将孕育出鳄类、恐龙和鸟类。这个类群的实例包括四足运动的古鳄（上文将其描述为三叠纪最早的主龙类），它们可能具有爬行动物的隔膜肺。启发也许是来自于腹式隔膜呼吸系统（可能比现代鳄鱼体内发现的这种系统更原始）。然而，我们在那时候还不知道的是，鳄鱼及其当时的同类拥有一种更先进的呼吸系统，远远优于当时人们的共同看法，这多亏了它们在呼吸系统进行单向运输空气的创新。 262

直到 2010 年，人们才做出这一项发现，这着实影响了我们对待鳄鱼、恐龙以及哺乳动物的相对演化适合度的看法。实际上，三叠纪所有的爬行动物似乎都拥有比哺乳动物更好的"呼吸装备"。

然而相继地，至少在产生恐龙的谱系中，气囊系统的演化相当迅速。可惜的是（无论怎样，是它们可惜），这种具有新演化的流通式构造的鳄鱼终止了它们呼吸系统的主要创新，它们从未试验过含气骨和气囊。

等到中三叠世出现最早的真正的恐龙的时候，气囊系统的部分结构也许已经就位。当时最原始的兽脚类恐龙（最早的恐龙），骨骼中还没有显现出气腔形成；肺本身可能变得不易变形，并且相对更小，这些都是现存鸟类的肺部特征。在侏罗纪类群（如异特龙）中，恐龙中气囊系统可能已基本演化完成，只是还与鸟类系统有较大差别，虽然它已经因为需要飞行而进行了改变，产生了巨大的胸腹部气囊（即使是不能飞行的现代鸟类，也来自远古时代会飞的鸟儿）。

到了侏罗纪中期演化出始祖鸟的时候，恐龙的呼吸系统可能已经出现了多样化的状态，有的具有含气骨，有的没有，并且可能正进行着大量的趋同演化。例如，威德尔细心研究发现了大型蜥脚类动物体内的大量气腔，可能是从已发现的两足蜥臀目的系统中独立产生的。

263　　最后一条关于气囊的注释：尽管在蜥臀目恐龙类中很普遍，但是其他大型恐龙种类里仍未有气囊的证据，鸟臀目恐龙并非巧合地（有三组）都源自白垩纪，而非侏罗纪，其中包括已熟知的鸭嘴龙、禽龙以及有角的角龙。这个类群缺乏气囊系统，很好地吻合了它们在地质时间中的分布。直到后侏罗世至白垩纪时段氧气水平巨幅上升时，第二大类恐龙才变得普遍。

最早的恐龙可能有几分狮子的模样：受低氧影响，它们每天睡20小时来保存能量，但在猎食的时候非常活跃、敏捷有力，强于它们的任何竞争者——包括主龙类（例如早期的鳄类）、犬齿龙类，以及最早的真正的哺乳动物。它们需要的就是优于其他种类。所有证据都表明，它们的确如此。

新陈代谢的类型，也许远比我们所简单分成的温血性和外温性要多样化得多。尽管现代鸟类、爬行动物以及哺乳动物都被分入这两种类别，但实际上，有很多种生物在没有外部热源的情况下能够在自身体内发热。其中包括大型飞行昆虫、一些鱼类、大型蛇类以及大型蜥蜴。这些动物都是温血动物，但并不是哺乳类或鸟类意义上的温血动物。繁荣一时的多种多样的恐龙中，也许存在许多种新陈代谢类型。

在侏罗纪舞台上，恐龙并不孤独，因为我们的祖先当时也在舞台上，个头非常小，和其他陆地动物、海洋动物一样（包括陆地和海洋中的龟类、长脖子的蛇颈龙类和鳄类）。但是恐龙是陆地的绝对统治者。尽管起初恐龙身体形态似乎有很多种，但实际上，只有三种。这三种都和鸟类以及哺乳动物拥有同样的特征：一个完全直立的姿态。这三种恐龙各属于两足类、短颈四足类以及长颈四足类。每一种都有 264 不同的起始时间和兴盛的时间。在我们看来，恐龙"形态类型"（身体结构）的五点独特继承特征似乎很明显。它们如下：

一、晚三叠世。最早的恐龙出现在三叠纪的 2/3 时期，但在它们前 1500 万年里保持较低的多样性。大多数种类都是两足的食肉蜥臀类恐龙。快到这段时间的结束时，四足蜥臀类恐龙（蜥脚类恐龙）才演化出来。在三叠纪结束前，鸟臀类恐龙与蜥臀类分离开来，但是包含的恐龙物种和个体比例非常小。三叠纪的大部分时期，恐龙的体形都很小，只有 1～3 米，最早的鸟臀类恐龙（例如皮萨诺龙）是数米长的两足动物，它们有一套专门咬切植物的新的下颌系统。在三叠纪末期首次发生了大批恐龙辐射式的演化。这些演化发生在蜥臀类恐龙中，同时演化出来更多、更大的两足食肉动物，以及早期蜥脚类恐龙中的第一例"巨人"（如晚三叠世的板龙）。

二、早侏罗世到中侏罗纪世，蜥臀类两足动物和长颈四足动物支配着动物群。然而在此期间，鸟臀类恐龙分化形成了那些最终将在白垩纪恐龙多样化中占主要地位的类群，尽管它们保持着很小的个头并且数量也不多。这些留存特征包括重甲的外形（例如盾甲龙类）。这些属于四足动物，包括侏罗纪中期的最早的剑龙类。第二组则是非装甲新鸟臀类（包括鸟脚类恐龙——雷利诺龙、禽龙和鸭嘴龙，以及直到白垩纪才出现的恐龙类——角龙类，以及肿头龙）。但是蜥脚类动物在数量上更有优势。它们在三叠纪末期分成两个分支——原蜥脚类和真正的蜥脚类动物，并且在早侏罗世和中侏罗世，原蜥脚下目种类之丰富，远超过蜥脚类动物，但是它们在中侏罗世走向了灭绝，导致蜥脚类动物的一场巨大的辐射演化，持续到晚侏罗世。

两足蜥臀类动物也在早侏罗世和中侏罗世呈现出多样性和继承性。在三叠纪的最后阶段，它们分成了两个分支（角鼻龙类和坚尾龙）。角鼻龙类是早侏罗纪的主要类群，但是在侏罗纪中期，坚尾龙类以牺牲角鼻龙类为代价，增加了数量。它们也分成了两支，即角鼻龙类和腔骨龙类。后者最终产生出了所有恐龙中最著名的——晚白垩世的霸王龙（*Tyrannosaurus rex*），尽管它的侏罗纪中期成员还相当小。它们在侏罗纪最重要的发展就是演化出了孕育鸟类的物种。

三、晚侏罗世。这是一个巨兽时代。最大的蜥脚类动物来自晚侏罗世的岩层，并且它们的优势一直持续至白垩纪早期。蜥臀目食肉动物跟上了这个大体形的步伐，演化出异特龙这样的典型巨兽。因此，那段时间最显著的方面便是出现了体形上远大于早侏罗世和中侏罗世的动物。这不仅发生在蜥臀目动物中。晚侏罗世，装甲的鸟臀类恐龙体形也有所增大，最值得注意的是身披重甲的剑龙类。这个时期鸟臀类恐龙的多样化，再加上剑龙类、甲龙类、结节龙类、弯龙类以及棱齿龙类的出现，彻底地改变了恐龙的种类及构成。

四、早白垩世到中白垩世。随着白垩纪的发展，发生了一个重要的转变，尽管这个时段早期的优势物种只剩下大型蜥脚类动物。鸟臀类恐龙在多样性和丰度上都有提升，直到它们在数量上超过蜥臀类恐

龙为止。随着许多蜥脚类属在侏罗纪末走向灭绝，蜥脚类动物变得越
来越稀少。

五、晚白垩世。恐龙多样性飙升。绝大多数的分化都来自大量新的鸟臀类恐龙：角龙类、鸭嘴龙科以及甲龙类等，仅有少数的蜥脚类恐龙还存在。

任何演化史，都无法归因于单独一项因素。恐龙形态改变的肇因来自捕食者与猎物的相互影响、它们本身和当时其他生物的竞争，甚至还包括气候变化，其在很大程度上受到侏罗纪和白垩纪期间惊人的海平面升降的驱动——在某时刻海平面上升非常剧烈，以致北美分成了两个独立的小型大陆，中间被一片宽广却浅的南北流向的海隔开。不管怎样，氧气水平一定发挥了某种作用。

最早的恐龙群落（晚三叠世的组合）出现的时候，正值低氧时代，再加上二氧化碳水平较高（而非小行星撞击），构成了三叠纪—侏罗纪大灭绝的主要原因。低氧和全球高温的结合构成了一种杀伤机制。目前，关于此次灭绝前后陆地脊椎动物类群数量的研究表明，蜥臀目恐龙在此次大灭绝事件中幸存了下来，且比任何脊椎动物都要成功，一个重要原因也许是它们的呼吸系统更胜一筹，因为与其他拥有不同肺的陆生动物相比，气囊肺给予了它们竞争优势。

另一方面，鸟臀类恐龙没有蜥臀类恐龙那样高效的呼吸系统。不过，相比于食草的蜥臀类恐龙，鸟臀类恐龙的竞争优势体现在食物的获得、庞大的头部、强壮的下颌和更坚固的牙齿方面。随着白垩纪的氧气上升至接近今天的水平，鸟臀类恐龙由于上述的优势，成为主要的食草动物，导致了大量食草的蜥臀类动物在"竞争性排斥"中走向

了灭绝。

在侏罗纪到白垩纪的间隙，大气中氧气含量的上升相当迅速和显著；与此同时，其他事件也正在发生。其中一件就是曾作为全球大陆的盘古大陆分裂成了较小的诸块大陆。而另一件可能对后来中生代恐龙群的分布和分类组成更具意义，那就是植物群落的彻底变革。恐龙在一个个裸子植物统治的世界里演化——其中有松柏、蕨类、苏铁类植物及银杏。但是在白垩纪的早些时候，出现了一种新的植物类型——开花植物。

伴随着这种新的繁殖方式和其他适应性，这些植物——也就是被子植物——经历了一次迅速的适应性辐射。它们在地球上几乎处处都竞争并战胜了早先的植物类群，以致到6500万年前的白垩纪末，被子植物占据了植被的90%。可供果腹的食物种类的转变，会影响植食动物；而供食肉动物果腹之用的植食动物的种类，也会直接影响食肉动物的身体构造。杀死一只晚侏罗世的蜥脚类动物，效果上迥异于杀死一只晚白垩世的鸭嘴龙。

植食性依赖于适应可食用植物的牙齿类型。蜥脚类恐龙可能以松针为食，它们大桶状的身体，本质上就是一个供那些较难消化的食物进行消化的大发酵室。阔叶植物——也就是被子植物——的出现，需要新的牙齿和咬合面，不同于最适合切割树上脱落的松针的牙齿构造。于是，从侏罗纪蜥脚类动物统治的动物群，转变为白垩纪鸟臀类恐龙统治的动物群，显然与植物的改变存在某些联系。但呼吸可能也起到了一部分作用，假设氧含量没有上升至15%以上，那么可能就不会发生鸟臀类恐龙称霸这种事情。

侏罗纪—三叠纪恐龙的肺以及鸟类的演化

在此，有观点提出，最早的恐龙是一种从未见过或存在的动物。通过直立的姿态和正在演化中的气囊系统，它们提高了呼吸效率（单 268 位时间从空气中摄入的氧气量，或是每次呼吸消耗的能量），比当时存在的任何动物都更胜一筹。不过这些原始形式的物种可能失去了内温性，随之替换的是更被动的恒温性。这便是它们的招数，利用恒温性来减少休息时氧气的消耗量，还有一种允许长期运动的更优的肺部系统，使其在活跃时不会陷入急促的厌氧状态（具有毒性）。我们知道最早出现在侏罗纪的一类恐龙——鸟类，最终同时拥有了内温性和不同于当时所有爬行动物的肺。

鸟恐龙和恐龙鸟

除了一直引人注目的暴龙科之外，大概再没有哪一群恐龙能比基干鸟类受到更多关注了。以它们的体表附着物为中心，引发了轰轰烈烈的争论，但最重要的讨论是关于它们的飞行功能是在何时最早演化出来的，并且为什么会演化出来。

最早的鸟类大约出现在 1.5 亿年前，其中最著名的依旧是始祖鸟，就出现在侏罗纪开始之前。那时氧气水平已经上升有 5000 万年了。恐龙中普遍存在"巨人症"。鸟类的直接祖先是在陆地快速奔跑的恐龙，它们可能会因为某种捕食行为而使用前肢，这是飞行者为尝试长出翅膀的一种预适应性运动，伯克利古生物学家凯文·巴甸（Kevin Padian）如是说。化石记录表明，最早的鸟类的祖先是食肉的两足蜥臀类动物，即如今说的伤齿龙类，或许可能是驰龙类

269

（它们具有看来已经生有羽毛的形态）。

始祖鸟会飞吗？现在大多专家认为它们会飞。不过，"真正的飞行发生在何时"仍具有争议。当它们在空中的竞争对手是种类繁多、强劲的翼手龙时，晚侏罗世"鸟类"是否能够真正地飞起来？化石记录的确表明，早白垩纪层里有鸟类化石（*Eoluolavis*），它们已经演化出了"小翼羽"，这是一种适应能力，能够以更慢的速度飞行，具有更强的机动性。因此，始祖鸟之后的几百万年里，早期鸟类已经具备相当先进的飞行能力。来自中国的新发现揭示出鸟类出乎意料的高度多样性，并且在白垩纪早期就已经形成。飞行，是刺激新物种快速演化的一种适应。我们在随后的一章中将回到鸟类的演化历史，因为它们的许多故事都发生在侏罗纪之后。 270

鸟类的飞行强度很大。它们需要消耗大量的能量，再加上它们相对较小的体形和温血性，使得它们成为利用氧气的佼佼者。因此它们的气囊系统能够有力地服务于它们。

恐龙繁殖和氧气水平

20世纪古生物学家最伟大的发现之一，就是恐龙蛋[6]。在20世纪后半段里，相关化石蛋中发现的复杂图案暗示了恐龙繁殖行为的复杂性，或者至少在其产卵部分是复杂的。在20世纪，已经可以使用新仪器——小型台式CT扫描仪，这掀起了人类认识恐龙繁殖的第三次革命。如今，可以在蛋免遭仪器损害的同时对其进行检查，揭示出内部脆弱的胚胎，从而不仅对这些胚胎的成长有了愈多的了解，而且对这些蛋本身的构造也有了更多的了解——恐龙蛋形成的方式和原因。

鸟类至少在它们繁殖这方面几乎没有变化。现存的鸟类就是我们研究恐龙最好的窗口，它们都产有透气性钙质壳的蛋。鸟类中不存在胎生，与包含许多胎生种类的现存爬行动物大不相同。鸟类和一些爬行动物卵的形态也有很大区别。尽管鸟类和爬行动物的卵壳都由两层构成，内部一层有机膜被外部结晶质层包裹起来，但是那层结晶的量相差很大，从像鸟类那样的厚碳酸钙层到几乎没有钙质，而外层是坚韧且柔软的膜。甚至结晶层的矿物质也不同，从存在于鸟类、鳄鱼和蜥蜴中的方解石，到存在于龟类中的文石（一种不同晶型的碳酸钙）。卵因此被分为两大主要类型：坚硬或结晶质的，柔软或革质的。一些工作者进一步将革质卵细分为柔韧型的（被一些龟类和蜥蜴类所采用）和柔软型的（被大多数蛇类和蜥蜴类所采用）。理所当然地，这些不同硬度的卵，石化能力也有显著差异。已知的硬质卵化石（很多来自恐龙）数不胜数，柔韧型卵的化石屈指可数，而目前尚未发现有"无可争辩的柔软型卵"保存下来。

271

由于人们对于恐龙的兴趣很浓烈，所以关于它们的繁殖习性有很多猜测（难以想象两头庞大的地震龙交配的场景多么令人叹为观止），并且目前仍有很多未解之谜。其中一项关于恐龙的开创性发现是，它们产下巨大的钙质卵，矿物层由方解石晶体构成，这是 20 世纪 20 年代的一支美国自然历史博物馆远征队首次跋涉至戈壁沙漠的发现。随后出土了成千上万的白垩纪恐龙蛋，蒙大拿州（Montana）的杰克·浩纳尔（Jack Horner）发现并公布的巢穴样式开启了恐龙繁殖研究的窗口。然而，这些白垩纪的发现是否概括了所有恐龙的特征呢？这个问题依旧悬而未决并且具有争议。虽然大多数研究者假定恐

　　　　　　　新生命史：生命起源和演化的革命性解读

龙都产硬壳的卵，不过距离证实这个假设成立，还有很远的路要走，后文我们将看到证明"一些早期恐龙也许已经采用革质卵或胎生"的间接证据。

几乎所有的恐龙蛋化石都来自白垩纪。它们晶型的性质和气孔的大小、数量以及样式，都有很大的变异性。不过，最有趣的科学问题可不是关于这些多样性。侏罗纪的恐龙蛋极少，三叠纪则几乎没有，为什么会这样呢，这和留存下来的各种白垩纪特征以及陆地物质如何石化是否有关系，或者是因为与白垩纪相比，三叠纪和侏罗纪的氧气水平太低（尤其是发现了绝大多数恐龙蛋的晚白垩世）？

关于这一点有几种可能：或许的确存在一些**保留的偏差**，白垩纪前的卵和白垩纪的一样普通，但是和大范围的白垩纪地层相比，三叠纪和侏罗纪有恐龙的地层范围小了许多，于是造成了这一差别。因 272 此，不同之处仅来自于取样范围的大小。另一种可能是，白垩纪前的卵比白垩纪的更难石化。如果白垩纪前的卵壳像现存爬行动物的卵那样类似皮革，而不像鸟类那样是钙化的话，这就很有可能了。还有，如果类似水生鱼龙那样，一些恐龙采用胎生而不是卵生，那么能够发现的卵必定会更少。正如生命历史的许多其他方面，大气氧气水平或许在影响繁殖方式上扮演着一个重要角色。

白垩纪沉积中发现的被认为是恐龙卵的化石，外面覆盖着一层鸡蛋壳那样的碳酸钙，比鸡蛋壳更厚，但又不像鸡蛋，它更光滑。恐龙蛋通常有纵向脊或结状纹装饰，可能这些纹饰使得卵从雌性体内产出后能够掩埋，因为纹饰能使气流在卵和掩埋介质中流通。这种能让卵掩埋的能力或许提高了保留其化石的可能性，或许还有助于解释为何白垩纪卵数量如此之多，其他种类却很少的问题。这种厚重的钙化作用还能帮助卵承受土壤或沙漠掩埋带来的重压。

现在我们还知道，晚白垩世的埋藏点，恐龙表现了复杂的筑巢行为和排列卵的行为，这是之前未发现的。晚白垩世的两足恐龙伤齿龙将自己的蛋成双成对地或者竖立地紧紧放置在一起，同时杰克·浩纳尔也曾经展示过来自晚白垩世蒙大拿州的鸭嘴龙蛋复杂的掩埋方式。

钙质卵的优势在于它们很坚硬，不易被捕食者击破，并且有利于发育。随着胚胎在蛋中发育，蛋壳的部分碳酸钙溶解下来，用于骨骼的生长。它们也能够保护蛋免受细菌感染，但是这些都得付出代价。碳酸钙，甚至是卵壳中很薄的一层，也会阻碍空气或水进出卵壳，然而发育的胚胎需要水和氧。所有的钙质卵也因此拥有气孔，从而使负
273 载氧的空气得以进入，但是气孔不会有很多，防止水分因干燥而流失。为确保水分充足，卵的内部有许多被称作清蛋白的混合物（我们熟知的鸡蛋中的"蛋清"），这种混合物为胚胎提供水分。所有的鸟和鳄鱼都是产这种卵。

第二种爬行动物卵，就是革质卵，见于龟鳖类和大多数蜥蜴类中。这种卵能够摄取水分，并且体积随着水分的摄取通常会增大。不过，透水性是一把双刃剑：革质卵也会轻易地失去水分。许多龟鳖类和短吻鳄类的习惯是将这些卵掩藏在巢穴里，这样在减少水分丢失的同时，还可以免遭捕食者发现。

掩埋卵会产生一些危险：所有正在发育的胚胎都需要氧气，因此胚胎需要卵有获得大气中氧气的通道。如果卵被埋得过深或埋在没有渗透性的沉积物中，胚胎就会窒息。如果卵被埋在高海拔的地方，也

新生命史：生命起源和演化的革命性解读

会承受同样的风险，甚至会因亲代孵卵而窒息。迄今为止，生物学家们集中在研究"温度作为影响爬行动物和鸟类生长率的主要变量"的问题。但是高海拔蜥蜴提供的线索提示，氧气水平必定也起着作用。

居住在高海拔的现代蜥蜴常常表现为卵胎生或者胎生。它们的卵将在产道里孕育很长一段时间。在这两种情况下的解释是，它们这样做是为了在一个会减慢发育的低温环境下，维持相对高的温度。但是这些适应性会缩减或完全除去胚胎被包裹在卵壳中的时间，而卵壳本身会降低氧气的获取速率。钙质卵无法保存在母体中，因为直到卵从母体产出，它们都无法让氧进入卵。 274

于是，我们面临着一个谜团。爬行动物表现出四种不同的繁殖方式：胎生；留在母体较长时间的革质卵；在母体内形成后不久即被产下的革质卵；钙质卵。产出后紧接着还有一系列的可能性：这些卵是否被掩埋？如果没有被掩埋，是否会受到亲代的照顾？我们仍然不知道这每一种繁殖方式的优势，及其最早出现的时间。

我们又面临第二个谜团：大多数已知的恐龙蛋都是来自白垩纪的，也正如上面所见，主要是晚白垩世的卵，并且都是钙质的；此外，恐龙埋卵行为的出现，也是晚白垩世的一大特征。但是白垩纪前恐龙的卵又是怎样的呢？尽管有晚侏罗世的蜥脚类恐龙和两足蜥臀类恐龙卵（意外的是大部分都来自葡萄牙的沉积层，那里的卵含有胚胎的骨骼），但早期的岩石中几乎没有恐龙的蛋或巢穴。仅有少数的卵确定来自三叠纪。

这些五花八门的卵最早是何时演化出来的，仍然是一个谜。2005年，有人提出钙质卵第一次出现于二叠纪末，是在晚二叠世至三叠纪期间愈加干旱的全球气候下，避免干燥的一种适应性。遗憾的是，没有化石证据支持这个说法。尽管当时存在无孔亚纲（孕育龟鳖类的群体）、双孔亚纲（孕育鳄鱼和恐龙的群体）、下孔亚纲（孕育我们的群体），但没有公认的二叠纪卵。此外，仅有少量来自晚三叠世的疑似恐龙蛋的卵。但是这形成了一大困境：普遍保存在白垩纪沉积层中的恐龙蛋，却未见于二叠纪或三叠纪相同类型的沉积环境。如果主龙在二叠纪或三叠纪已经具有了硬质卵——如果任何爬行动物类群曾利用了硬质卵——我们十有八九都应该已经找到它们了。

缺乏证据常常是危险的，但最终数字定会被接受。所有的证据提出，早白垩纪的陆生卵——卵生生物并非普遍产下硬质卵。即使是在2012年发现的南非恐龙硬质卵也仅是个例外。很难预见未来将如何收集化石，才能够克服这个趋势。

恐龙蛋的形状已知的只有两类：圆形的和长形的。不过现在已经 275 识别出构成蛋壳的七种不同的晶型。如果所有恐龙都演化自一个唯一的产卵祖先，那么卵壁形态的多样性就是出人意料的。但是如果硬壳卵是在多个时间点、由多个独立的恐龙谱系产生的，那将会形成我们所预测的情况。如果我们补充上现存爬行动物和鸟类中发现的另外不同的卵壳形态，总共就会有12种独立的卵壳微观结构，这些结构是爬行动物、非鸟类恐龙以及真正的鸟类通过漫长的历史演化形成的。

以上这些中的每一个，可能都是为了应对属于某一组或种的卵通常需要承受的不同的压力，而做出的一种适应。例如一枚藏在深穴中的龟蛋所面临的一系列挑战，与巢穴高高在树的知更鸟蛋面临的挑战截然不同。然而另一可能是，这些不同的钙质卵见证了一个不相关联

　　　　　　　　新生命史：生命起源和演化的革命性解读

的演化历史，其中，硬质卵在多个谱系中独立地演化出来，包括恐龙的谱系们。

"理想"的氧气水平

关于许多现存陆地动物的演化，最有趣的新发现之一是：许多演化都发生在一个相对短暂的时间段——氧气水平高于今天的晚古生代。很多现存脊椎动物都是这样，包括后来演化为蜥蜴、龟类、鳄鱼类还有哺乳动物族系的最早成员。不过不只是陆生脊椎动物呈现出此趋势，许多陆生无脊椎动物，包括许多昆虫类、蛛形类和陆生螺类在内的基本谱系同样起始于3亿年多前的石炭纪。过去5年的新实验数据表明，陆生脊椎动物和昆虫卵胚胎发育率达最高的时候，出现了一个高达27%的"神奇"的氧气水平。

我们今天的大气含氧量处于21%左右，不过对短吻鳄和昆虫的研究表明，最佳发育率出现在含氧量为27%的时候。卵在更高或更低的含氧量时，都需要更长时间发育和孵化。在更低的氧气水平下（并非意外，或许在10%～12%的三叠纪最末期）绝大多数卵不孵化，或者只有在很长时间以至于它们被食卵动物吃掉的可能性的确降低之后，它们才会孵化。在等式中加入热量，会更加减弱生命力，因为卵需要小孔来让氧气进入。但是水也会从这些孔中逃逸出来，从而提高胚胎的死亡率。10%～12%的氧气水平，加上比今天更炎热、更干燥的环境，将是最糟糕的结合！我们知道的确有这样一段时间，那就是晚三叠世。在晚三叠世产卵的生物祸不单行，碰到了这样的麻烦。

问题在于，爬行动物是在相对高氧的环境下最早演化出来的。当

276

时是石炭纪，氧含量超过 27%。这些早期爬行动物最先"开拓"了羊膜卵。但是随着氧含量下降和全球性的升温，原始爬行动物卵可能变成了"死亡陷阱"：没有足够的氧能由外扩散到卵内部，同时向外扩散了过多的水分。应对这样的温度和低氧（因高温而更低）的更好方法，似乎应该是胎生。因此，晚二叠世胎生方式的出现，很可能就是应对全球低氧含量更好的措施。尽管在南非、俄罗斯还有南美发现了大量兽孔类动物的骨骼，但是在这些岩石中从未发现过卵或巢穴。兽孔目动物在那时也许已经演化出了胎生的方式，它们的后代也将这一方式延续了下去，人们最早发现的真正的哺乳动物，几乎是与恐龙出现在同一时间。

在晚侏罗世，很多恐龙谱系演化出钙质卵，也许是为了应对上升的氧气水平，当时的恐龙，还没有像晚二叠世到中侏罗世的低氧大气环境中的恐龙"产下钙质卵，然后掩埋之"的能力。

277　晚二叠世到三叠纪期间的低氧高温环境，大概刺激了胎生和革质卵的演化，使得卵能够更高效地纳入氧气，排出二氧化碳；另一方面，**晚侏罗世**—**白垩纪时段**更高的氧气水平（以及持续高温）的刺激，促进了硬质恐龙蛋和恐龙蛋掩埋于复杂巢穴的情况。

就像典型的新陈代谢构成一种根本的区别一样，所有生物特性中最根本、最重要的一条区别，就是胎生和卵生模式的对立——但这种区别出乎意料地未受到演化生物学家足够的关注。通过研究这种对立的起始时间，或是采用前一种生殖策略还是后一种策略的分布规律，解决这个问题应该是将来的主要研究课题；不过遗憾的是，对此的研究可能会因为没有革质卵保留下来而变得无从下手。

第十五章　温室性海洋：2 亿～6500 万年前

关于中生代（三叠纪、侏罗纪、白垩纪）世界的绝大多数讨论，都集中在当时的陆地动物，尤其是恐龙。但是，海洋世界也正发生着巨大的变化。中生代的浅海变得越来越接近现代，但中层海域和深层海域的动物群，仍与现在的动物群大相径庭。从浅海到深海的横断面表明了这一点，甚至在中生代即将结束时（这里指晚白垩世）仍是如此。本章将深潜进入中生代海洋，揭开其神秘面纱，总结我们目前了解的所谓中生代"温室"海洋。[1]

笼罩在温室海洋上方且与之相互作用的大气层，极大地影响了所有海洋的化学和物理环境。[2]大气层的温度、从极地到赤道的温度差别，以及海水中的化学物质（包括溶解氧含量）都影响着海洋环境及其所承载的生物。一项至关重要的物理现象是：同冷水相比，温水所含的氧气量比较少。在整个中生代，除白垩纪末期的 500 万年之外，从极地到赤道地区，全球空气均炎热且潮湿。但是，单单是高温本身，就使得海洋整体的含氧量低于如今的海洋。此外，当时空气中的含氧量也较低，这些均有助于我们理解中生代海洋与今天的海洋是多么地截然不同，并且生物的生存环境十分恶劣。不出所料，当时的生命，为了应对这个低氧的全球大洋，在许多方面都发生了演化。

中生代世界尽管不同于现代，但在某一方面，或许还是让我们有似曾相识的感觉。当今世界，大气层的底部生活着丰富多样的飞行生物，从昆虫到鸟类再到蝙蝠，中生代的天空与此类似，也是这些飞行生物运动和生活的地方。当时的空中，不仅存在包括昆虫在内的各种各样的飞行生物，而且还有与今天大不相同的两大类群：一是巨型翼龙（爬行动物），以及体形更小的爬行类翼手龙；二是各种各样的鸟类，与今天大多数鸟类截然不同，它们有的有牙齿，有的没有牙齿，有的有翅膀，有的没有翅膀。

白垩纪海洋的海滨，大多具有宽广的潟湖。潟湖是某种礁墙隔开了部分海湾而形成的。通常来说，这种潟湖的温度高于开放的海洋，但含氧量低于开放的海洋。这些潟湖的浅水域曾居住过蛤类和螺类，它们与那些见于现代海洋的热带潟湖和近海环境的生物十分相似，并且在很多情况下属于同一分类群（如同一个属）。

当时已经有的动物有穴居贝、象牙贝、牡蛎、扇贝、贻贝、贝壳、芋螺、法螺、凤螺、峨螺、海胆（既包括球状海胆、"规则"海胆，也包括穴居型或"不规则"海胆，例如当今的沙钱海胆和"海饼干"），等等。同样应该还有龙虾和螃蟹。总之，现代动物群早已稳健地立足在晚白垩世海洋的浅水域，实际上受到即将在晚白垩世（大约从9000万～6500万年前）到来的"末日大灭绝"的影响相对较少。

正如在海洋中发生变化那样，在较深的水域，生命的种类会发生变化，转变为能适应较深水域中精细沉积物的物种，而不是适应较浅水域中粗砂环境的物种。海底应该掩埋着许多动物，包括许多如今仍然存在的蛤类和其他种类的穴居动物。"藏身于沉积物中"的行为是一种主要的生存策略，因为到晚白垩世，许多捕食者掌握了打开现存的软体动物硬壳或者在上面钻洞的技能。由造礁生物（例如现在的珊 280 瑚虫）形成的坚硬石灰质块也出现在潟湖浅水域。这些碎块是那时的微型珊瑚礁，和现在一样呈马蹄状，马蹄的前部或拱形处，生长在盛行风中。

离海岸较远的便是大型堡礁，它会一直向上生长，直到露出海面。这些巨大的石灰岩墙可能长达数百至数千英里，生长于大型岛屿的边缘，或生长于大陆架并向大陆坡和深水域方向延伸。大堡礁堡垒的两边是许多鱼类的家园，包括硬骨鱼、软骨鲨、鳐和鹦鱼。

堡礁的内部边缘（实际上是它的整体形状）看起来很像许多现代的堡礁，例如澳大利亚的大堡礁。主要的区别是，现在有些珊瑚物种生活在珊瑚礁上，但是它们的主框架建设者根本不是珊瑚虫。

我们称这种三维耐波结构为**珊瑚礁**，自奥陶纪以来，它就一直是一种关键的生物群落。这些结构已经担当并将继续担当建设者和黏合剂的角色，它们如同由珊瑚"砖"、薄壳状藻类、平珊瑚和碳酸盐颗粒砂浆构成的砖房。但也许有一个更好的类比：它们像是一些古城墙——千百年来建立起来的高楼，存在一段时间之后倒塌或解体了，但是，在旧址处建立新高楼之前只清理了一部分废墟。随着时间的推移，持续变大的石质建筑物的巨大重量，经常导致古城墙下方的地壳缓慢而明显地下沉。

　　这便是珊瑚礁的本质：更大且更坚硬的珊瑚依附并累积到已存在的珊瑚礁表面，它们朝着阳光向上生长，展开了一场必须在邻居中脱颖而出的、真正的生死竞赛，生长速度要比周边珊瑚更快。珊瑚相互竞争，以避免被超过或遮蔽，而失去维持生命的阳光和开放水域，因为数百万生长于每一珊瑚虫上的单细胞植物都需要阳光，281 而珊瑚虫必须在开放的水域摄食。这些微小的植物促使珊瑚动物建造它们自己庞大的骨架，反过来这些植物（甲藻）也从捕食者那里得到营养和保护。以这种方式，微小的珊瑚幼虫从浮游生物上脱落，并定居到任何它们所能找到的无生命且坚硬的底物上，之后朝向海面生长。幸运的话，这些微小的幼虫能在一个巨大群落上从一只珊瑚虫繁殖到成百上千只，而且能存活几百年甚至更长，形成一个重达数千吨的巨大的钙质骨架。尽管存在数千年甚至更古老的单一群落，大型群落最终还是消亡了。珊瑚死后，骨骼变成碎块，其他新的珊瑚渐次在其上生长。

　　白垩纪温室海洋的礁石在这个过程中的形状和最终形成的形状，并没有什么不同，但是它们的建造材料并不是珊瑚礁而是贝礁。贝礁由比较大的贝类创造而成，这些贝类与现在的贝类截然不同，它们是构造奇异的、被称作厚壳贝类的双壳软体动物，且大多数看起来像某种直立的垃圾箱，圆柱形贝壳上配有一个能够开合的盖子。有些达到了现代砗磲（如今热带的巨型双壳类）的尺寸。但与单生砗磲不同，厚壳蛤类以群居的方式并排生长，大多数与现代的蛤贝一样，挤在一起从而完全覆盖底物，甚至生长在另一只的身上。

每一只单独的厚壳蛤的底壳都是一个大的圆柱体，旁边竖直地挤满了其他同类，全都挤成一到两英尺长，有些可以达到一英尺宽的锥形体所构成的铺石状构造，每一个椎体都顶着颜色鲜艳的、朝向阳光的肉体。和珊瑚一样，它们有微小的共生体，即单细胞植物，植物需要光来进行光合作用，并反过来给蛤提供丰富的氧气、二氧化碳，并且清除该组织的废物。但与花费几百年才能长到大尺寸的现代珊瑚不同的是，蛤生长得很快。从浮游生物身上下沉到浅海底部之后的一年内（它们可能需要光来生存，因为体内含有微小的植物），在一年或更少的时间内，小蛤的厚碳酸盐外壳逐渐长到成年规格。它们出生之后快速生长，并且一般不久后便会死亡——因为同种的其他个体在它们的硬壳上繁衍生长，令那些蜷伏在底层不动但仍活着的蛤窒息了。一个珊瑚骨架从个体成长为一个数英尺高和宽的群落，需要一百年的时间，但厚壳蛤类长到同样的体量最多只需要五年。

厚壳蛤类的礁石像所有的礁石一样，生长于接近海面的地方。在它们靠外海的一边，水的深度陡降。礁石外面是中生代辽阔的开放大洋，这些海洋的上方和底部，都生存着如今已灭绝的生物。

这些海洋的表面，会有大鲨鱼和巨大的海生爬行动物巡游。后者包括长颈和短颈的蛇颈龙，以及类似蜥蜴的沧龙类。它们的生活，可能很像现代海豹，潜水觅食但需要浮出水面换气。但它们的体形远远大于任何一种海豹，也大于其他任何需要不时游出水面休息或交配的生物。

温室海洋底部的深处，也不同于大多数海洋底部。与温室海洋底部深处甚至中层水域的条件相似的，只有现今的黑海——温暖的环境里很少有溶解氧，以至于大多数鱼无法在那里生存。同黑海一样，它们的底部由黑泥组成。泥土里有着大量细小的、颗粒状的黑色有机物。这些深度的海水所含氧气非常少，事实上，甚至导致有机物无法发生正常的分解，或者以远低于含氧海底有机物的速率发生极慢的分解。在这个泥质底部沉积物之下几英寸的层面，生活着一个完全不同的微生物种群，它们以硫黄为食，此外，其特定形式的呼吸作用的副产品是化合物硫化氢和甲烷。

在中生代海洋底部，仅有少数几个地方拥有足够的氧气能支持正常需氧量的动物的生存。[3] 但在温室海洋中，为了适应低氧环境的特征，两个不同种类的软体动物发生了特定的演化：一种是居住在底部的双壳软体动物；另一种是由许多不同种类的头足类软体动物——菊石，它们生活在水层中，但在海底摄食。

我们在这里所剖析的白垩纪海洋的菊石最先出现于侏罗纪早期，它们在那个时代的岩层中突然出现，暗示了毁灭性的三叠纪—侏罗纪大灭绝（发生于晚白垩世之前约 1.3 亿年）这一事件，打开了通向新种类动物（包括菊石的新构造）的大门。找到它们是搜寻化石的一大乐趣，本书的两位作者在过去的 20 年里，花了许多时间研究菊石分层，这已经成为我们深厚友谊的一种纽带。沃德会被一块菊石类化石的蛛丝马迹完全迷住，克什维克会很快地从标本中钻取一个古地磁岩芯，哪怕是博物馆级别的高品质标本，他也会很快地先下手为强。他的确就是这么做的。

最后一组菊石起源于最古老的侏罗纪岩层，并延续到本章论述的温室海洋。它们不仅对生命的历史非常重要，对地质科学本身和使用化石来分辨时间也很重要。在世界上的许多地方，侏罗纪地层覆盖

　　　　　　　　　新生命史：生命起源和演化的革命性解读

了三叠纪最末期的海相地层。人们可以在这种露出地面的岩层上穿过时间寻找历史，如果地层是连续不断的，晚三叠世和早侏罗世的重大事件便会呈现出来供所有人观看。这一段的时间和岩石保存着三叠纪大灭绝（被称为五大灭绝之一）的证据，因物种大量死亡而闻名。漫步在三叠系地层之上，首先进入的是布满了海燕蛤（一种平蛤）化石的地层，之后将进入更为年轻的、含有更丰富鬐蛤的岩石。但之后蛤类消失了，只覆盖了几米的地层，留下了一段很长的空白岩石层和时间间隔区。这是三叠纪的最后阶段，被称为雷蒂亚阶（Rhaetian stage），持续约 300 万年。

　　最后，在这一几乎没有化石的厚地层之后，突然出现了一群新的 284 化石——菊石类。尽管在上三叠统的岩石中就有菊石，但它们的数量及种类不是很多。然而，在英国的莱姆里吉斯海滩、德国南部和世界上许多其他地区，最早出土的侏罗系菊石不仅数量庞大，并且在仅有的几米厚的地层内呈现了多样化。这些并不像三叠系的平蛤那样，只有单一的种类。在侏罗纪早期，菊石种类多样、数量众多，这告诉我们，氧气水平极速下降的时期最终结束，且氧气水平的缓慢上升也已达到适当的程度。但是菊石并没有告诉我们，氧气含量会突然达到与今天相似的水平。菊石的出现是因为侏罗纪早期的海洋表面开始含有少量的氧，菊石充分利用了这一点氧气。它们能够生存，因为它们也许是地球上最适应低氧的动物，在侏罗纪和白垩纪温室海洋中，它们能够并且的确占据了生态优势。

　　鹦鹉螺类和菊石类分室外壳的整体相似性，致使我们推测它们的生活方式也会较为相似。今天的鹦鹉螺绝大多数都生活在含氧量高的水域，但也零零落落地分散在含氧量低的底部。这是一种非常奇特的现象，因为传统观点总是认为头足动物通常需要高氧条件，但对于拥有外壳储备的分室头足类动物——鹦鹉螺来说，并不必如此。当鹦鹉螺离开水时，其生命力很顽强并且抗低氧。它们可以离开水长达10～15分钟，没有任何不良影响。在水中的时候，它们从相对较大的并且在演化史上最有力的泵形鳃中获得氧，通过鳃摄入大量氧气，因此即使在低氧水域也能吸收充分的氧气分子。如果曾经有动物能适应低氧，那便是鹦鹉螺。英国动物学家马丁·威尔斯（Martin Wells）曾测量过新几内亚各种圈养鹦鹉螺的耗氧量，并最终证实了这一点。鹦鹉螺面对低氧环境时，会做两件事：首先，减慢新陈代谢；其次，

285 它凭借其强大的游泳能力可以游到很远的地方——不仅为了寻找食物，也是为了找到高氧水域。

在较早的侏罗纪地层中，菊石化石的大量出现表明，这些菊石设计精良，能够从溶解度较低的稀有气体中最大限度地提取氧气。因此，侏罗纪至白垩纪的菊石，其身体构造在接近三叠纪—侏罗纪界限时也许已经针对世界范围内的低氧做出响应变化。它们新的身体构造（相比于较早出现的菊石）已演化出一个相当大的体腔，与体管相连。正因为如此，它们不得不使用更薄的壳，需要更复杂的缝合线。缝合线还通过加快去除体腔液体的速度改变浮力，让动物更快地生长。在巨大的体腔内有一只动物，它可以缩进体腔内，与其祖先相比，它拥有很长的腮。

我们不知道菊石到底像鹦鹉螺那样有四个腮，还是像今天的乌贼和章鱼那样有两个鳃。早侏罗世的动物形态大都缺少流线型的外壳，

表明这些动物并不是快速游泳高手。更有可能的是，它们运用如齐柏林飞艇般充满氧气的外壳，在海面附近缓慢地飘荡着或慢慢地悠游。

侏罗纪的菊石到白垩纪只发生了细微的改变，但之后开始发生引人注目的变化。虽然仍有许多原来的平旋壳形状（就像鹦鹉螺壳），但白垩纪新增了其他的外壳形状。让我们从这里开始，穿越到在晚白垩世海洋中潜水探秘的时刻，游走在菊石之间。

无论形状如何，大多数菊石都在海底搜寻甲壳类动物或其他食物。在同样的环境里可以生存超过十二种不同的菊石，每一种各有不同的外壳。有的外壳很小，直径不超过一英寸；有的外壳很大，直径可达六英尺。生活在白垩纪海洋中的生物，大多数长有某种厚重、精致地分支的肋或结节，这类防御性武器装备证明了——在这些温室海洋中有大量的、高效的、能击破外壳的捕猎者存在，其中的主要捕食者极有可能是蛇颈龙和沧龙。 286

菊石看起来有点像陷入鹦鹉螺贝壳的乌贼。今天的鹦鹉螺有九十只触手，然而菊石仅有八只或十只触手；鹦鹉螺是食腐动物，而今天的乌贼和中生代的菊石是食肉动物，以活生物体为食。

第二种温室海洋的软体动物是贝类，它们的外壳并不像厚壳贝类那样奇怪，但肯定不同于现在活着的任何贝类，它们便是我们称之为"叠瓦蛤"的一种平贝。它们与牡蛎有亲属关系，种类多种多样，且都在同样泥泞的海底相互竞争。这些贝类都不能挖洞，而是稳坐海底。有些是名副其实的巨贝，长着棱纹平缓、杏仁状的外壳，从喙到宽阔的壳口有八英尺多。然而与今天任意一种贝类不同的是，它们的外壳相对于体形而言几乎像纸一样薄，且柔和装饰的外壳上面有时镶嵌着各种各样的牡蛎、扇贝、苔藓、藤壶和管虫。然而通常来说，叠瓦蛤生活的海底和海水中几乎没有氧气，普通的软体动物或其他无脊椎动物难以存活。我们的许多同行已经使用地球化学更好地解释了这些蛤类与今天可能活着的蛤类有何不同。美国自然历史博物馆的尼尔·兰德曼（Neil Landman）和地球化学家柯克·柯克兰（Kirk Cochran）合著的新书已经完美地展现了这些中生代群落的奇妙。

　　与其他双壳类相比，只须看一下叠瓦蛤的大小，便能告诉我们它们多么奇特。现代最大的双壳类动物是热带的砗磲（巨型蛤蜊），从头到尾有六英尺长，因此可承载数百磅的肉身。但第二大双壳类，称之为巨蚌，最大只有一英尺长，体内有不过1~2磅重的活组织。一些牡蛎最长也只有一英尺，也并不多见。但是叠瓦蛤弥补了砗磲和较287 小巨蚌之间的现代差距。大量种类各异的叠瓦蛤从二叠纪存活到它们灭绝的白垩纪末期，在温室海洋中蓬勃生长。它们体内含有某些微生物，能帮助其以甲烷以及其他温室海洋中富含的有机物、低氧海底渗出的化学物质为生，而不是像现代蛤蜊那样从海水中滤出食物。

　　温室海洋的最后一个区域是中层水域，[4] 海洋底部悄怆幽邃，阳光无法抵达，但仍然能照到静止海底上方的数百至数千英尺的中层水域。在今天的海洋里，这片广阔的中层水域环境是地球上最大的单一栖息地，生活着各种各样的生物，它们已适应这种既不露出海面、不接触阳光和空气，也不接触海底的生活。在这里，生命以此"中间层"为家，因为对这些生物而言，温暖的浅水处和冰冷的深水底部都是致命的，要么捕食者众多，要么温度和氧气条件不适宜生存，或者两者都有。因此，能够达到并保持的中性浮力的适应性对

　　　　　　　　　　新生命史：生命起源和演化的革命性解读

生存而言至关重要。我们的海洋中，在这一区域栖息的最普遍的动物是中水层鱿鱼，它们已经演化出漂浮的触角或液囊，液囊在体内，聚集着脂肪或其他化学物质（如富含氨的溶液），可让整个动物轻于海水。

它们的猎物个体小但数量庞大，由各种各样丰富的小型水生动物组成，这些水生动物构成了所谓的深海散射层（DSL），20 世纪 40 年代开始使用的世界上最早的声呐，发现了这些水生动物对声波具有较强的散射作用，深海散射层由此得名。组成这种深海散射层的，是数不清的小型甲壳类动物和其他节肢动物，如片脚类动物等足目动物以及各种其他门的生物。白天，这个巨大的生物层，从大概八百米深处延伸至六百米深处，在远离海岸的海洋区域，向四面八方延伸数百至数千英里。但是随着日光消退，整层生物便开始缓慢地向上游到深度较浅的地方。天色彻底变暗时，无数深海散射层动物游到更浅、₂₈₈更温暖、更富含营养的水域。不过，对于深海散射层群组中绝大多数微小、肉质的节肢动物而言，白天到达这里将会是致命的，因为这时会有许多敏锐的捕食者，如鱼和鱿鱼。

我们有确凿的证据证明，这种海洋中全新的生活方式最早出现于白垩纪。在那之前，中层水域没有值得追捕的食物资源，因此，没有物种做出这种广泛的适应性改变：更大的动物不仅需要漂浮一生，而且能够以某种方式迁移数百米——傍晚向上迁移，早晨又迁移至最深处。但是，随着中层水域节肢动物的出现，演化迅速催生了能够使用新型浮力器官来捕食它们的动物，这是因为在中层水域最根本的适应就是采用某种失重方式。

已经演化成利用这一资源的食肉动物，主要是菊石，但在外形上非常不同于传统古老的平旋壳菊石，具有平旋壳是居住在海底上方物种的标志。中层水域的菊石长着能让它们漂浮一生的外壳；这种奇异的外壳不允许任何快速的游动。但一旦待在密集的海洋水团或液体层中，周围是深海散射层中居住的动物，那里的食物如此丰富，它们只须待在层里即可，夜晚随层的上升而上浮，白天随层慢慢下沉，这使它们拥有了一个食物丰富且没有捕食者的生存环境。因此它们以一种缓慢而浮动的生活方式生存着；实质上，这些奇怪的生物，行动起来像热气球——上面悬着一个大型漂浮装置，漂浮装置下方吊着一个坐乘客的小篮子。

中层水域[5]的菊石需要有效地控制浮力。我们知道，现存鹦鹉螺的浮力系统操作起来相当原始、缓慢。但菊石一般可能把带有漂亮缝合线的复杂隔壁作为更好的浮力装置的一部分，能够把水排出或让水非常迅速地涌入本来充满空气的气室，作为压载物。这些新的晚白垩世的菊石种类被非正式地称为异形菊石，因为它们的外壳偏离了菊石（在泥盆纪首次出现，在白垩纪末期灭绝）最初的、传统的盘绕构造。异形菊石们生存了大约 6000 万年，它们这种身体构造前无古人，后无来者，它们刚好存活到希克苏鲁伯小行星灭绝所有菊石的那一天。

有些异形菊石看起来像巨型的蜗牛壳，但这种"蜗牛壳"内是充满了空气的气室，其最后一间最长住于下端，包含着菊石的柔软身躯、触角等。有些异形菊石看起来像巨大的纸夹，还有一些更像是大钩子。但最普遍的是长长的直椎体。椎体的尖端是第一个成形气室，到成年时，这些长的细椎能长到六英尺长。菊石垂直地悬在水中，在外壳的气室漂浮部分之下，触手前端向下悬挂。它们被命名为杆菊石属，至晚白垩世，它们也许是地球上最常见的食肉动物。

中层海洋中充斥着庞大的杆菊石。[6]它们经常出现在许多白垩纪海洋时期的壁画和油画上，总是被错误地描述为在水中水平游动的长形箭状生物，基本像鱼和乌贼那样生活。但这是不可能的。事实上它们在垂直方向游动，其中微小的、最早长出的壳部朝上，沉重的头部和触角下垂。它们不能向侧面游，甚至不能向侧面漂浮。对它们而言，一切行动不是上升就是下降。它们可能会非常快速地运动，以喷气推进的方式，突然向上快速升起，之后缓慢地向下沉去。杆菊石属的天敌，也许是鱼和鲨鱼，它们在尝试普通的捕猎攻击时，会一次又一次地晕头转向，因为这种猎物不像通常的猎物那样，试图通过游到捕食者前面，来逃脱追捕，令捕食者傻眼的是，它们会看到一个竖直的长形生物，快速地向上移动，就像一只有提线的木偶被提起，而捕食者会无助地游向前方，即所有典型的猎物都应该逃离的方向。

290

中生代海洋革命

在此之后的中生代时期，海洋中发生了一场革命性的变革。加利福尼亚大学古生物学家盖里·弗尔迈伊（Gary Vermeij）将其非常简单地称为"中生代海洋革命"。[7]从演化的角度看，这不啻于一个海洋捕食者疯狂失控的世界。

目睹我们的朋友兼同事、少年失明的盖里·弗尔迈伊**以手为眼**"看到"后古生代软体动物为适应壳的增厚而进行的复杂改变，娓娓道来这个过程，就像是观看音乐会上钢琴大师的手指快速复杂地运动，看似无骨，不断"弹奏"螺壳上的形态键，从塔壳上的棘线到螺类内壳端口的脂唇状胼胝；从细心地发现外壳上可能招致危险的条纹部位已含有的钙质填充物，到同样加厚的内壳端口边缘外部上快速抖动的微小而强壮的齿。我们这些明眼人，引导他走到博物馆抽屉前，而失明的他则指导我们洞悉他的见解。这些见解皆来自于他的一种感官——触觉。

手指有记忆，手指也能看见，弗尔迈伊正是仅凭手指的触觉，用敏捷的头脑"看到"：二叠纪后新演化的捕食者持续增强的进攻、击碎硬壳的能力，结合了无脊椎植食动物和较小捕食者更好的钙质盔甲这种**协同演化**，能概括成我们现在所知道的"中生代海洋革命"。

最初，这一概念仅仅是指二叠纪大灭绝之后，某些动物的捕食方式转向击碎外壳，采取新的方式，从以前坚不可摧的硬壳中获得丰富的肉食，例如那些古生代的贝类、螺类、棘皮动物和腕足类动物的肉。但这一概念已经扩大了范围。

291　　被捕食者的适应性演化同样令人印象深刻，习惯居住在海洋底部或下方的贝类为适应深挖洞穴而演化，这些新的贝类称为异齿类（因为它们铰链线上有许多牙齿）。它们经历了主要的结构修正过程，即通过融合外套膜的一部分，使其成为一对吸管（我们所称的蛤的脖子）。今天的这些穴居贝仍是最多样化的群体——包括全部能够迅速挖掘沙子、泥土或淤泥的各种贝类。这样做的原因只有一个：逃避捕食者。相比于待在沉积物上面，待在沉积物内部，根本不能提高饮食效率，但能极大地增强生存能力。一些种类从根本上改变了形态，来适应一种穴居（或在木材上钻孔）的生活方式，其中包括螺类、新型的多毛蠕虫、某些种类的鱼和完全新型的海胆。[8]

另一类表现出彻底创新的无脊椎动物，属于棘皮动物纲，叫作海百合。[9]这些大量宛如花朵的无脊椎动物（它们通常被叫作柄海百合）是它们生存的古生代的典型生物，因为它们是营附着生活的：在度过浮浪幼虫阶段之后，它们便附着在海底，便不再移动，在一处终了一生。开车穿过今天的美国中西部地区，会发现它们以前数量丰富的有力证据：构成每一个路堑的，几乎都是由柄海百合长茎的微小圆骨板演变成的岩石。为了形成这样丰富的物种，必须有一片广阔的、极其清澈的温暖浅海，海洋的底部要被海百合的森林所遮蔽。令人怀疑的是阳光是否能穿透进这些浅的底部——阳光对于海百合有利。海百合的食物是微小的浮游生物，它们的生活是在"慢车道"上——至少在新陈代谢方面是缓慢的。而一旦附着于某处，它们便永远不会移动。如果风暴或捕食者将其剥离下来，它们会很快死去。

大规模死亡最能刺激新物种的演化。二叠纪物种灭绝几乎使海百合从地球上完全消失，按照充满捕食者的中生代新规则，任何想从海百合中获取食物的捕食者，都会把它们当作一顿快餐，但这顿快餐并不容易吃——大概再也没有如此多的碳酸钙骨骼保护这么少肉体的例子了。但是有柄海百合让位给了一种新型的无柄海百合。无柄海百合存活到了今天，而且是见于现代珊瑚礁之中最美丽的生物。它们实际上能够游泳，动作缓慢且十分优雅，用触手让自己在水中缓慢地游弋。

中生代海洋革命，不仅涉及捕食者和被捕食者，而且关系到对新栖息地前所未有的**更大的利用率**。[10]这包含了形态学的演化，使得贝类和螺类通过挖掘更深的洞穴来逃避捕食，以及数量空前的其他无脊椎动物，也在沉积物中摄食。遗迹化石多样性和丰富性的增加，证实了这些变化，与我们在寒武纪大爆发章节所描述的那些变化类似。其最终结果是，生物搅动几乎让中生代的沉积物天翻地覆，完全改变了模样。

发生根本性改变的动物，不仅仅位于中生代海洋的底部和底部之下。自动物出现以来，第一次发生了对于水环境从上到下的全面开发利用。许多新演化的形式根本不是动物，而是原生生物和漂浮的单细胞浮游植物。在中生代地层发现了重要的微生物化石新种类，包括演化出了众多像变形虫但有骨骼的有孔虫类，这种生物既生活在海底，也漂浮在海底上方，其他的浮游生物包括硅质放射虫。但中生代及之后的浮游生物最大的根本性改变，也许是演化出了一种称为颗石藻的海藻——它们带有微小的骨骼，在海底积累后变成石头，这就是著名的白垩。

颗石藻是微小的植物——它伸出七八个到十几个的"碳酸钙小盘"——黏接在球形身体上。颗石藻死后，这些微小的盘子将落到底部，积累极大的数量，直到形成例如著名的多佛白崖这种巨大的沉积单元。这种悬崖遍布整个欧洲北部，从英国到法国、波兰、比利时、荷兰、整个斯堪的纳维亚，穿过苏联的大部分地方通向黑海。颗石藻在地球温度中扮演着重要的角色。颗石藻是白色的，这种白色将阳光反射回太空，从而降低了地球温度。

就像在寒武纪大爆发中，刺激了动物们基于呼吸系统产生新型身体构造，三叠纪海洋的动物也表现出大量新的适应特征。正如我们已经看到的，陆地动物群试验了许多类型的肺。海洋中发生了同一主题的探索。双壳软体动物这一种群，演化出了一种新型的身体构造，甚至演化出生理机能，以适应几乎无边无际的、营养丰富但低氧的海底。

海底的极端缺氧，在某种意义上使它成为完美的居住环境。大量还原态的碳，以死去的浮游生物和其他生物的形式降落到海底并埋葬在那里。如果是在一片充满氧气的底部，这些物质将很快被滤食沉淀物的生物和食腐动物所消耗。但是低氧条件将这些生物拒之门外，即使分解海底附近生物尸体的细菌也无法进入。正如我们已经看到的，这就是氧气水平在三叠纪暴跌的一个原因。但是，贝类想到了一条摆脱困境的出路。有几种贝——例如前面描述的叠瓦蛤——生活在至少含有一些氧气的海洋底部，它们不仅以沉积的有机物为食，也以一些来自富含有机物的沉积物中的甲烷为食。产甲烷菌是一种在低氧或无氧条件下繁衍的细菌，海底带有一些氧气的沉积物之下，只须再深入几厘米，就会有一个无氧区，这里允许产甲烷菌的生存。产甲烷菌们新陈代谢的时候释放副产品甲烷。贝类的鳃内可能含的细菌，能够利用甲烷和其他被溶解的有机物质，或者它们干脆以这种细菌为食。在今天的深海烟囱处的动物群中，发现了一个有点相似的机制，在那里，巨型管蠕虫和贝类以这些化学物质为食。但不同的是，现代海底烟囱动物群是富含氧气的，那里的动物甚至不需要鳃，而中生代的贝类却没有这么幸运。 294

另一种完全不同的身体构造，就是螃蟹和龙虾，是甲壳类动物为应对极度缺氧的海洋而演化出来的。尽管在古生代岩石中，可见身体形态整体上像虾的甲壳类动物，但螃蟹是一种相对较新的发明。螃蟹完全就像虾的腹部缩进身体下方后的形态。头部和胸部融合形成了一个钙化胸甲，使螃蟹成为一颗令其捕食者无能为力的"铁核桃"。而把腹部藏于这装甲之中体现了设计天才。在任何掠夺性攻击中，腹部都是最容易受到破坏的，通过消除装甲上的这一薄弱环节，螃蟹迅速地在海洋中占据了优势。它们的大爪子使其能够夹开猎物的硬壳——它们被称为"食硬者"或破壳掠食者。在此之前，很少有捕食者能够闯进带壳生物的内部。螃蟹和其他生物想出了破敌良策。

因此，螃蟹的身体构造虽然新，但大家认为其形成的原因是与其**自身的防御**（腹部的折起、头胸部增厚和钙质增加）**和进攻**（演化出了一对强壮的大螯）有关。但这里还有另外一种原因：螃蟹这种设计的出现，在某些方面主要是为了提高呼吸作用效率而发生的适应——通过把鳃放在头胸部（头部—胸部）下方的封闭空间里，提高了呼吸作用效率，然后演化出了一个泵，促使水流通过现在闭合的鳃。

螃蟹鳃的设计是一个"增加通过鳃的水流量"的绝好办法。

螃蟹从虾形生物演化而来，且在这些古生物中我们能看到一段通向蟹鳃系统的演化进程。虾的鳃部分地封闭于其身体的下部。尽管虾的背部盖着鳃，但鳃附着在体节上，并且对着下面的水开放。

295 　　随着时间的推移，中生代的温室海洋发生与时俱进的改变。然而，要不是6500万年前那非常糟糕的一天，它们中最典型的两个形态：菊石和双壳类的叠瓦蛤，今天可能仍然和我们在一起；但是，在6500万年前那非常糟糕的一天，希克苏鲁伯小行星抹煞了中生代典型存在的生物群。

　　　　　　　　　　　　新生命史：生命起源和演化的革命性解读

第十六章　恐龙之死：6500万年前

有时，只有伟大的科幻小说家才能完美地概括历史。白垩纪—第三纪（K-T）大灭绝是最著名的大灭绝事件，这里有一个关于它的最贴切记述（就像我们在前言中描述的，我们采用"白垩纪—第三纪（K-T）大灭绝"这个旧称）。我们很高兴能从偶像级小说家威廉·吉布森（William Gibson）和布鲁斯·斯特林（Bruce Sterling）创作的《差分机》（*The Difference Engine*）中见到这一段精彩记述：

> 灾变的"暴风骤雨"鞭笞着白垩纪的地球。漫天大火肆虐，彗星穿过翻滚的大气层，摧折甚至毁灭枯枝败叶，直到曾经适应世界、雄霸天下的强大恐龙，随着地球的凋敝亦发生大灭绝。于是跨越式演化的机制陷入一片混沌，用古怪的新目重新填充破败的地球。

我们都知道，那些"古怪的新目"包括今天地球上的众多哺乳动物。然而，我们何以这么肯定地知道是一颗小行星（的撞击）灭绝了恐龙？这一"事实"自1990年以来就一直被奉为真理。它起源于这个时间点之前10年的1980年，伯克利（Berkeley）的阿尔瓦雷斯

（Alvarez）课题组发表了震惊世界的发现，不仅完全改变了我们对于大灭绝的理解，而且改变了我们对于普通地质作用的理解。

从1800到1860年，人们大量地研究了物种灭绝，早期每一个有突破性进展的时刻，都织入了新生的地质学领域的发展。几十年来，关于地质成分、结构，以及地球上现存的各种动植物是如何形成的合理解释，一直存在争论。争论双方，一方倡导均变论原则（认为"现在是了解过去的一把钥匙"的学说），另一方支持灾变论原则。

乔治·居维叶（Georges Cuvier）男爵生活在法国大革命前后，是首位认识到有生物灭绝发生的学者，拥护灾变论，随后他最出名的学生之一阿尔西德·道比尼（Alcide d'Orbigny）继续发扬此学说，并将地质时间单位现代化。虽然两人在科学上做出了很大贡献，但都用超自然因素来解释（物种）大规模灭绝的惊人证据，这些证据可见于他们早期研究的化石记录中，并且两人都认为是上帝偶尔带来世界性的洪水泛滥，扫灭大多数生命，然后用新生命重新填充大洪水之后的陆地和海洋。

新一代地质学家和植物学家，对于到底相信均变论还是与其对立的灾变论开展较量，起起伏伏，互有胜负。最终均变论占了上风，因为随着人们对岩石愈发深入的研究、解释，包括它们的特征及年代，都没有证据表明曾存在一场世界范围内的大洪水，更不用提（灾变论）需要一系列世界范围内的大洪水才能解释不断增加的大量灭绝物种名单。自古以来，先后发生过奥陶纪、泥盆纪、二叠纪、三叠纪、白垩纪—第三纪的大灭绝，现在称之为**五大灭绝事件**。到20世纪，灾变论已不再为人所接受，只是偶尔有一些不切实际的作者，想迎合

　　　　　　　　　新生命史：生命起源和演化的革命性解读

人们的幻想、获得好处，而提出一下灾变论（人们希望过去是激动人心的，而不是慢慢积累的厚重历史记录）；但另一侧面——对大灭绝的解释，仍令均变论者（包括达尔文）感到不安。

20世纪后半期，地质学认定大灭绝是缓慢发展的、宏大的事件，并且只要提供充足的时间，那么甚至可见的气候以及海平面的变化，就可以解释所有地质学家认可的**五大灭绝事件**中的这么多物种的灭绝。

也有一些（但只是少数）反对的声音，其中最强烈的是德国南 298 部图宾根（Tübingen）大学的古生物学教授奥托·申德沃尔夫（Otto Schindewolf）。申德沃尔夫反对将缓慢、渐进等因素作为大灭绝的原因。而是在长期而细致地研究了化石记录及其变化之后，推测导致大灭绝的原因可能是**大量的灾难性突发事件**，并且暗示附近恒星变成超新星时影响地球，将足以引发一场或多场已知的大灭绝。他甚至给这种似曾相识的理论取了一个名字——新灾变论，表示这是一种迥异于**均变论**的解释历史的方法。

同行们对申德沃尔夫的推断充耳不闻。气候的缓慢变化和海平面的改变既是大灭绝的"事实"，又是大家推测的大灭绝的原因。自1950年起的30年来，地质学研究停滞不前，沾沾自喜地认为地质的（缓慢）肇因足以解释所有问题。从20世纪50年代申德沃尔夫提出推断，直到1980年，关于大灭绝之研究的学术状态就是如此。然后，一切都发生了改变。1980年6月6日，盟军登陆欧洲的第36周年纪念日，阿尔瓦雷茨（Alvarez）关于小行星撞击导致白垩纪—第三纪大灭绝的论文，从总体上动摇了陈旧的、庄严的、但已摇摇欲坠的均变论体系，特别动摇了人们认可的大灭绝的原因。[1]这一次对地质学的冲击，开启了一场科学界的战争，从某种意义上说，一直持续至今。阿尔瓦雷茨小组的工作解答了这个问题。

大撞击和大灭绝

太阳系中每一颗具有坚硬表面的行星或卫星，都存在大量的撞击坑，这鲜明而深刻地证明了上述事件发生的频繁和（对地质形成具有的）重要作用，至少在太阳系的早期是这样的。撞击可能对太阳系以外的大多数或全部的行星系统都是一个隐患。它也可能是所有行星灾变中最频繁和最重要的引发因素。大撞击可以毁灭之前占主导地位的生物群体，进而为其他全新的或之前弱势的生物种群**打开生存之路**，299 从而完全改变一颗行星上的生物历史。因此，1980年阿尔瓦雷茨的研究对很多前沿领域（的发展）都有特殊意义。

有两条重要的证据链，使大多数学者服膺小天体撞击导致了**白垩纪—第三纪（K-T）大灭绝**：一是这一界限的黏土层中铱含量升高；二是大量"冲击石英"与铱混杂存在。1997年，全球超过50处白垩纪与第三纪交界的地点检测到了高浓度铱。铱是验证撞击的指标，因为其在地球表面含量很低，但在大多数小行星和彗星的表面含量很高——远高于地球。冲击石英也被视为撞击的指标，因为只有高压条件下——比如当一颗较大的小行星高速撞击岩石时——才能形成大部分白垩系—第三系交界处发现的具有多片薄层结构的石英砂。"凡间"的自然条件下，不能形成这种多片薄层结构的石英。

除了铱和冲击石英颗粒，K-T边界地点还有撞击后马上发生剧

　　　　　　　　　新生命史：生命起源和演化的革命性解读

烈火灾的证据。[2] 我们在地球多地都发现了和 K-T 边界相同的煤烟颗粒。这种煤烟颗粒只能在植物燃烧后产生，而其数量之大则表明地球的大部分表面毁于森林和灌木丛的燃烧。

尽管大撞击说最初极富争议，但 20 世纪 80 年代搜集的矿物学、化学和古生物学的数据使大多数专家相信，大约在 6500 万年前，一颗大彗星或小行星（直径约 10～15 千米）撞击了地球；同一时期，地球上超过一半物种在白垩纪—第三纪之交，相当突然地灭绝了。墨西哥尤卡坦半岛（Yucatán）的巨大撞击坑（希克苏鲁伯陨石坑）的发现，使我们准确推测出大撞击发生的正确年代，这在很大程度上扫除了反对大撞击说的意见。

根据阿尔瓦雷茨等人的研究，**终极杀手**是大撞击过后长达几个月的黑暗时期，或是被称为"停电时期"。这次"停电"的原因是厚重的大气层遮挡了阳光，并且大冲击之后，地球上的物质溅起到空气中，持续时间之长足以杀死当时地球上生存的大多数植物，包括浮游生物在内。随着植物的死亡，灾难和饥饿通过食物链扩散到更高级的 300 物种。

几个研究小组推测出了因上述大气变化致死的模型。显然大量硫也进入到大气中。其中的一小部分转化成了硫酸，并以酸雨的形式落回地球；这可能也是一种对生物的杀伤机制，但其更重要的作用是通过降温而不是通过酸化直接杀灭生物。然而，对生物圈来说，更致命的可能是由于大气层尘埃粒子（气溶胶）的吸收，使得传输到地球表面的太阳能减少——8～13 年减少 20%。这足以使一个遭到猛烈撞击的世界陷入一段长达十年的冰封时代，或维持十年接近冰点的温度，并且证实了阿尔瓦雷茨早年声称的"**大黑暗在大灭绝中扮演重要的角色**"。气溶胶在大气中短期内的大量增加，大大地拉长了这个冬天。

大撞击后也产生了大量灰尘。[3] 直径 10 公里的巨大小行星或彗星撞击地球，造成的大气灰尘对全球气候的影响将包括长时间（若干月）的暗无天日、光照水平低于植物光合作用所需的最低水平、同时伴随着陆地的快速降温。但这个模型中最坏的预言可能是之前未被重视的副作用，即撞击使得大量的大气灰尘聚集，从而影响地球的水循环。全球平均降水量在几个月内骤然减少超过 90%，即使在撞击发生一年之后，仍然只达到正常降水量的一半。也就是说，地球变得寒冷、黑暗和干燥，这是导致物种灭绝的关键环境因素，尤其危害植物和食草动物。

最后，撞击发生的几小时内，大量小块岩石高速密集地从天而降，它们因撞击被炸到地球附近的外太空，再次穿过大气层后到达地面，因此具有足以点燃地球上的植物的热量。这场可能是历史上最猛烈的森林大火，遍及世界各大陆地，单单这场大火本身就可能消灭了陆地上的恐龙。

301

灭绝的前奏

现在我们已经知道多达 75% 的物种永远地消失在了白垩纪—第三纪（K-T）大灭绝中。发生在陆地上的标志性事件，一是恐龙的灭绝，二是哺乳动物的出现。发生在海洋中的则是白垩纪末期菊石类的消失，和第三纪早期以贝和螺类为主的海洋生物群的出现。但随着定年技术的提高，我们发现发生在白垩纪—第三纪边界的"大灭绝"比最初单一的撞击理论所描述的情况复杂得多。现在我们知道，在我们仍然支持的最终撞击之前，至少有两波"前白垩纪—第三纪"（"pre-K-T"）大灭绝脉冲。但近几年的研究再次表明，溢流玄武岩（flood basal）火山作用的影响也是杀伤机制的一部分。

现存的恐龙化石很少，所以几乎不可能用它们来研究恐龙灭绝速度。化石记录全都是微体化石，这成为支持行星或彗星的坠落造成大灭绝的极具说服力的证据。然而，我们需要了解陆地和海上较大型化石的命运，而对于海洋的较大化石，最透彻的研究是（上一章描述过的）对头足动物菊石类的研究。

要研究晚白垩世赤道附近最后残余的菊石类的灭绝，最佳的研究位址是沿比斯开湾出露的厚厚的地层。这一大片地区涵盖了法国西南部到西班牙东北部，而其中最好的观察地段是临近巴斯克人的老村落苏马亚（Zumaya）[4]的多岩石海岸线，那里有数百米的沉积地层，年代分布从距今约 7200 万年前一直到距今约 5000 万年前，就像是一本陈列着的掀开的书。大灭绝的边界位于岩石构成的一处海湾，那里甚至有岩性和颜色的改变，标记出这条准确无误的边界。

苏马亚沿岸的最古老岩石距今约 7100 万年。这里的地层由 6～12 302 英寸厚的独立地层组成，并且每一层成对出现：较厚的石灰岩和较薄的、含更多游离石灰的泥灰岩。这种地层对儿成千上万，层层叠叠地堆叠在一起，早已岩化成了岩石的海岸线。从这种岩石和化石中发现，地层沉积在相当深的水中、在大陆架的最深处，甚至在其底部边缘，深度在 200～400 米之间。

地层与大多数的海岸线垂直对齐，并以极大的角度向北部倾斜。

沿海岸线行走，从南到北只要很少的时间。但岩石极其陡峭的坡度和每天大范围的潮汐变化使得对**两处出露的可观部分**的探访须在退潮时才能进行，并且十分难走。

步行之初，从岩石地的唯一入口处的阶梯开始，沿着海滩前行（这也需要及时通过），到处都是化石。大多数是大型贝类和在上一章讨论的叠瓦蛤，但也有很多菊石类以及海胆，看起来像巨大的膨胀的心脏。这里没有脊椎动物的骨头，没有鲨鱼的牙齿，当然也没有恐龙。但是，这些海相地层与目前已知的发现大量恐龙化石聚集的非海相地层属同一时期。

最使人们惊叹的是叠瓦蛤。它们的直径达 2 英尺，看上去像浅而巨大的盘子，与较小的个体并排放着（其实是不同的物种）。它们在一百米厚的堆积地层中无处不在，同时因为地层的倾斜，一些可以探查的层面面积达数百平方米。最容易发现化石的位置是每层的顶部或底部，而不是侧面，而最佳收获位置总是在大面积层面的顶部。在苏马亚有很多有待探索和采集的化石，每个含化石地层的化石数量都很惊人。但是之后大叠瓦蛤在距离菊石灭绝地平线下方一百多米的地层中消失了。菊石和海胆数量一直较为丰富，直到它们突然戏剧性地消失。

在比斯开湾沿海的研究，辅以在其他晚白垩世沉积地点的研究工作告诉我们：在菊石突然灭绝大约 2000 万年之前，双壳纲的叠瓦蛤缓慢地消失了。事实上，采用由加州大学伯克利分校查尔斯·马歇尔（Charles Marshall）发明的统计方法，马歇尔和笔者之一沃德表明，这个地区至少生存着 22 种菊石，直到大量含有最重要的大撞击证据的地层；这些证据包括铱、冲击石英和玻璃球粒（玻璃陨石是因

303

巨大撞击而溅射到空中的岩石落回地面分解成的一种小的玻璃碎片）。

关于叠瓦蛤灭绝，奇怪的地方不是它们在菊石之前灭绝，而是其灭绝发生在不同时代的不同地点。例如，叠瓦蛤在南极洲白垩系岩石中的灭绝年代不早于 7200 万年前，而菊石的灭绝大约是在 700 万年之后。我们现在知道，这些分布在全球各地的双壳类经历了一波始于南极地区、之后逐渐转移到北半球的死亡浪潮。这几乎是一种疾病，缓慢地向北移动，并逐渐杀死了这些贝类。但这并非疾病，而是低温和富氧导致的。

接近白垩纪末时，在南半球的高纬度地区开始出现一个富氧的温盐环流，在超过 200 万年的时间里，这股寒冷、富氧的表层水从南到北，扩散到海洋各地。它的存在导致了我们亲切地称为"inos"的贝类的消失，它的消失在历史上是一个标志性的事件，因为它们 1.6 亿年的辉煌到此为止。它们曾经适应的是另一种海底——低氧和温暖的海底。寒冷和富氧淘汰了它们。

只是撞击？

现在，我们可以总结一下目前对"看似引起了白垩纪—第三纪（K-T）大灭绝的主要事件"的认识。嵌在一次海水化学的重大变化中的两次全球海平面快速变化之后，很快（100～300 万年）发生了一次彗星撞击[5]。撞击形成了巨大的（现名为）希克苏鲁伯陨石坑（直径达 300 千米），位于尤卡坦半岛。尽管现在对陨石坑的实际尺寸仍有争论，但毫无疑问的是，其结构确实是坑状。撞击目标的地质性质和地理位置，可能使得后续杀伤机制**分外严重**。特别是因为该地存在硫——目标地区有富含硫的蒸发岩，而存在于天外彗星本身的硫，可能加强了后续的杀伤力。6500万年前的这颗彗星，撞击在含有富含蒸发岩的碳酸盐台地，本身覆盖着赤道处的浅海，似乎创造了令人难以置信的可怕后果：全球性的大气层气体成分变化，伴随温度骤降、酸雨（主要来源于撞击点的蒸发岩产生的硫）和遍及全球的漫天大火，都构成了人们认为的"杀伤机制"。大多数科学家（但不是全部）还赞同在墨西哥东海岸沿岸多地发现的厚重的、粗碎屑沉积矿床都是由大撞击的冲击波形成的。因此，长时间的冬季影响是最重要的杀伤机制——这来自于大气中的气溶胶在短时间内大幅度地增加。

最近发表的另一个描述撞击后大气变化的模型表明，撞击造成的大气灰尘含量大幅度增加，可能发挥了致命的效果。这些细小的灰尘将造成海洋或陆地的部分区域长时间（数月）处于黑暗之中。光照强度减少（低于光合作用所需的最低强度）将伴随着陆地的快速降温。这些过量的灰尘也会使全球的水循环恶化。同时，先进的气候建模表明，大撞击事件发生之后，全球平均降水量在几个月内骤然减少超过90%，撞击发生一年后，降水量仍只达到正常水准的一半。现在已经很好地确定了这些状况对生物群的影响。

溢流玄武岩又是怎么回事？

前面几页证明了白垩纪—第三纪（K–T）大灭绝很大程度上是一次性灭绝事件，即地球被行星或彗星撞击，其引发的环境变化足以使地球上一半的物种灭绝。但仍有一个未解之谜：纵观历史，我们发现小行星撞击时，地球正处在溢流玄武岩（地区）火山活动最活跃的时期。这被称为德干大火成岩省，是无数地球深处的玄武岩浆喷发到地球表面形成。大概 8400 万年前，大量熔岩离开地幔核心边界，开始向上涌动，经过大约 2000 万年后到达地表。涌动过程中，大量的熔岩很可能使地球经历真极移的插曲——当支配我们旋转的行星的动量守恒定律所要求的内部平衡发生了严重失衡，就会发生大陆漂移，从而发生极移事件。这种快速运动可能造成环境的不稳定。例如，8400 万年前加拿大西部和阿拉斯加似乎位于墨西哥的同一纬度，但在中生代结束时却已远离墨西哥。

然而，正如我们在这本书前面已经看到的，溢流玄武岩造成的影响中，对生命造成的严重后果是：随着溢流玄武岩火山爆发，喷发出了二氧化碳及其他温室气体。地球两极和其他高纬度地区迅速变暖，而赤道附近变暖速度较慢，这些状况导致了我们所说的温室灭绝。大规模玄武岩溢流导致高纬度地区升温，造成海洋陷入停滞而缺氧。富含有毒物质硫化氢的深层水体翻涌到表面。生物如同泥盆纪、二叠纪和晚三叠世那样灭绝了。然而鲜为人知的是，我们这些研究大灭绝的 306 学者隐藏这些证据太久了。在小行星撞击地球造成足够多的死亡之际，还有谁需要讨论海洋停滞造成的死亡呢？

如果问题足够有趣，科学最终会还原事情的真相。有少数问题比"恐龙（和许多其他物种）为什么在 6500 万年前灭绝"更有趣。例如，为什么其他溢流玄武岩造成了如此巨大的损失，并且导致了这样明显的、大量的物种灭绝，但德干大火成岩省却没有造成可以观察到的影响？[7]

事实上，德干大火成岩省造成了极大危害。我们在南极洲的研究成果或许提供了证明其危害的最佳证据。2012 年，我们的一位学生汤姆·托宾（Tom Tobin）发现，海洋变暖确实比造成物种灭绝的那次撞击早几十万年。[8] 众所周知，全球变暖（主要是溢流玄武岩的结果）在高纬度地区造成了更显著的温度变化，因为热带地区已经足够温暖到几乎不能再暖了。正如我们所看到的，北极和南极受到温度变化的巨大冲击，而温度变化导致了浩劫和灭绝。

白垩纪—第三纪（K-T）大灭绝也是一样。是的，一颗巨大的小行星撞击了地球。但在这之前的数百万年里，由于玄武岩泛滥导致一个突然暖化了的世界变得停滞不前。我们可以用一个古老的"**拳击赛**"来结束本章。拳击淘汰赛是一拳定胜负。然而，不论这一拳多么重，很少第一拳击中就可以结束比赛。它需要前面多个回合的攻击和身体击打来做基础。德干大火成岩省削弱了这个世界，而小行星则完成了致命一击。

第十七章　姗姗来迟的第三哺乳动物时代：
6500万～5000万年前

已知最早的哺乳动物是摩根齿兽，它们是体形小如鼩鼱的肉食动物，2.1亿多年前的三叠纪最末期生活在周围许多比它们大的捕食者之中——然后莫名其妙地它们躲过了三叠纪—侏罗纪（T-J）大灭绝。很快地，摩根齿兽又等来了其他原始但"真正"的哺乳动物。所有现存的哺乳动物，包括我们人类，都来自逃脱了这次大灭绝的一系列哺乳动物。世界在恐龙时代之后，就进入了这样一个激烈的、崩溃的结局：鼠疫的流行，或者至少是和老鼠大小相似的其他幸存动物引起的疫病流行。[1]

长期以来，古生物学家们一直认为，现存所有哺乳动物的祖先出现在由盘古大陆分裂而来的北半球的一块大陆上，当时在整个中生代，盘古大陆慢慢分裂并向南半球漂移，一直漂移到南极洲和澳大利亚，大陆与大陆之间形成了连接（或只是狭窄的海域）。这被称作宣威演化模型（Sherwin-Williams model of evolution），参照美国某历史悠久的涂料公司提出的油漆在球体上从北向南滴下的模式。但是，随着化石和遗传学研究的新发现，这一观点被人们扔进了废纸堆。现在看来，哺乳动物现代化的浪潮，似乎是从南半球向北半球进行的。特别有说服力的是在南半球新采集的高级哺乳动物化石，古老程度远高于任何已知的北半球化石。

遗传学家亦参与进来，他们运用了 DNA 比较以及演化发育生物学，再一次重现了从一些重要的新认识中得出的熟悉模式。21 世纪总是给予我们无尽的惊喜。[2]

这里有最重要的三点。第一，主要的哺乳动物"类群"现存的 18 个目，以及一些亚目和现在依然可见的科，事实上在恐龙灭绝之前就已经发生了多样化。这一点可以推翻那种认为"这些哺乳动物类群直到 K-T 灾难后才演化出来"的陈旧观念。化石表明，大多数现代哺乳动物类群出现在大约 6000 万年前、恐龙灭绝之后。分子数据表明，它们实际上在约 1 亿年前就已经开始了多样化。[3]

第二，最早的哺乳动物的演化和随后的分歧化，主要发生在南方诸陆，而非北方诸陆。

第三，被认为亲缘关系很远的许多群体，事实上是近亲。例如，古生物学家一直认为蝙蝠、树鼩、鼯猴，以及灵长类动物属于同一个总目。但是遗传数据则表明：蝙蝠和猪、牛、猫、马、鲸归为一类。目前已知鲸的祖先是一种类似猪的动物，而并非与海豹来自于同一祖先。

哺乳动物的成功很大程度来自于自身结构上的演化，包括下颌和听小骨的分离，这使得以后的哺乳动物，扩大了它们头盖骨的横向和

　　　　　　　　　　　新生命史：生命起源和演化的革命性解读

后面，这是拥有更大脑容量的必要条件。但在所有的创新中，最重要的是哺乳动物牙齿的演化。颌骨的上部和下部臼齿连结在一起时，使得它们可以把食物咀嚼成碎片。

今天的哺乳动物，主要被归纳为两个主要群体：一类是表现祖性的有袋类，它们早产的幼兽会待在母体的育儿袋里吸奶长大；另一类是它们更加多样化和更加丰富的后裔——胎盘类哺乳动物。最新的DNA研究表明，早在1.75亿年前，胎盘类哺乳动物就开始从有袋类哺乳动物中分化出来。[4] 这一点有化石为证，最注目的来自中国。[5] 在辽宁省新发现的一块全新的有胎盘类哺乳动物的化石，支持了DNA推理得出的"胎盘类哺乳动物开始演化的时间远早于之前所认为的"这种观点。1.25亿年前的攀援始祖兽化石的发现，使得古生物学家更容易接受由遗传证据表明的 **"第一代原胎盘类哺乳动物差不多在此之前 5000 万年前的侏罗纪就已开始演化"**。[6]

现存的最古老的胎盘类哺乳动物群体包括象、食蚁兽、海牛和蹄兔。[7] 非洲大陆从盘古超大陆分离时，生活在其上的动物们也随之而去，它们在非洲大陆演化了数千万年。大陆分散也使得南美洲大陆与 309
亚欧大陆、北美洲大陆分离了数百万年，南美洲因此成为树懒、犰狳、食蚁兽的家园。北半球大陆有着地球上最年轻的胎盘类哺乳动物，包括海豹、牛、马、鲸、刺猬、啮齿动物、树鼩、猿猴，以及最终的人类。

然而，如果说大量的哺乳动物多样化早于 K-T 灭绝之前，那么它们最显著的改变（体形的增大）则发生在这次灭绝之后不久。仅仅在 27 万年间，哺乳动物就变得更加多样化，体形也更大，虽然直到约5500万年前，才出现真正的大型哺乳动物。那时全球气温急速上升，全球森林植被范围扩大，甚至扩大到靠近两极地区，森林植物在这方面的历史，可能有助于刺激哺乳动物多样化的剧增。

古新世的陆地世界

古新世之存在，完全是因为白垩纪—第三纪（K-T）大灭绝。大灭绝对古新世的成因和影响绝对具有明确的作用。之后的世界，在太多的层面上都呈现出非常巨大的差异。

在陆地上，恐龙对地球的统治是如此地漫长，以至于随着恐龙的逝去，幸存生物们必须相当迅速地建立起来一整套新的生态关系。随着大量陆地动物的骤然消失，新物种演化的形成之势以伟大的喷发之态，喷涌出几乎前所未有的多样性。很明显，哺乳动物是陆地上最大的赢家，但鸟类也"卷土重来"，在一段时期内与陆地哺乳动物争夺各种资源。

海洋体系也是一样。陨石从太空坠落恰好落入了海洋体系。于是万千年间，强大的气候效应不断震颤着生态系统，在这个已经稍微变冷的世界上，又增加了强大的气候不稳定性——影响及于海陆。生物性变化的毁灭性，亦不遑多让。一方面，恐龙的消失使得森林更加茂盛。正如现代的大象，通过行动和具有破坏性的饮食习惯，能够在较长的时间内在森林中开辟并保持一定的开阔空间，体形更大的恐龙也是如此，它们一定影响了植被格局。但是随着恐龙们的突然消失，森林变得茂盛，这就好像是工作严谨的园丁，突然撒手不管，唯留下曾经长期悉心照料、修剪的树木，疯狂地蔓延生长。

310

到古新世晚期，也就是灾难性的 K-T 灭绝 700 多万年之后，全球气候已经稳定下来。这颗行星已慢慢升温，全球气候温暖。根据氧同位素得出的证据，我们得知，那时赤道表层海水温度超过 20℃，在一些地区可高达 26℃，这与今天相似纬度的海水温度相仿。但与当今世界最大的不同发生在更高的纬度。与现在的近冰点温度相比较，那时南极和北极海水的表面温度介于 10～12℃之间。因此，赤道和两极在热量方面的差异大约是 10～15℃，大概是现在的一半。然而，尽管存在这些温度差异，当时的海洋环流模式已经与今天的十分相似。最重要的是，含氧的水团最终会纳入高纬地区的海洋底部，就像今天一样。

在 6500 多万年前的白垩纪—第三纪（K-T）大灭绝之后，幸存的哺乳动物历经几百万年的时间，体形演化得大到开始影响植物格局。已有许多艺术形象描绘了这样的画面：在到处都是腐烂、臭气熏天的恐龙尸体堆旁，从类似防空洞的洞穴里爬出来小如老鼠的哺乳动物。对那些可以吃腐肉的哺乳动物来说，那几个月的生活就像是在天堂。但是，很快就只剩下了骨头，即使这些骨头，也很快腐烂而不可食，或在相当短的时间内被掩埋起来，迫使所有的哺乳动物们全力打造出一个前所未有的食物网。在草类出现之前的早古新世时期，植食动物吃叶子或者果实，而不是食草，好像根本就没有几种动物是吃叶子的。大部分的古新世哺乳动物的牙齿适合食用昆虫、水果或嫩枝，而不适合吃难以咀嚼的叶子；其他的哺乳动物可能以植物的根或块茎 311 为食。直到这个时期的后半段，多数哺乳动物牙齿形态才发生改变，适合食用叶子。但是，一旦开始改变，演化之路就如水龙头一样，喷涌出各种新的哺乳动物，在这演化洪流中，出现了体形越来越大的哺乳动物。然而，仅在 K-T 大灭绝 900 万年之后，生物世界就再一次面临环境危机。

古新世—始新世极热事件（PETM）

据我们所知，至早新生代，地球已经经历了至少九次大灭绝：发生在大氧化事件及其触发的雪球地球事件的第一次大灭绝、发生在 10 多亿年后的成冰纪的第二次大灭绝，然后依次分别发生了晚埃迪卡拉世、晚寒武世、晚奥陶世、晚泥盆世、晚二叠世、晚三叠世和晚白垩世**大灭绝**。大灭绝发生的原因各种各样，十分惊人：有的是因为氧气含量突然减少导致的；有的是因为食肉动物缺氧而死散发了大量硫化氢导致的；有的被认为是小行星撞击导致的。但在古新世时代结束、离恐龙灭绝仅 900 万年之后，出现了一个新的升温杀手——甲烷，它促成了已知的全球气温最急剧的一次上升。它被称为 PETM：古新世—始新世极热事件。

海洋学家[8]首先发现了这个事件，当时他们并非在寻找任何古新世时代晚期有关气温的事件，而是在尝试通过美国大洋钻探计划（ODP）在深海地核进行钻探，获取有关白垩纪—第三纪（K-T）大灭绝的新数据。但要向下钻取到白垩纪的沉积物，首先必须经过始新世沉积物，然后是古新世沉积物。从这里深度挖掘出岩芯，然而钻探工作并未结束，而是朝着处于更深处的、真正的目标猎物前进。

最后，检测这些年轻的岩芯并测量里面的碳和氧同位素（这些元素位于一种小型单细胞的原生生物——底栖有孔虫的壳体中），所显312 示的温度以及碳 12 和碳 13 的比率，看起来好像一定出现了错误：这

　　　　　　　　　　　新生命史：生命起源和演化的革命性解读

表明把一系列的岩芯取出进行比较时，那些从更古老、更深处的海洋中取出的地层，显示出比那些从更浅处的海洋取出的地层更高的古温度。即使是在今天寒冷的南极，海水温度也是随着深度的加深而下降，回到更暖和的古新世，深处的水显然温度应该低于浅处的水。但是这里测量出的温度读数却恰恰相反。深处水是温暖的，而浅处水是冰冷的。这表明在相对较短的一段时间内，深海曾异常地温暖。

在古新世—始新世交界处附近，全球火山灰显著增加。[9] 这种微细的物质像灰尘那样在大气中一路下降，最后慢慢沉积到海底，但它沉降于此是通过火山喷发而不是大气风暴。这种增加，只可能是因为约5800万至5600万年前全球火山活动的突然增加。在全球许多地方的更进一步调查研究证实，这是全球现象，而不是局限于一个海洋盆地的异常事件。

晚古新世，热带地区大约维持着相同的高热温度，但南极和北极地区已经显著变暖。古新世赤道和北极之间的海水温度差最高是17℃（现在甚至更高，可达22℃）。然而，到始新世早期，差距已经缩小到只有6℃。高纬度地区温暖起来，赤道和两极的热量交换速度减慢，风暴发生的次数和强度也减弱了。世界又变得平静并且十分炎热，就像它之前许多次发生的那样。这又是一次温室大灭绝。

两个岩芯中发现的**碳同位素**，记录了古新世—始新世界线，同时也引发了一次惊喜。结果表明了一种短暂的碳稳定同位素负偏移——发生在植物生命总量减少时的一种记录——这是大灭绝的一个标志。一些古生物学家开始查看这个地区海底生物的生存记录，具体查看常见的底栖生物（有孔虫类），他们在底栖生物数量上找到了灾变性大灭绝的证据。是简单地因为深层海水突然变暖，就让低温性物种在短时间内迅速消失了吗？这些研究结果在20世纪90年代早期发表，来自日本的古生物学家海保邦夫（Kunio Kaiho），很快发表了关于底栖生物形态命运的推论。他认为决定底栖生物之命运的因素不是深海的温度上升，而是深海底部氧气的减少。这样的解释的确非常直观，因为温暖的水通常发生富营养化，缺少氧气。

深海底部变暖，含氧量降低，甚至连海水表面也变暖。导致这些现象的根本原因是什么呢？K-T时代的小行星撞击事件给浅水域带来了巨大的浩劫，几乎杀死了所有表层和上层水中的浮游生物，因为它主要破坏了上层水面的营养物质，对深层水域造成的破坏相对小。如果海洋底部大面积快速变暖，那么可想而知海洋最深处很有可能会变暖，但这应由一种完全新型的深海火山活动引发。海洋底部确实存在高热流地区，但局限在相对狭窄的洋中山脉链处，是海洋底部延伸（海洋底部板块运动的生长期）开始的地方。甚至沿这些洋中脊裂谷系的火山作用频率增加引发的更快的板块运动，都不能达到上述效果。可以准确地推断，蒸发让表层水变得更咸、密度更大，而温暖的热带表层水温暖了整个海水底部。然后这种温暖含盐的水沿着海床流动，甚至远远地流到古新世寒冷、高纬的海域。

在古新世的海洋中，某些方向的洋流和冷却的、含氧的表层水无法正常地向下输入到深海底部。处于深处的温盐环流系统（海洋保持混合状态的主要途径）的运作方式与我们当今海洋中洋流的运作方式正好相反。第一个受害者是依靠氧气生存的微小生物——生活在深海的底栖有孔虫。其许多物种灭绝了，并且是在这场持续了约40万年的事件中相当快速地灭绝了。但是，名副其实的大灭绝，就不能仅仅只是影响到海洋，还应该影响到陆地动物。所以，要搜索陆地上发生的事件。

致使海洋生物发生大规模变化的温室事件，同样也发生在陆地上。[10] 在深海中新发现的物种灭绝，刺激了古生物学家们重新研究和采集古新世陆生动物的化石记录，来看一看在古新世时代结束时，是否发生了陆地动物的灭绝。他们没有花费太长时间，就在哺乳动物中发现了一次巨大的颠覆。准确的年代测定很快表明，陆地和海洋物种的灭绝是同时发生的。 ³¹⁴

依据陆地上的化石记录，这一事件本身似乎就等同于现代哺乳类动物群的开始。虽然在古新世的后半段出现了许多种类的哺乳动物（从收集的化石中确认了 30 个不同的科），但其中许多是小型的，还有一些属于现在已经灭绝的族类，包括幸存的小型啮齿类型的动物、许多种类的有袋动物、一些形似浣熊的有蹄类动物（一种新型的有蹄类草食性动物，在古新世转向以食肉为主，这是一个奇怪的悖论）。也出现了真正的食虫类动物和最早的灵长类动物（如食虫动物一样，它们仍然处于较小的体形）。但是到了晚古新世的时候就出现了更大体形的灵长类动物，其中的一些长得确实很奇异。

以叶子为食的全齿类动物，体形介于狗和野牛之间，按生活习性分支如下：有一类像河马一样过着半水栖生活；有一类生活在树上；还有一类体形较大，四足行进出没在森林的地面上。它们通常身材粗壮、腿短，人们会不禁猜测，至少相对于现代的草食动物，它们行走起来一定相当笨拙，欠缺优雅。虽然它们的体形都挺大，但是到了古新世末期，它们的类群中加入了更大的草食动物：体形巨大的恐角兽。恐角兽看起来像巨大的犀牛，甚至连头骨上那对怪异的突起物和角状物看起来也很相像。

在标志着从古新世过渡到始新世层层堆叠的地层里，发生了物种的减少，随着时间的推移（并非一蹴而就）出现了新种类的骨头。有很多是我们很熟悉的种类，甚至初次出现了奇蹄目；不久之后，就演化出了与当前种群近缘的更现代的食肉动物，能捕食新出现的食草动物，所有这一切，都必须感谢改变了世界气候本身的那次事件。我们从过去的大灭绝事件中吸取的教训是：只有灭绝为新形态的产生提供机会时，才会有新形态演化产生。这同样发生在古新世末期。

我们的同事弗兰西斯卡·麦金纳尼（Francesca McInerney），基于她在北美西部的研究经验，给我们做了一个精彩的总结，可以帮助我们讲述古新世—始新世极热事件。首先，她指出，这次事件与我们人类密切相关，因为当时释放到大气中的碳大约是 12 万亿～15 万亿吨，这大致相当于我们人类历史上在工业和能源使用方面的碳排放量。古新世—始新世极热时期温室气体导致的温度变化，使得当时世界的温度比现在高出 5～9℃。这个事件实际上持续了大约 1 万年。在这一事件之前和之后，植物是不同的，所有裸子植物、松树和它们的同类，都在这次事件中消失殆尽。史密森学会的古植物学家斯科特·温（Scott Wing）发现，麦金纳尼研究视野中的这些植物，直到古新世—始新世极热时期都生长在纬度较低的地区，也就是生长在较高的温度中。在这次事件之后，那些古老的植物们又回来了，万年地狱降临之前的昆虫们也回来了。但哺乳动物们没有回来。这个事件给北美的哺乳类动物造成了巨大的改变。

最后，如果那时有像现在一样巨大的冰原，它们将迅速融化，从而导致海平面上升。在我们看来，由人为导致的变暖带来的最严重的危害莫过于南极和格陵兰岛冰川的融化，在未来几百年淹没大片当前人类耕种的农田。目前已知海面上升速度最高的地区是在中国南部沿海，这是地球上人口最密集的地区之一，某些水稻田的海拔接近海平面。

变冷的新生代世界：草原和哺乳动物

从始新世到 2350 万～530 万年前的中新世之初，世界逐渐变冷。起初，在始新世，几乎觉察不到这种变化，事实上，现在的北极圈内在那时有一大片幅员辽阔的热带森林，鳄鱼生活其间。但在渐新世时 316 降温加速，形成了一种不同的主要气候，原本接近统一的全球气候，开始出现极端季节性气候。同时，南极洲上开始形成巨大的大陆冰盖，格陵兰岛上可能也有冰盖形成。这些膨胀起来的冰盖造成海平面急剧下降。在更高纬度的地区，许多地区的森林逐渐退化成草原、草甸和热带稀树草原。此外，还发生了其他变化，大气的变化将对生命的历史产生巨大的影响。

植物生长需要二氧化碳。然而，在地球数十亿年历史中，二氧化碳一直处于短期的上下波动期，事实上，从更长远来看，只有轻微的变化——即二氧化碳长期呈下降趋势。随着二氧化碳的长期下降，我们的行星逐渐变冷，这在过去的 4000 万年间表现尤其明显。然而，这种温度变化远远超过新生代期间影响植物演化的温度上的变化。也许更为重要的是，演化形成了一个具有更高效率的光合作用，C4 光合作用，在许多植物中取代了原来老旧的 C3 光合作用机制（其中的 3 和 4 源自利用阳光和二氧化碳形成活体植物细胞和组织所发生的两种不同的化学变化）。事实上，就植物数量而言，C4 光合作用的重要性在于比 C3 更快速地增加了植物的数量。

使用 C3 途径的植物所遗留的"碳同位素足迹"，不同于使用 C4 途径的植物。不仅植物会留下这种"足迹特征"（可以采用一个专门检测活体组织的质谱仪检测这一植物的任何组织，从而得出这种足迹特征），而且任何吃了这些植物的动物也会留下这种"足迹特征"。因此，我们可从化石记录得知，某一食草动物是否吃 C3 或 C4 植物（或是两者的组合）。

我们有两条证据证明 C4 植物首次出现的时间。第一条是分子钟。通过比较 C3 和 C4 植物的基因组，遗传学家发现它们之间差异很大，317 由此推断出 C4 机制的出现至少是在 2500 多万年前（不会早于 3200 万年前）。然而，化石记录对 C4 光合作用途径第一次出现的时间得出了不同的答案，因为最早的 C4 植物化石的年龄只有 1200 万～1300 万年。

演化到 C4 途径并不是一项突破，然后传衍分生为越来越多的植物种类。事实上，在过去的时间内，它可能已经由许多不同种类的植物谱系分别演化了超过 40 次。最终演化出来的 C4 植物具有耐火性和耐干燥性，能适应高温和干燥气候。

最重要的是 C4 植物是草类，因为草类构成的主要食物喂养了各种各样的食草动物、大型食草哺乳动物和各种鸟类，包括现在于大多

　　　　　　　　新生命史：生命起源和演化的革命性解读

数城市水滨草坪上可见的大雁。二氧化碳的减少，尤其是在近2000万年间的减少，大大扩宽了C4草原的生长范围。[11] 大多数草类无法在森林地面上生长，因为那里更冷且背阴条件不利于它们的生长。

然而，森林退化创造出了一个更加开放的栖息地，因此为草本植物提供了一个更好的生长环境。虽然长期以来，主流思想认为二氧化碳的长期下降引发了C4草类植物演化占据主导地位；但另一种更新的思想认为，与二氧化碳水平下降相比，全球森林覆盖率的改变同样重要，甚至更为重要。但是，造成森林大幅度减少的因素是什么呢？答案似乎是森林火灾。

我们大大低估了在这颗长满植物的地球上森林火灾的危害。火，当然受氧气含量的影响。含氧量高的时候，尤其是在约3.2亿～3亿年前的石炭纪，可能已经开始发生森林火灾。从太空上俯视这个时期的地球，可能会看到大气中充满着黑色的污迹并笼罩着厚厚的烟雾，在一个阴霾笼罩的世界，很少出现阳光明媚的日子。覆盖着大部分大陆的烟雾，显著地影响了全球气候，因为要是从上空俯瞰的话，大多数森林火灾产生的浓烟颜色会比较明亮。因此，全球薄雾和烟雾会将更多的太阳光反射回太空，而不是走原来的路线，反射率（即太阳光线射到地球的反射程度）于是就发生了改变。

所有这一切引发了一系列的事件，不仅从根本上改变了全球气候，同时也从那个时候开始，改变了生命的整个历史进程。在整个石炭纪，氧浓度的上升和长期高于30%导致了更多的森林火灾。如上所述，这导致全球温度下降，引发了一系列的事件，造成整个地球历史中一次最长的极地冰期。虽然它不像雪球地球那样笼罩全球，但持续的时间几乎和雪球地球的某些时期一样长。极地冰期可能持续了5000多万年，在此期间发生了地球史上一些最重要的历史事件，包括动物对陆地的征服，（在当时）新的高等陆地植物的演化（能够生长在之前是不毛之地的大陆高地上），一些脊椎动物群体中重要成员的第一次出现——包括最早的爬行动物和不久后出现的哺乳动物的祖先。但另一方面火灾还会影响到植物生命的历史，因此也影响了总体的生命历史。

对亚马逊河流域火灾的新研究表明，野火能够大大地影响气候，而且不局限在热带地区。戴维·比尔林在其著作《翡翠行星》（*The Emerald Planet*）中指出，1988年4月，火灾产生的烟雾可能抑制了北美地区上空部分云的形成，反过来又影响了降雨模式。事实上，这个月份是最干旱的时期之一，也是20世纪最干燥的月份之一。这次春季干旱发生在有史以来一些影响范围最广的森林大火之后，其中两次发生在1988年7月的北美地区，那一年美国黄石国家公园周围的区域被大面积烧毁。比尔林引入了一个新的方法来解释C4草原的扩张，指出典型正反馈系统可能已经就位。[12]

319　　正反馈指的是环境变化朝一个特定的方向发展。如我们今天的世界，全球变暖导致更多的北极浮冰融化，导致北半球具有高度反光性的白色冰的百分比降到了有史以来的最低。覆盖在海洋上的白色冰雪将阳光反射回太空，但是当冰层融化，深色的无冰水面取而代之，海洋吸收的热量就大幅增加——海洋就变暖了。随着海洋变暖，将会有更多的冰融化，如此反复、不断循环下去。正反馈就是：变暖导致了更多的变暖。

　　　　　　　　　　　　　　　　　　新生命史：生命起源和演化的革命性解读

戴维·比尔林指出，在森林火灾中存在着一种正反馈，导致更多的森林火灾。火灾改变了气候，造成更多的干旱，让更多地区更容易发生火灾，带来更大范围的火灾损失。如此循环不止，大火导致更多的大火。

　　现在，我们正处于一个全球气温快速上升的时代。这最终会给地球带来怎样的影响？答案并非完全未知。但比较难以预测的是：一个崭新、变暖、高海平面的世界，将如何影响人类的工业、人口以及文明？

第十八章　鸟类时代：5000万~250万年前

我们还是儿童的时候，被初步教授的生命史通常分解成这样：鱼类起源于所谓的鱼类时代；有些鱼爬上岸，从而开始了两栖类时代，然后它开启了爬行类时代或被称为恐龙时代。爬行类时代结束后，迎来了哺乳动物时代。时代演变成为普遍共识，其原因不难看出：人类喜欢将事物分门别类、以管窥豹，"时代"的自然演替就是最好的分类。但在描述的众多问题中，有一项突出的事实：在自然演替中完全没有"管"，我们如何能窥得豹子或——鸽子呢？让我们在这里改弦更张、改变思路，深入思考我们所谓的"鸟类时代"。[1]

鸟类的演化既是主要的研究课题之一，[2]也是研究中大有争议的一块领域，有两个主要的"信仰"学派：一派认为，鸟类由一种非恐龙类的双孔类动物演化而来，与外形类爬行动物、后来演化出恐龙的一种形态同源；另一派认为，恐龙即鸟类的直系祖先，这一学派甚至援引分类学的方法论来支持观点，即我们称之为"鸟类"的生物，事实上就是恐龙，只不过是大为改变了的恐龙。[3]

许多化石表明，很多小型两足食肉恐龙与鸟类的相似，不仅表现在下蛋方式上，而且这些恐龙蛋外形上也很像鸟蛋。更引人注目的新发现是，在始祖鸟首次出现之前和之后的许多恐龙，甚至表现出了翼状的手臂且有羽毛的痕迹，表明了恐龙尝试获得飞行能力的第二次尝试。问题在于：著名的化石始祖鸟，会不会其实是一只恐龙？[4]

这一争议可以追溯到 1996 年，当时古生物学家艾伦·费杜恰（Alan Feduccia）研究了当时新发现的化石——辽宁鸟，将其解读为生活在 1.35 亿年前（紧随始祖鸟之后）的一种大有异趣的鸟。这种辽宁鸟外形上一点也不像恐龙式鸟。[5] 它的胸骨上附着有大量的飞行 321 肌，与现代鸟类相似。然而，它是在与始祖鸟颇为相似的古鸟类化石旁边。这样先进的演化，怎么会发生得如此之快？相反，费杜恰推断出，鸟类在始祖鸟首次出现的时间段（约 1.4 亿～1.35 亿年前）就已经非常普遍了，那时它们已经占领了各种栖息地。尽管它们比始祖鸟更"进步"，但按照现代鸟类的标准，它们仍然是非常原始的。所以它们在演化谱系中占据哪个位置呢？[6] 费杜恰认为在 6500 万年前，它们中绝大多数便与恐龙一起灭绝了；所有现今鸟类的祖先是较晚演化出来的，在 6500 万～5300 万年前之间，独立于恐龙之外，这就是所谓的鸟类大爆炸理论。费杜恰及其同事们认为：鸟类与恐龙之间的任何相似性，都只是趋同演化（即自然选择独立地产生相似的形态）。

这一学派的观点认为，现代鸟类出现较晚——或者与 6500 万年前的白垩纪第三纪灭绝在同一时间——或者是数千万年之后。当然，这已不再是对于鸟类演化的主流认知。[7] 过去十年中，在距今 1.3 亿～

1.15 亿年前的白垩纪岩石里发现了数量繁多、种类丰富的鸟类化石，大多数来自中国。这其中一些化石表明：多种多样的具有长而多尾椎的鸟类，要早于之前熟知的短而多骨的鸟类的演化。[8] 但是，发现于中国的两种有羽毛的恐龙，进一步支持了这一**鸟类起源自恐龙**的理论（这两种恐龙可以追溯到 1.45 亿～1.25 亿年前，追随其后的是更晚期一些的早白垩世鸟类）。

事实上，人们投入了大量科研兴致研究羽毛：首先，（从功能上来讲）为什么会演化出来羽毛？同样重要的是，它们飞行所必需的翅上羽毛，是如何产生的？这项研究的许多方面都涉及了扩展适应（exaptation）的概念——即某一种具体的适应，被借用去做另外的某种事情。我们都知道羽毛在羽绒服和羽绒被中的价值。显然，羽毛有

322 良好的绝缘、保暖效果，但是，**用于保暖的羽毛非常不同于那些为鸟类飞行所必需的羽毛**。与古生物学中的其他事物一样，羽毛极少被保存下来。为了探寻它们的起源、最早的出现时间以及用途，涉及的化石记录往往无甚帮助。然而，正像最近几十年频繁出现的情况一样，从中国出土的化石前来"救驾"了。在这里，精致的恐龙化石确实可以将羽毛保存下来，[9] 有时甚至可以保存下来软组织[10]（并不仅来自中国）。然而，同样很经常的是：与鸟类演化相关的证据，在被接受之前，总是要面临一番喧嚣嘈杂的不同意见和反对声音。[11] 演化出飞行能力（不只是滑翔）是节肢动物、爬行动物、（鸟版）恐龙和哺乳动物所成功完成的一项主要演化创新，它一直是并且仍然是研究的重要主题。[12]

目前，已知超过 120 种鸟类来自于中生代除了非洲大陆外的各大

新生命史：生命起源和演化的革命性解读

洲。[13] 尽管有这个新的讯息，但是围绕着鸟类演化的几个方面仍有争议，包括现代鸟类（新鸟亚纲）起源和多样化的时间。[14]

这些鸟类被发现于白垩纪最古老的时段（白垩纪被分为早白垩世，始于 1.45 亿年前，结束于约 1 亿年前；晚白垩世，始于 1 亿年前，结束于 6500 万年前）。早白垩世的鸟类必定迅速演化出了各种形态和体形。一些鸟儿如乌鸦般大小，有坚硬的喙，如孔子鸟（*Confuciusornis*，这种鸟翅膀上还生有巨大的爪子）。其他来自这一时代的鸟，如会鸟（*Sapeornis*），像海鸥一样，生有极长而窄的翅膀。也有一些较小的鸟类，如麻雀大小的始反鸟（*Eoenantiornis*）和伊比利亚鸟（*Iberomesornis*）。然而，尽管它们在飞行方面颇有改善，但这些早白垩世的鸟类仍然拥有类似始祖鸟的有齿的颌。不过，它们头骨、翅膀和脚的多样性表明：这些早白垩世的鸟类已经专门演化形成了各种不同的生存方式，如食种子、食鱼、食昆虫、食树液、食肉。它们的翅膀和胸腔表明：始祖鸟（出现）之后不久，鸟类就已经演化出了与现代鸟类差别不大的飞行能力。

323

虽然这些早白垩世的鸟类已经发生了各种进步，但仍然保留下来了一个古老的特征，就是这些早期鸟类的牙齿。所有现代鸟类都有角质喙，它们构成了一个形态系列，这是现代鸟类为采取多种进食方式而作出的适应。但无齿鸟类是何时首次出现的呢？这仍然是一个有争议的问题——也许只有在南极半岛寒冷的荒野中才能得到答案。

现代无齿鸟类衍生自白垩纪的有齿祖先。然而，这与其说是一种代替，不如说是一种加成，因为生有牙齿和长尾的早期原始鸟类继续繁衍生息、发生多样化；和它们并驾齐驱一路飞来的是白垩纪的有翼爬行动物，包括在白垩纪后半叶主宰天空的最大的飞行动物——翼龙。这些有齿的老古董继续生存到晚白垩世，但是在白垩纪—第三纪事件中最终灭绝——至少根据最新发现的、所有白垩系最晚地层中最完整的鸟类化石总和来判断，它们的结局就是如此。这一地层位于美国西部腹地，叫作地狱溪组（the Hell Creek formation），是三角龙、暴龙和许多原始鸟类的家园。

这些幸存的鸟类谱系就是相对原始的古颚总目。它们包括大型的不会飞的鸟，比如鸵鸟、美洲鸵、食火鸡——还有我们缘悭一面的真正的巨鸟：新西兰的巨型恐鸟和马达加斯加的象鸟，在过去的千年中，它们都被人类消灭了。如今的一些常见鸟，如水生雁鸭、陆地家禽和今天最优秀的飞行动物——今颚总目鸟类，都能在古颚总目中找到它们的祖先。

北美地区的地狱溪组和对应岩体现今已出产了17个物种，包括所有古鸟中最古老的七个物种，例如属黄昏鸟目的一种可潜水的有齿鸟类——这是一种四英尺长，短而秃的潜水鸟，被命名为黄昏鸟（*Hesperornis*）。复原的物种集合包含了小型鸟类，以及从侏罗纪到白垩纪已知的最大的一些飞行动物，这非常明显地告诉我们：恐龙统治结束时，鸟类已经发生了大量的多样化。

事实上，这些出自北美岩层的鸟类像极了海洋鸟类，这一点毋庸置疑，因为在晚白垩世，附近的内陆海将北美分为两个次大陆。这些族群中，据悉还没有一种存活到了古近纪；它们出土于地狱溪组，时间跨度包含了晚白垩世的马斯特里赫特期（Maastrichtian age）的最后两三百万年，这告诉我们：古鸟的大规模消亡与希克苏鲁伯小行

　　　　　　　　　新生命史：生命起源和演化的革命性解读

星撞击地球，的确发生在同一时间。[15] 但是这里仍然存在争议：尽管从形态学意义上来说，大部分在北美海底发现的鸟类都代表着"先进的"鸟类，但没有一种可以列入集大成的组合，即所谓的新鸟亚纲。已知这些鸟类是晚白垩世最多样化的，尽管在多样性和差异性方面（身体构造种类的数目上）还比不上现代鸟类。不过，这批化石是帮助我们理解"白垩纪—第三纪大灭绝**在多大程度上影响了鸟类**"的关键。

如果有任何一族脊椎动物**能够幸免于**"撞击导致的大灭绝"，那一定是鸟类。在宇宙巨石撞击地球之后的最初几天，大多数地球森林发生了火灾；随之而来的是酸雨，之后是长达六个月的黑暗；于是每一个陆地生态系统，以及所有存在于海洋与淡水领域中的生态系统（除了深海群落）无疑都陷入了饥荒，消亡殆尽——这场撞击的影响极其巨大。然而，随着深海所依赖的主要食源（浅水浮游生物与动物死尸的沉降）的减少与中断，即使深水生态系统也将最终遭受重创。在陆地上，动物的体形大小决定了它们的生存能力，较大的动物注定灭亡。但鸟类不是大型动物。

鸟类有能力迅速分散，飞向受影响较少的土地。因此可以猜测：鸟类作为一个族群，灭绝率理应低于不会飞的动物——包括不会飞行的鸟类。不幸的是，鸟类很少能形成化石，因为它们的骨骼脆弱、空心，所以鸟类化石最初极为罕见。然而，先人的勤勉收集已经有足够的信息至少可以让我们"对于鸟类跨越中生代到新生代的命运变迁"做出有根据的推测——这是一场深深烙进生命历史的变迁。

到了晚白垩世，鸟类在地球上生存的时间已经比希克苏鲁伯大撞

325

击（把遍地恐龙的地球变成了仅剩下鸟类恐龙的地球）以来的时间还要漫长。

鸟类大分化

关于现代鸟类多样化的时间，还有另外一个信息来源：利用DNA。在 21 世纪的第一个十年里，基于现存物种（从假定的幸存于古鸟时代的鸟类演化而来）的 DNA，许多独立研究[16]提出了新的鸟类"演化树"。这棵新"树"包含几个意外发现：例如，已知的常见淡水潜水鸟鹪䴙最近缘的动物是火烈鸟；蜂鸟是一种特殊形态的夜鹰；隼与鸣鸟联系更为紧密，胜过与其他鹰科动物和白头鹰的关系。尽管这些新的结论可能已经够令人大吃一惊，但其实这项研究里还有更加令人大跌眼镜的结论。

例如，这棵新的鸟类"演化树"上添加了一个飞鸟的目，被称为"鸡形目"，与不会飞的鸵鸟、鸸鹋和鹤鸵共同位于这棵树的一个分支上。这个结论的重要性在于它表明了在这个谱系中至少两次演化出了"不会飞的状态"，否则就是鸡形目从一个不会飞的祖先那里重新演化出了飞行能力。还有更多的结论：这棵新"树"表明了树栖鸟类或雀形目鸟（迄今为止最大也是最成功的鸟类的目）最近缘的动物是鹦鹉。然而，虽然有了这些新信息，幸存鸟类最基本的分道扬镳——演化路上发生的导致今颚类与更原始的古颚类的分叉，其年代仍未明朗。

现代鸟类被归入今鸟亚纲。基于"维加鸟"化石的发现（因出土自维加岛而得名），人们最近才知道今鸟亚纲到白垩纪结束时，演化成了一些基本谱系。今鸟亚纲分化成了古颚类（鸩形目、鸵鸟、鹬鸵和鹬鸵）和今颚类（其他所有鸟类）。今颚类分裂出来成为现今为人 熟知的鸟类的时代，也不为人所知。最好的证据也只能表明：在白垩纪—第三纪灭绝事件之前今颚总目中曾发生过一次基本的分离。就算真的发生过，但究竟是多久以前呢？如上所述，仍有一组非常有说服力的专家（如艾伦·费杜恰）认为，这些现代鸟类是在白垩纪—第三世纪灭绝事件之后演化出来的，还有一些专家对今鸟类的辐射究竟发生在其他恐龙灭绝之前还是之后，仍然心存疑问。

因此，来自南极洲维加岛的新结果是至关重要的。维加岛是詹姆士罗斯岛以北的一个小岛，之前出土了在鸟类演化中最重要的发现之一。这一发现提供了白垩纪结束之时，现代鸟类曾与非鸟类恐龙并存的第一个证据。

多年来，一个问题一直困扰着古生物学家。在中新生代，鸟类试图再一次变成巨型的食肉恐龙。这其中最著名的就是"恐鸟"，数量如图中所示（注：原书中未提供图片）。显然，鸟类与在那时崛起的现代食肉动物（如今所有主要陆地食肉哺乳动物犬、猫、熊、鼬鼠族群的祖先）之间，一定有着激烈的竞争。

至今仍可见的大而不会飞的鸟类（平胸类鸟，如标志性的鸵鸟、鹤鸵、美洲鸵等）的演变，总是好像退回到两足恐龙的身体构造。但由于这些巨鸟不能在岛屿之间跳跃，或是像古今的飞行鸟类那样如此普遍地迁徙、飞越广阔的陆地；长期以来，人们一直认为，每一种不会飞的主要族群都是通过形成孤立物种而独立演化的。大多数这些鸟类现身的今天的南方诸大陆曾在中生代全部结合成一整块大陆——这暗示非洲的鸵鸟、南美的美洲鸵和澳大利亚的鹤鸵，都是冈瓦纳古陆解体的产物。但是，这项新的 DNA 工作的一个意外发现是：这些不会飞的鸟类在失去飞行能力之前，就已经演化成它们各自的族群。[17]

因为非洲和马达加斯加是最早从**冈瓦纳超级大陆**分离出来的大片陆地，所以有人预测：非洲和马达加斯加的早期分离，本来容许了**造化之力**去创造出最古老的平胸类鸟——非洲的鸵鸟，甚至是更大的古马达加斯加象鸟。但是由于马达加斯加毗邻非洲，鸵鸟本应该与象鸟彼此近缘，而异于**其他不能飞的鸟类**，包括那些南美和新西兰的鸟类，即一般认为在那里孤立地演化出来的古恐鸟（现已绝迹）和目前尚存的鹬鸵。然而，当可以利用 DNA 做研究时，人们却获得了意外的发现。

这项 DNA 工作表明，相比位于附近的非洲鸵鸟，马达加斯加的象鸟与新西兰的鸟类联系更紧密。这一出乎意料的结果有力地支持了这样一个结论，即这些族群在失去飞行能力之前，它们在演化上就已变得不同寻常。

活下来的平胸类鸟**现在是**（但过去不是）唯一的来自历史的大型似恐龙的鸟类。最大的陆地鸟类（现已灭绝）显示出了一种对中生代两足食肉恐龙躯体结构的返祖演化。大约 6000 万年前，在南美洲演化出了恐鸟，并生存到约 200 万年前，那时正值第一次更新世冰川前进时代，巨大冰原正向全球扩散。至少有一些恐鸟进入了北美洲，并且对大多数新生代生物来说，它们是南美洲位于食物链顶端的食肉动物。当今世界，没有恐鸟之类生存，这应该是一件幸事。

2010 年，新研究利用 CT 扫描技术，使我们对这些巨兽如何生存与死亡有了新的认知。这次扫描揭示了一个意外发现，即这些巨型食肉动物的巨大的喙是中空的。如果它们是前后左右地挥动它们的喙，这一定会让这种喙脆弱、易折。相反，它们可能把喙当成一把斧头一样去使用，并且用它们有力的、有爪的腿来协助捕杀猎物。

像大多数不会飞的鸟一样，恐鸟翅小粗短，但腿长而有力，脚大而有爪。肌肉发达的腿部让恐鸟产生了巨大的地面速度；据估计，某些种类的恐鸟在平地上，可以达到几乎 70 英里每小时的速度，而在广阔的南美潘帕斯草原，有足够的空间可以奔跑。在奔跑速度方面，它们大概可以比得上一只猎豹。奔跑能力、巨大的喙和有力双腿上的致命利爪，这种组合，确实使得恐鸟成为了非常有优势的捕猎者。328

恐鸟们脑袋很大，大脑冠盖群鸟。这让我们这些**自命不凡的人类**，意识到了一些不合心意的事情。最近对非洲灰鹦鹉智力的研究工作，使得神经学家和心理学家都意识到——我们极大地低估了鸟类的智力水平。尽管灵长类动物学家试图认定"各种灵长目动物有更高的认知功能"，但是鸟类总的来说——可能是曾经行走在地球上的最聪明的物种之一（或许特别是恐鸟）。

第十九章　人类和第十次大灭绝：250万年前至今

几十年前出版的若干本书籍指出：这个世界可能正在进入一场新的大灭绝［包括本书作者沃德与他人合著的两本书，一本是《演化的终结》(*The End of Evolution*)；另一本是其修订版，更名为《时间中的河流》(*Rivers in Time*)］。[1]理查德·利基（Richard Leakey）的《第六次大灭绝》(*The Sixth Extinction*)[2]也属于上述书籍，它明显指的是我们在本书中概述的历次造成物种灭绝过半的"五次大灭绝"，即奥陶纪末、泥盆纪末、二叠纪末、三叠纪末和白垩纪末期的灭绝事件。在本书中，我们提倡地球史上实际上有十次重大灭绝事件，值得与较小的灭绝事件区分开来，后者如前面章节提及的古新世—始新世极热事件（PETM）以及侏罗纪和白垩纪发生的几次较小的灭绝事件。这些排名前十的大灭绝事件如下：

1. 氧化大灭绝。从各类物种及单个生物的灭绝比例来看，在所有灭绝事件中，这次或许是最具灾难性的。对于当时所有微生物来说，氧气几乎都是致命毒药。再加上当时第一次出现雪球地球事件，导致这次灭绝事件可能是诸次大灭绝中最严重的那一次，这第一次灭绝同时也打开了诸次大灭绝的大门。请想象一下——你走在户外，不再有可呼吸的空气。空气很充足，但成分已经大不一样。构成当时地球生命的那些水生生物们，当时也是这种感受。海洋中充满了有毒气体：氧气。

2. 成冰纪大灭绝。在原生代晚期，出现雪球地球事件的插 330曲。厚厚的脏冰覆盖了海洋和陆地。光合作用减慢，大都停止了。陆地和海洋（海洋生物的丰富度远远超过陆地生物）中各种各样的生物群灭绝。不只是生物多样性骤降，生物量也暴跌。

3. 文德纪—埃迪卡拉纪晚期灭绝。此次灭绝包括构成叠层石的生物、构成微生物席的生物，特别是元古代—古生代交界期的埃迪卡拉动物群。当时应该是埃迪卡拉动物群的乐园，这一乐园遭到贪婪的（更重要的是敏捷且可移动的）动物的入侵，后者吃尽了沿途的一切生物，强夺了变化缓慢、充满微小生物的海洋及陆地。

4. 寒武纪斯特普托期同位素正漂移（SPICE）大灭绝。大部分三叶虫、布尔吉斯页岩中大量"奇异生物"以及其他很多生物的大灭绝。最为重要的是，三叶虫发生了巨大的变化，它们从"拥有早期的节状构造和眼睛、无法起抵御作用、很少防御装备"这种状态，发生了重大转变——这恐怕最有可能是因为捕食者增加了。因为化学方面的变化，最早的、真正的、大型的、可移动且身上披着壳的捕食者——鹦鹉螺类头足动物，卷入此次灭绝。

5. 奥陶纪大灭绝。热带物种大量灭绝。此次大灭绝是由寒冷的气候，或由海平面变化所致。

6. 泥盆纪大灭绝。海洋中的底栖动物和水栖动物——第一次温室海洋灭绝。

7. 二叠纪大灭绝。陆地和海洋温室灭绝。

8. 三叠纪大灭绝。陆地和海洋温室灭绝。

9. 白垩纪—古近纪大灭绝。温室气候以及行星碰撞导致的灭绝。

10. 更新世—全新世晚期大灭绝。从 250 万年前至今——气候变化及人类活动。

在上述罗列的十大灭绝事件中，我们应该担心的是最后一次灭绝事件。其他灭绝事件，尤其是温室气候灭绝，应该让我们感到恐惧，可是我们并没有恐惧——这是因为它们过去（以及未来）的进展都过于缓慢，是温水煮青蛙。缓慢的死亡……并且死的不是我们这一物种。我们是相当抗灭绝的。我们会活着，是的，但是会活得高兴吗？独自生活在一个空荡荡的行星上？周围是我们驯养的动物和人工栽种的植物，从长远来看，它们跳跃的基因将导致它们发生其自己的固执且不可预知的"寒武纪式大爆发"。

331

走向第十次大灭绝

2010 年，埃塞俄比亚[3]的一次巡回展览带给美国"所有化石中最著名的一块化石"：早期原人露西（Lucy）[4]。露西身高约为 107 厘米，

　　　　　　　　　新生命史：生命起源和演化的革命性解读

其遗骸总共只相当于其原骨架的 40%，保存下来的部分，事实上并不多。但是，她的化石告诉我们很多信息。

术语"两性异形"用于描述同一物种中雄性与雌性形态不同。当然，它并不仅仅适用于人科动物，而且，两性异形中也并非总是雄性体形大于雌性。譬如，在许多动物中，包括各种头足类动物中（有趣的是，鹦鹉螺除外），雌性的体形更为庞大。显然，产卵比产精子需要有更大的器官。然而，在人科动物中，从黑猩猩到我们人类，都是雄性更加魁梧。人类的两性异形具有统计学意义，女性的身高占男性身高的比例约介于 90%～92% 之间，人种不同，情况也有所不同。然而，在露西的种类中，情况则截然不同。

露西远非其所属物种的唯一化石骨架。她属于南方古猿阿法种，于 1974 年被唐·约翰森（Don Johanson）领导的研究小组所发现，与当时我们对她的了解（也就是"不了解"）相比，我们目前对其所属物种的了解要好得多了。最近，有了更多的发现，其中之一是与露西属于同一物种的男性骨架，保存之完整足以使我们估算出他活着时的身高。他被称为巨人，身高约为 1.5 米，而露西的身高不到 1.1 米。如果两人"面对面"站着，露西的下巴可能只能达到他肚脐之上——女方面对的其实是男方的胸部下方。

如果露西和"巨人"是南方古猿阿法种两性的代表，那么这意味着其女性的身高仅为男性的 70%。这必然会导致一些后果——既体现在行为方面，又体现在文化方面。2012 年，华盛顿大学人类学家帕特丽夏·克拉默（Patricia Kramer）根据其男性与女性的腿部长度，详细地研究了两者的相对行走速度[5]，结果发现"巨人"的最大步行 332

速度为每小时约 4.7 千米，而露西的最大步行速度相对较慢，为每小时约 3.7 千米。对于女性而言，要很艰难才能跟上男性的速度——而且生活在一个猛兽横行的世界，一直处于无氧呼吸状态并不是很好的生存策略。因此，克拉默指出，像黑猩猩一样，男性和女性人科动物一天中的大部分时间都是分开的，他们分头搜寻及猎取食物。

在非洲发现的其他新化石，也推翻了一些长期以来公认的看法。研究人员所重建的实景模型或图形，总是把露西及其同类设定为直立行走，穿越上新世晚期非洲北部和东部的地带——在那里，一片片小小的开放森林与草原交错分布。早于露西 10 万年但与露西属同一物种的**一位女性的肩胛骨**，首次显示出一些特点，表明她和她的同类不仅能够攀爬树木，而且适于地面行走。一直以来，备受争议的问题是：我们的这些远祖，是否大部分时间都待在树上？[6] 这主要是因为在上述新发现以前，我们无法理解树木攀爬者在形态上发生演化的必要性。上述新的观点似乎认为，南方古猿可能并不像早期所认为的那样，是从树上的猿类演化而来的。

尽管人科动物是地球上的新来者，但是我们的种类（即灵长类动物）可以追溯到白垩纪，而我们的祖先普尔加托里猴（*Purgatorious*）从白垩纪—第三纪大灭绝事件中幸存下来——这是我们的幸运。一些最早的灵长类动物属于狐猴科。4500 万年前，更高级的灵长类动物（最早的、真正的类人猿，现在包括猴类、猿类和人类）出现在亚洲的化石记录中。最古老的高级灵长类动物被发现于中国，现在命名为曙猿（*Eosimias*）。

大约 3400 万年前，演化出来了无疑更聪明、体形明显更大，且或许也更具侵略性的猴子。其中之一是先猿（*Catopithecus*），其头骨大小与小猴子相当，面部相对扁平，而且是最早的灵长类动物，牙齿排列与人类的相似——两个门齿、一个犬齿、两个前臼齿和三个臼 ³³³ 齿。我们现在对自己的演化树有了很好的了解，可以追溯到"人类"最早出现的时间和地点——南方古猿的非洲起源。

在破译"我们人类的物种形成发生在何地、何时"方面，古人类学家做出了巨大的贡献。人类所属的科称作人科，似乎随着露西及其同类（即上文所述的南方古猿阿法种）的出现，而始于约 500 万至 600 万年前。自那时以来，人科已有多达九个物种，但这一数目仍有争议，而且随着针对过去化石骨骼的新发现及新解读不断公之于众，这一数字似乎逐年不断地变化。然而，早更新世人科动物最为重要的后裔是我们人属中最早的成员，即智人，他们能够使用工具，大约生活在 250 万年前。智人在约 150 万年前孕育了直立人，而直立人要么在 20 万年前直接孕育了我们人类，要么先孕育出演化中间物种海德堡人（*Homo heidelbergensis*），再通过它孕育出人类。我们人类这一物种，被进一步细分为许多单独的变种。有些研究人员认为，尼安德特人是一个变种，而另外一些研究人员则认为它是一个单独的物种，即尼安德特人（*Homo neanderthalensis*）。人类古生物学中最为有趣的工作之一是，关于恢复和解码尼安德特人 DNA[7] 的大量新研究。最新的证据表明，在当代人类和目前的 DNA 出现之前，人类和尼安德特人的谱系发生了分歧演化。他们不是演化自我们，我们也不是演化自他们。我们与他们都演化自同一种已灭绝的祖先，但祖先和我们、他们都不相同。[8]

每一个新的人类物种的形成，都发生在一小群人科动物与较大的群体分开许多代之后。在 20 世纪 60 至 70 年代，有人认为，现代人类的出现来自所谓"多地起源"的模式——世界各地各个古老的人科动物群，例如直立人，在不同的时间和地点演化成智人。这种观点现334 在看来很可笑。

化石记录告诉我们，迄今为止人类物种（可能被称为现代人，以区别于更古老的智人）最古老的成员生活在 19.5 万年前，现在的埃塞俄比亚。这一化石是否代表我们最古老的族群，或是离开真正的起源地，游荡在外，在埃塞俄比亚偶然变成化石的人群，这在目前尚不可知，也并不太重要。但不久之后，这群人行走至非洲大陆最远的南部地区，然后又向北走，发现通过欧亚大陆可以走出非洲——并且通过这种方式遍布世界各地，[9] 这实际上把自己与其他人类物种分离开来，并因此适应了非常不同的环境，那些游荡者在这种环境中幸存下来。与非洲平原，以及非洲平原与非洲北部之间的地区相比，在缺乏太阳、冰雪覆盖的北方，形态及生理方面需要做出的调整完全不同，这对生存来说是必需的。随着人类数量的增长，我们的变异——以及各种演化变化也不断增多。但所有这一切都发生在同一物种中。

最末次冰期及其生物

长期以来气候学家推断，观察过去 250 万年来的气候变化——冰原扩大，气候长时间非常寒冷；而短时间的温暖气候，又使海平面下降——是轨道变化的结果，这一论断由米卢廷·米兰科维奇（Milutin

新生命史：生命起源和演化的革命性解读

Milankovic）首次提出，如上文所述。直到我们获得可用于科学研究的冰芯（研究人员根据它们前所未有的清晰度得以辨别近期的气候变化），我们一直认为气候变化较为缓慢。然而，借助于冰芯的清晰度，一种更为新颖的看法开始逐渐成形。

冰芯记录和其他气候信息来源（如深海的古生物、同位素记录）表明，在过去的 80 万年间，间冰期（寒冷的冰期之间气候暖和的时期）平均延续了约 11000 年。这几乎相当于半个地球岁差周期，轨道变化每 22000 年发生一次。当前的间冰期已经持续了 11000 多年，而且部分记录显示，我们所处的暖期已持续 1.4 万年之久。这是否意味着现在冰期正在靠近我们？这一问题的答案显然是"不"，有以下几个原因。首先，轨道变化影响气候，但是岁差并不是轨道变化的唯一方面。化石记录表明，在 45 万～35 万年前之间，曾有一段间冰期持续时间远远超过 1.1 万年。在此间冰期，地球轨道偏心率正好处于最小值。当前，轨道偏心率正在接近上述最小值，这说明现在的间冰期可以维持数千年，甚至可能延续数万年——或者它可能在任何时候结束。

更新世预示着重大的气候变化，这开始于约 250 万年前。在新生代的前冰期晚期，高纬度地区广阔而凉爽的草原和苔原被一种新的地表覆盖物（冰）所取代。冰雪缓慢增多，年复一年，导致冰川形成，并且慢慢地向南蔓延。最终大陆冰川开始汇合高山冰川，这一邪恶的"联姻"导致陆地被冰川覆盖，陷入冰川性寒冬。

整个地球并没有如大众普遍认为的那样，完全被冰川所覆盖。这里全年仍有热带地区、珊瑚礁，以及温暖的阳光、宜人的气候。但这种影响，或许在地球上没有任何地方不受牵连，各地至少都受到一些轻微的影响；全球气候变化导致刮风和降水的方式发生变化。即使是那些远离冰川的地方也发生了气候变化，可能变得更冷或是变得更温暖，但往往变得更干燥。广阔而寒冷的沙漠和半荒漠地区不断扩大，逼近不断蔓延的冰原，而在那些平时干燥的地区，如非洲北部的撒哈拉沙漠，雨量却增多；相反，在亚马逊河流域和赤道非洲地区广袤的热带雨林（冰期到来以前，这些地区数千万年以来，气候一直相对稳定），气候明显变得凉爽而干燥，以至于大片的丛林退化成一块块小丛林，周围是更为宽广而干燥的稀树草原。

336

人类扩散

在人类占领这个世界的过程中，这种快速的气候变化发生过多次。约 35000 年前，发生了最后一次演化微调，造就了今天的我们。我们可以将这些新出现的人类称为"现代人"，他们一步步地征服了这个世界。他们虽缓慢却不间断地来到每个新地区，这并不是在一百年内一蹴而就。此过程迥异于欧洲人征服北美洲（仅仅花费了几百年时间，就把一片被本土植物覆盖的广阔大陆转变成为农业和混凝土覆盖的大陆）。这是一个缓慢的征服过程，当现代人逐步分布于世界各地，数万年的时间像树叶般飘零。在 3.5 万年前，甚至连澳大利亚大陆也成为智人的栖息地。然而，当时人类仍未发现亚洲北部。除亚洲以外，甚至还有一片更为辽阔的大陆（南北美洲）仍未有人类踏足。

最早抵达现在辽阔的西伯利亚地区的人类，是旧石器时代追逐大型猎物的狩猎者。三万多年前，他们来到这里，本身就带着能应对这

新生命史：生命起源和演化的革命性解读

一处恶劣气候的历史传承。这一时期东西伯利亚石器与欧洲的石器存在某些差别，而且明显受到东南亚石片文化（flake cultures）的影响。然而，他们已经掌握了制作大型矛尖的技术，用于猎杀大型动物。

最早的人类抵达西伯利亚时，气候略微变暖，这个温暖的时代（紧接着的是一个较冷的时代），可能促使人类向本来环境很恶劣的地区行进。然而，在人类抵达西伯利亚后不久，地球又开始降温，而且在 2.5 万年前，一次重大冰期正在靠近。

在西欧和北美洲，大陆冰原正不断地南下蔓延，使大片区域被厚约 1.6 千米的冰层覆盖。然而，西伯利亚的水分如此稀少，以至于无法冻结成冰。在这片辽阔且无树木的冻土地带，人类向东扩张到前无古人的领地。因为树林如此稀疏，所以猎物的毛皮和角枝变成重要的资源，体形最为庞大的猎物（乳齿象和猛犸象）的骨骼，被用来建造房屋。这些人类迫不得已变成大型猎物的狩猎者，主要猎杀猛犸象和乳齿象。 337

大约在三万至一两万年前，人类先后分批穿越亚洲，定居于白令陆桥，当时冰盖覆盖北美大部分大陆，在漫长的寒冷时期，范围扩展到最大，随后快速变暖。随着冰量的增加，海平面开始下降，导致大片长期居于水下的区域变成干涸的陆地——部分地区成为先前的孤岛和宽广陆地之间的迁徙路径。但当冰川最后开始融化时，海平面也开始上升。晚至 1.4 万年前，随着气温的逐渐上升，覆盖当今加拿大绝大部分和当今美国大量地区的大陆冰川仍然在慢慢地融化。

然而，不久之后，一个新事件加速了冰川的融化过程。当足够多的冰已融化，冰川不再从海岸向大海延伸，现在的加拿大东部和西部海岸线，以及美国北部地区**不再发生冰山崩塌**。每年春季，冰川达到最大值时（大约1.8万～1.4万年以前），曾有一座座巨大的冰山在近岸海洋漂浮，这使该水域保持寒冷，由此产生的寒风也吹冷了陆地。然而，随着冰山不再形成，温暖的向岸风吹来，陆地上的各处冰川，欣然开始融化。

冰川融化的锋面极其恶劣——不断消退的冰垒伴随着持续不断的强风。风如此猛烈，以至于用所裹挟的大量泥沙造成了堆积，这种沉积物叫作黄土。风也携带种子，冰山前堆积的土壤因此很快就被先锋338 植物所占领。首先是蕨类植物，而后是更为复杂的植物。柳、杜松、杨树和各种灌木，构成改造这个古老冰川国度的第一个稳定群落，不久，后继的植物群落也抵达此处，分布位置不定。在更为温和的西部地区，通常是以云杉为主的低矮森林；在中部较冷的大陆，通常为冻土和冰原。然而，各处的冰川都在消退，当它们移动，或更确切地说当冰川北退的时候，随之而来的是不断推进的苔原阵线，而广袤的云杉森林很快亦接踵而至。

在北美地区，云杉群落既有开阔的林地，也有茂密的森林，树林中点缀着草地和灌木丛。完全不同于西北地区少数古老森林中遗留的广阔茂密的道格拉斯冷杉群落，这里茂密的灌木丛和腐烂的树木，使体形庞大的猎物或人类很难穿梭其中。

在整个冰期，北美冰原以南有着各种栖息地。那里有森林苔原、草原、沙漠，以及各种植物，足以维持大量大型哺乳动物的生存。随着这个世界大部分地区的冰期和严寒的终结，人类数量开始明显增加。

　　　　　　　　新生命史：生命起源和演化的革命性解读

1 万年前，人类成功地占领了除了南极洲以外的每一片大陆，为适应不同地方而发生的演化，造成了我们现在所说的不同的人类种族。虽然一直以来有人认为，这些明显的特征，例如肤色等，纯粹是对日照量的适应，但是更多最近的研究表明，很多我们所说的"种族"特征可能只是性选择导致的适应，而非为适应各种环境而发生的变化。然而，许多其他适应性表现也在发生（大多无法被形态学家们看见）。

非洲因其种类丰富的大型哺乳动物令人叹为观止。地球上再没有其他地方可以发现如此多样的大型食草动物和食肉动物。然而，这种动物的天堂**曾经并不少见**，而且司空见惯。直到不久以前，世界各地的温带和热带草原还都很有非洲风味。但是，就像扫灭卡鲁大象的事件一样，某一**非同寻常的事件**，大大减少了过去 5 万多年来地球上大型哺乳动物的生物多样性。

大型动物的灭绝，虽然给研究灭绝的科学家们带来了巨大的挑战，但是我们从过去获得了一项重大启示：与小型动物的灭绝相比，大型动物的灭绝对于生态系统结构的影响要大得多。白垩纪末期的灭绝事件具有重要的意义，这并不是因为当时有许多小型哺乳动物灭绝了，而是因为体形非常庞大的恐龙灭绝了。

正是恐龙这一大型陆栖动物的灭绝，重新调整了陆地环境。与此类似，过去 5 万年来，分布于世界大部分地区的大部分大型哺乳动物的灭绝，其重要意义直到现在才变得明显，而且其影响可能持续到未来数百万年。

尤其是更新世晚期，即约 1.5 万～1.2 万年前，北美地区的大部分大型哺乳动物灭绝了。至少有 35 个属（因此至少有 35 个物种）灭绝了，其中 6 个属亦生活在其他地方（例如马在南北美洲灭绝了，但在欧洲旧世界生存了下来），然而，绝大部分是全球性地灭绝了。事实上，大多数属于不同的分类群，分布于 21 个科和 7 个目。这些种类繁多的属仅有一个共同的特点，即大多数（当然不是全部）都是大型动物。

最为众人所熟知且最具标志性的，是类似大象的动物，即长鼻目动物，包括乳齿象、嵌齿象，以及猛犸象（与旧世界现存的两种大象有密切联系）。上述长鼻目动物中，在北美地区分布最广的是美洲乳齿象，它们在北美大陆没有冰川覆盖的地区随处可见，最常出现在北美东部的森林和林地中，在那里它们穿过树木和灌木，尤其是云杉340 树。嵌齿象是一个奇特的类群，与现存的各类大象非常不同。佛罗里达州的沉积物中曾出现过它们的可疑记录，但是它们广泛分布于南美而非北美。在北美地区，象类的代表是猛犸象，包括两个物种——即哥伦比亚猛犸象和长毛猛犸象。

在北美，冰期大型植食动物的另一标志性类群是巨型大地懒及其近亲犰狳。其中 7 个属已经在北美地区灭绝，只遗留下来美国西南部的常见犰狳。在这个类群中，最为庞大的是地懒，其体形大小不等，有的似黑熊，有的似猛犸象。一种体形中等的地懒，常见于今天洛杉矶的沥青坑，而最后一类也是最为人所熟知的是沙斯塔地懒，其体形与大熊或小象相近。此外，北美的雕齿兽也令人惊叹，它身负重壳，身长约 3 米，背上有类似龟类的沉重外壳。一类犰狳也走向灭绝，这个属只遗留下来常见的九带犰狳。

　　　　　　　　　新生命史：生命起源和演化的革命性解读

偶蹄目和奇蹄目中也发生了灭绝。在奇蹄目中，有多达十种不同的马和两种不同的貘灭绝。在偶蹄目中，遭遇灭绝的动物更多。在更新世灭绝事件中，仅北美就有属于 5 个科的 13 个属灭绝，其中包括西猯科的两个属（野猪）、骆驼和两种大羊驼、山鹿、驼鹿、三种叉角羚、高鼻羚羊、灌木牛和林地麝牛。

有这么多植食动物走向灭绝，于是许多食肉动物开始灭绝就不足为奇了。其中包括美国的猎豹、大型的似剑齿虎、剑齿虎、巨型短面熊、佛罗里达洞熊及两种臭鼬和一种犬类。一些小型动物也榜上有名，包括啮齿类动物的三个属和巨型海狸。但这些都是个例，灭绝的大多数都是体形庞大的动物。

在北美地区的动物遭遇灭绝时，植物群落的组成也发生了剧烈的变化。在北半球的广大地区，植物群落由营养成分高的柳树、白杨和桦树，转变为营养成分相对较低的云杉和桤木林。即使在那些以云杉 341 （本身营养成分相对较低的树木）为主的地区，仍然可见多种营养成分更高的植物。然而，随着营养植物的数量因气候变化而减少，植食性哺乳动物可能逐渐以残留的、更富营养的植物类型为食，从而加剧它们的消亡，而且可能因此导致许多草食性哺乳动物物种数量减少。更新世末期，更为开放、多样的云杉森林和营养成分高的草地迅速让位于更为茂密的森林，这些森林的多样性和营养价值均较低。在北美东部地区，云杉林变成了广阔的、生长缓慢的硬木林，组成树种为橡木、胡桃木及火炬松等，而在太平洋西北部，花旗开始成为主要的陆地景观。与更新世的植被相比，这类森林对大型哺乳动物的承载能力要低得多。

并非只有北美遭受了如此严重的损失。[10]一直以来，南北美洲相互隔离，因此它们的动物种群经历了完全不同的演化史，直到约 250 万年前，巴拿马地峡形成。在南美洲，演化出许多大型且奇特的哺乳动物，包括庞大且类似犰狳的雕齿兽、巨型树懒（这两者后来都北上成为北美洲常见的动物）、巨型猪、大羊驼、豚鼠，以及一些奇特的有袋类动物。当南北美洲相互贯通时，这两个大陆的物种开始自由交换。

像在北美洲的情况一样，冰期结束后不久，南美洲的大型动物发生了灭绝。在 1.5 万年至 1 万年前，有 46 个属灭绝。从受影响的动物群的百分比来看，南美洲大型动物发生灭绝，毁灭性甚至超过北美洲的大灭绝。

澳大利亚遭受的损失更大，但其灭绝发生的时间早于北美洲及南美洲。自恐龙时代以来，澳洲大陆一直是一座孤立的大陆，四面环海。于是，它脱离了新生代哺乳动物的主流。澳大利亚的哺乳动物遵循着自己的演化道路，产生了多种多样的有袋类动物，其中许多体形庞大。

近 5 万年来，澳大利亚动物群遭遇了大规模的灭绝，导致 13 个属中的 45 个有袋类物种消亡。澳大利亚 10 万年前原有的 49 个大型（体重超过 9 千克）有袋类物种中，只有 4 个幸存下来。没有**来自其他大陆的新来者**补充、壮大澳大利亚逐渐灭绝的动物族群。受灭绝事件影响的动物包括大型考拉、几种体形接近河马大小的草食动物（被称作双门齿兽）、若干巨型袋鼠、袋熊和一群类似鹿的有袋类动物。食肉动物（也都是有袋类）也发生了灭绝，包括体形庞大且类似

新生命史：生命起源和演化的革命性解读

狮子的动物，以及类似狗的食肉动物。在比较晚的时候，第三类捕食动物也灭绝了，它们与猫相似，被发现于近海岛屿上。大型爬行动物也消失了，包括庞大的巨蜥、大型陆龟、巨蛇，以及几种大型的不会飞的鸟类等。正如我们来自澳大利亚的好朋友蒂姆·弗兰纳里（Tim Flannery）发现的那样，那些幸存下来的大型动物，都能快速运动或有夜行的习性。

在澳大利亚、北美洲和南美洲的动物群遭遇灭绝浪潮之时，恰逢人类首次出现在这三个大陆，而且气候发生了巨大的变化。当前有可靠的证据表明，人类在 5 万～3.5 万年前来到澳大利亚。大约在 3 万～2 万年前，澳大利亚大部分的大型哺乳动物发生灭绝。

在人类具有悠久历史的地区，如非洲、亚洲和欧洲，出现了不同的模式。250 万年前，非洲的哺乳动物发生了轻度灭绝，但其后来的损失与其他地区相比则要轻得多。尤其，非洲北部的哺乳动物因气候变化而受到严重危害，此气候变化也导致了撒哈拉沙漠的形成。东部非洲，发生了小规模的物种灭绝，但在非洲南部，约 12000 万～9000 千年前，气候发生了剧变，同时，6 种大型哺乳动物灭绝。与美洲或澳大利亚相比，欧洲和亚洲灭绝的物种较少，最主要的受害者是巨型猛犸象、乳齿象和犀牛。

因此，物种灭绝的情况可以概括如下：

- 走向灭绝的生物主要是大型陆地动物，较小的动物和几乎所有的海洋动物幸免于难。
- 非洲的大型哺乳动物过得最好，生存下来的最多。北美地区大型哺乳动物属的损失达 73%，南美洲达 79%，澳大利亚达 86%；而在非洲，过去 10 万年来只有 14% 的大型哺乳动物属灭绝。

- 每个主要陆地动物类群的灭绝都发生得很突然，但其在不同的大陆，发生的时间不同。强大的碳年代测定技术可以达到非常高的时间分辨率。这类技术表明，在 300 年或更短的时间内，一些大型哺乳类动物可能已经完全灭绝了。

- 这些灭绝并不是由新动物群体（非人类）的入侵造成的。一直以来，有人认为，许多灭绝事件，发生在高度演化或适应的新生物突然抵达新环境的时候。冰期的物种灭绝并不属于这种情况，这是因为不论在何种情况下，某些新来动植物群与特定区域已存在动植物群的灭绝都没有任何联系。

上述各种证据，提示了许多科学家——引发了这次大灭绝的，是人类。另一些人则坚持认为，大型哺乳动物灭绝的肇因是植被资源模式的改变，这发生在气候剧烈变化时，即更新世冰期末期。关于这次大灭绝的大多数讨论集中在成因，形成了两大阵营，一种认为是（人类）过度捕猎，另一种认为是气候变化。

无论是什么肇因，除非洲大陆之外的每一片大陆上的陆地生态系统，都发生了重大的重组。当前，随着非洲的大量哺乳动物集中于禁猎区和保护区，它们在受限的新栖息地很容易成为被偷猎的猎物，非洲的大型哺乳动物正逐渐减少。

巨型动物群的灭绝，并没有一条明确的界线。但是，当我们从今天回望历史，这一切宛如昨天。同几千万年至几亿年的时间相比，

新生命史：生命起源和演化的革命性解读

一万年之隔微不足道，可能超出了人类目前技术的分辨率。从我们目前的**优势地位**回望历史，大型哺乳动物时代的结束经过了一个漫长的过程，但随着时间的流逝，这一过程将显得越来越突然，这是时间的一大奇怪属性。

幸存在地球上的大型哺乳动物，构成了现今濒危物种的主力（主要受害者），而更多的大型哺乳动物，已处在危险中。如果说，在现代大灭绝的第一阶段，损失的主要是大型哺乳动物，那么在当前阶段，灭绝似乎主要集中于植物、鸟类和昆虫，这是因为地球上的古老森林变成了田野和城市。

第二十章　地球生命：可知的未来

未来，永远不会来，它就像在灰狗大赛跑中飞速前移的诱饵。如果说生命的历史给我们任何启示的话，那便是：偶然和演化，是生命游戏中的两个主要玩家；而**偶然**使得在未来的生命史中，预测事件和发展趋势充满不确定性。不过，华盛顿大学的行星科学家、才华横溢的作家唐·布朗利（Don Brownlee）回应了未来的这种"看似不能猜透的困惑"。布朗利声称，未来是"可知的"，越是到未来，那些看似矛盾的现象就越可知。关于这一主题，布朗利讲的是地球和太阳的物理性质和可预测的改变。"太阳的未来"是一个可以相当准确地预知"可知未来"的例子，是太阳的未来历史：太阳将在75亿年（前后误差为2.5亿年）之内变成一颗红巨星，其直径可能大于地球轨道，甚至大于火星轨道（从而必定吞噬地球，很可能吞噬火星）。

对地球上生物演化的研究，不仅让科学家们更加了解遥远的过去，同时也提供了关于未来的线索。其特点之一就是，演化历程不仅受生物之间相互作用（竞争和捕食）的影响，也是地球自身、其大气和海洋物理演化的结果。虽然许多事件仍取决于偶然性（如小行星撞击地球的频率和未来的状况），但我们可以非常准确地预测，在地球的余生中，全球气温、大气和海洋化学以及大尺度的地球物理事件的变化。

"可居住行星"的概念，是基于行星的养育性环境因素，而其中生命是行星形成和变化的最终产物。我们已经探究了使得重要营养物质发生循环，以及使地球温度保持恒定的最重要元素的再生系统，而它们的变化（甚或完全停止），比如太阳膨胀的速率，是可知的。对于生命而言，这些通量中最重要的是碳、氮、硫、磷及各种微量元素的运动与转化。各种系统的动力基础大多来自两个来源：太阳、地表之下放射性物质衰变产生的热量。其中，由于太阳作为光合作用的能量之源十分重要，因此是两者中更重要的那一个。 346

太阳是一座强大的核反应炉，但它的稳定性存在争议。随着太阳的演化，氢原子融合成为氦原子，其核心的粒子数目减少了。但看似矛盾的是，随着太阳核心的原子数量不断减少，其能量输出（以光和热的形式）却缓慢而不断增加了。

所有类日恒星，都有同一个特征。在其过去 45 亿年的生命中，太阳的亮度增加了 30% 左右。亮度的增加也使得照射在行星上的日光强度增加。这种变化如果持续下去，会导致海洋消失并形成类似于金星环境的地狱状态。海洋并不像一些描写地球未来的夸张文字中所说的那样"沸腾"掉，而是慢慢地，海洋的水分子被剥夺了其中的氢原子，氢原子上升到高层大气中而氧原子还停留在原处。

地球在其整个历史中，一直位于太阳系的"温带"之内。也就是说，一直和太阳保持"合适"的距离，使得其地表温度可以保证海洋和生物生存不至于被冻结或"被油炸"。这一宜居地带（太空中实际的地理位置）从恰巧位于地球轨道之内的一个著名边界，延伸到鲜为人知的火星附近或以外的位置。由于未来太阳将变得更明亮，宜居地带也将向外拓展，未来宜居地带将越过地球。那时的地球，实质上将成为现在的金星。宜居地带的内缘边界仅距离我们约 930 万英里（1500 万千米），并且将于 5 亿或 10 亿年（或者更短）后到达地球，使得地球称为宜居地带的"边地"。在这之后，阳光会太过明亮，以至于不适宜地球生物生存。

如果不是因为我们在第一章所描写的最重要的行星生命保障系统——行星恒温器，在过去 45.67 亿年中，太阳轰击地球的能量持续上升，本该早已消灭的地球生物，就像很久以前曾消灭金星上的生物（假设金星上曾存在生命）一样。这一系统在过去 30 亿年（也许大约 40 亿年）前就使全球均温保持在水的冰点和沸点之间（偶尔的雪球地球事件除外），从而保证生命的必需品——液态水——可以长时间存在于地球表面。同样重要的是，在严格的温度范围内演化出来的生命，一直以来可以维持相似的**生理机能和内部化学反应**，这些与反应及温度有关。太阳辐射导致的温度升高和大气中二氧化碳的日益减少结合起来，会对未来的生命演化产生重大影响。

目前，过去 5 亿年（有动物存在以来）的二氧化碳变化量已经被相当完整地记录下来。氧气，为所有动物所必需，显然也很重要。我们已经强调了这两种气体从古到今的水平。但是，正如我们知道太阳膨胀及能量增大的**速率**一样，未来二氧化碳和氧气的**变化轨迹**也是可知的，也是可以预见的。

对二氧化碳长期的预测是，它将延续过去至少十亿年的趋势——缓慢而持续地减少。二氧化碳水平持续降低是因为生物和板块构造，越来越多的二氧化碳被用来构造生物尤其是海洋生物的骨骼，所以二氧化碳被消耗了。如果这些骨骼待在海洋中，那么其中的二氧化碳（现在以碳酸钙的形式存在）将可以循环利用。板块构造使陆地扩张，进而大气二氧化碳的"坟墓"——石灰岩的数量将增加，作为沉积物 348 被固定在陆地中。

有人认为，二氧化碳水平长期降低的趋势，必将导致雪球地球事件。但大气中二氧化碳浓度下降造成的降温，并不会造成"地球老龄化"。地球老龄化的标志是变热。太阳释放热量的增加将完全削弱二氧化碳含量减少和温室效应缓解所带来的冷却效果。当全球平均气温上升到120～140华氏度（50～60摄氏度）左右时，地球上的海洋将蒸发到太空中。

但早在海洋消失的20亿～30亿年之前，地球上的生物就将灭亡。因为从微生物到高等植物，可以进行光合作用的生物都不能在大气二氧化碳水平很低的条件下存活。持续减少的碳元素将进一步降低行星的宜居性，因为二氧化碳含量降低会导致大气中的氧气含量降低到无法维持生物生命的水平。

这个过程已经可以观察到。4.75亿年前，维管植物最早定居地球表面的时候，它们的行动是在富含二氧化碳的大气之下进行的。植物在生理过程中不需要储备碳元素。即使现在，许多植物也需要二氧化碳水平至少保持在150ppm，詹姆斯·F.卡斯汀在1997年的文章中指出，第二大组的植物——前面章节中讲到的C4植物，包括常见于中纬度地区的许多草类，具有不一样的光合作用形式，可以在二氧化碳浓度低至 10ppm 时存活。这些植物可以比其他依赖大量二氧化碳的植物存活更久，并且可以在生物圈中大大延长生命，甚至可以存活在二氧化碳浓度严重低于现在的世界。

我们可以有把握地预测：未来植物会朝着可以在比其祖先 C3 植物所处环境更低的二氧化碳水平的环境中存活的方向演化。此外，因为全球气温上升，植物的保水问题将日益严重。植物将会有两个矛盾的需求——一方面植物表面需要有更大的孔洞来吸收更多二氧化碳进行光合作用；另一方面它们需要尽可能减少水分子通过这些孔洞挥发而去。至少，我们可以预测，未来的植物群会变得更加坚韧、表面多蜡，这样可以在没有阳光进行光合作用时，关闭所有通向外界的门户。

随着新植物将拥有更坚硬的表皮，叶子（至少目前形态的叶子）可能会消失；草也会发生这种变化。相对较高的表面容积比率会使植物水分流失，这将毁灭草叶以及细叶。当然，所有这一切需要动物生命发生显著变化。

最快在 5 亿到 10 亿年后，大气中二氧化碳含量将达到普通植物无法生存的水平。最早的转变将不动声色。世界各地的植物都会慢慢死去。但这颗行星不会立即变得灰黄一片、了无生气。因为，如果一组植物死了，它们的位置就会立刻被其他看起来几乎相同的植物所占据。这两种植物的内部组织是不同的，光合作用的基础过程也将完全不同。在发生这种转变之后，地球上的生命大概会以差别不会太大的方式延续——至少一段时间。

当然，植物也可能演化出其他的光合作用方式来弥补较低水平的

　　　　　　　　　　　新生命史：生命起源和演化的革命性解读

二氧化碳。在这种情况下，某些植物或许可以在二氧化碳水平极低的条件下生存。但这些（植物）最终也将消亡。所有模型都表明，二氧化碳含量将持续下降，最终到达 10ppm 的临界水平。

说到任何未来的演化，最重要的问题是关于生物多样性的未来——即地球上的物种数目的未来。这导致了两个问题：未来会有比现在更多的物种吗？如果有，需要多长时间？回答这种问题，你通常需要回顾过去。

将受到更低的二氧化碳水平伤害的，不仅仅是陆地植物群。许多海洋植物以及浮游生物，可能也会受到相似的影响。海洋群落将受到 350 更强烈的影响，因为大多数海洋群落都由浮游植物，即漂浮在海洋中的一种单细胞植物组成。和陆生植物一样，二氧化碳的减少将直接影响这些海洋群落。然而，即使不考虑二氧化碳对海洋植物的影响，陆地植物的消失也会导致海洋浮游生物的减少。

在大多数海洋环境中，海洋浮游植物都严重受到营养的限制。每个季节涌入海洋的硝酸盐、铁、磷酸盐会导致浮游植物发生藻华。但这些硝酸盐和磷酸盐来源于腐烂的、被河流冲刷进入海洋的陆地植被。随着陆生植物的减少，海洋植物的营养量也将减少。海洋缺乏营养物质后浮游生物量将发生灾难性的衰减。这种衰减永远不可逆转，因为即使像上文所讲的少量陆生植物复苏，它们也永远无法吸收到与目前（比如现在）不缺二氧化碳的世界同样大量的营养物质。

如今的陆地和海洋食物链赖以存在的基础将会消失。植物的减少会导致全球生产力（地球上的生命数量）暴跌。但仍有生命——大量的细菌（如蓝细菌）——将继续存活，因为这些强大的单细胞生物可以在二氧化碳水平低于维持多细胞植物生存的条件下存活，并且它们和一些多细胞植物一样不需要氧气。

植物的消失会大大影响地貌与地表的风景。由于植物根的消失，地表层变得不稳定，这会改变河流的状态。现在蜿蜒曲折的大江大河，最多可以追溯到大约 4 亿年前、陆地植物最早殖民行星表面的志留纪，这是因为江河需要根系的固定作用来维持其堤岸。当植物死亡或者因斜坡、土壤或其他不适宜的环境条件而不存在时，会存在一种不同的河——辫状河流或溪流，它们多形成于沙漠冲积扇上或冰川之前，这两种不利于根茎植物生存的环境。这是在陆地植物出现之前河流的性质，在二氧化碳下降到植物相继死亡的阈值时，将再次出现这种河流。

351

土壤流失造成的巨变亦毫不逊色。地表土壤被吹走后，将留下光秃秃的岩石表面。地表发生这种情况后，将改变反照率——即地球的反射率。更多光线会被反射回太空，从而影响地球的温度平衡。大气及其热量转移以及降水格局将发生根本性变化。大风将带走裸露的岩石表面上由于热、冷和流水冲刷作用而产生的沙砾。虽然化学风化会随着土壤的损失而减少，然而物理风化仍可以产生大量随风飘散的沙砾。行星的表面将形成许多巨大的沙丘。

虽然这预示着陆地上（或许也包括海洋上）所有的植物终将灭绝，但二氧化碳含量在之后很长时间（或许几亿年）里都会徘徊在造成植物死亡的水平上下。二氧化碳含量下降到致命范围后植物将死去，风化的减少允许大气中二氧化碳再次积聚，使得一些幸存的小种子或根茎开始发芽，大约几千年之后，至少会以较少的种群数量繁荣。随着植物再次大量出现在地表，风化率将再次增加，于是提高对

　　　　　　　　　　　　新生命史：生命起源和演化的革命性解读

大气中二氧化碳的吸收速率。

动物生命依赖大气中的氧气，几乎没有动物能够在低氧甚至无氧的条件下生活（虽然2010年人们在地中海深处发现了一种可以耐受无氧环境的极小的无脊椎动物）。华盛顿大学的大卫·C.卡特琳提出，与目前地球大气中21%的氧气含量相比，在植物灭亡1500万年后，大气中氧气含量将不足1%。

人类未来的演化

生命本身，即是其演化与灭绝的主要当事人、参与者之一。合著者沃德的"美狄亚"假说是基于"生命对其自身是敌非友"的结论，各种生态系统和物种，并不是生存的时间越长就演化得越好或越成功。事实上，正如我们所看到的，主要的大灭绝实际上是由微生物产生的各种毒素造成的。因此，以对**最"美狄亚"式的物种之一**（我们自己）的某些讨论来结束本书，似乎是合适的。人类自身将在未来演化成什么样呢？

科幻小说将我们未来的样子描述成**一群大脑袋、高额头、高智商、可以储存更多知识的人**。但是，未来的人类可能不会有更大的头颅。化石记录显示，大脑飞速增长的日子似乎已经过去，至少基于过去几千代人的头骨尺寸可以推测出：导致大脑尺寸增加的条件（理论上主要是源于气候因素）已不可能再重演。但如果不再拥有更大尺寸的脑，人类会在其他哪些方面演化呢？另一个有趣的问题是，人类在二十几万年前最初出现后，是否经历过什么重大的演化？

基于遗传的研究有一项惊人的发现：自20万年前人类形成以

来，人类基因组经历了大重组，而人类的演化速率，如果说有变化的话，那就是在过去三万多年里不断地加速。亨利·哈朋定（Henry C. Harpending）和约翰·霍克（John Hawks）的一项研究表明，在过去五千年里，人类比六百多万年前原始人类从黑猩猩祖先分离出来后的演化速度快了 100 倍。此外，我们并未看到那些**结合起来可用于区分人类种族的特征**在逐渐减少，直到最近，世界各地的人类还在变得越来越具有区别性（而不是相反）。只是在过去的一百年中，通过人类旅行方式的革命和更多对其他种族更开放态度的行为，这种模式才减缓下来。这主要有两个原因：农业和城市，表现为食物短缺和空间拥挤。

因此，人类似乎是一流的演化玩家，或者说直到最近还是第一流的演化玩家。知道了这些，就有可能推测人类物种在未来还会有什么"更进一步的演化"——假定这一物种可以生存几百万年（这似乎是所有哺乳动物**物种**的平均寿命）。因为根据大多数可观察到的，过去五千年中针对特定环境的演化性改变，可以反问：未来的世界会有比现在更多的人口吗，诸多技术分支中，特别是会形成更大的城市和更大片农田的技术，会影响我们这一物种的演化出路吗，还是完全影响不了呢？其次，还有很多问题：人类将变得更大还是更小？更聪明还是更愚蠢？更理性还是更感性？人类在面对如淡水缺乏、大量的紫外线辐射和全球气温上升这些环境问题时，会变得更加耐受吗？人类将会演化成一个新的物种吗？还是不再演化？人类未来的演化可以不通过基因，而是通过增加硅的表达，以及通过人的大脑神经连接机器来增加记忆力吗？难道人类只是地球下一种统治性智力形态——机器的建设者？

历史的终结

那些坚信"末日即将来临"甚至担心地球上的芸芸众生已笼罩在即将到来（或已经到来）的大规模毁灭阴影之中的人士，应该感到一些安慰。我们似乎生活在地球（至少）34亿年历史中生物数量最高的时期。我们认为在分母未知的条件下，不可能证明究竟有多少生物正在灭绝——不可能去衡量一次集群灭绝是大规模（大于50%）、小规模（10%～50%之间），还是根本不构成一次灭绝。显然，地球上 354 的物种超过160万种。如果可以确定正在发生一次新的大灭绝，那么"历次灭绝之后，生物多样性甚至**可以**反弹到更高的水平"这样一种事实，能让我们稍微感到一丝宽慰。

后面这种观点是伟大的弗兰克·德雷克（Frank Drake）多年前在我们辩论"类地行星是否罕见"时的论断。他所建立的德雷克方程，是一个用于尝试估计银河系中其他智慧物种数目的方程，他认为这种大规模的灭绝，如二叠纪灭绝，事实上对任何行星都是一件好事情。但是，要付出代价……生物多样性遭到二叠纪灭绝重创之后500万年，才恢复到灭绝前的水平。世界在生物多样性甚至生物种类方面回到了元古宙时代的状况——这在某些场合被我们戏称为"帝国反击战"——在这里，**前寒武纪帝国**厌氧的和有毒的微生物开展了绝地反击。

沃德的"美狄亚假说"的最后一项预测是，对于每一颗有生命的行星，摆脱这个自杀魔盒的唯一的办法是通过**生命长存**而来的一种创造——智慧，可以预测未来的智慧。一种未来前景是：我们将栖息地先扩展到火星，然后到小行星带，最后到其他恒星系。另一种未来前景是：我们释放到大气中的二氧化碳导致地球上所有的冰雪融化、海平面上升，减缓温盐环流模式，导致海洋底部缺氧而变得死气沉沉，然后这种状态渗入较浅的水域，同时释放渗入到所有海洋的硫化氢。在未来，只有具有很好的防毒面具的动物，才能生存下去。

历史是一个危机预警系统。

最后的话

没什么可以永垂不朽。这既适用于行星，又适用于生物体，也适用于科研生涯。葬礼虽然是人类可以参与的最悲惨的事件，但至少它们是标志着变化的决定性时刻：从生存到死亡。但更为可悲的，也许是"生命接近尾声之时"，就像人被确诊患上了致命疾病。鹦鹉螺，一种这本书中可扮演已灭绝的菊石类动物的最佳"演员"，一种渡尽劫波、幸存至今的动物，如果不是以目前的形态，至少也是作为一种主要的分类单元而生存至今。鹦鹉螺类首次出现在 5 亿年前的寒武纪大爆发时期。它们生存至今，但数量在减少，因为太平洋国家对它们外壳的需求而濒临灭绝：过去的大规模灭绝，并不会因为发现某些生物的"美丽"而杀死它们。但人类引起的大规模灭绝，却会因为美丽而杀死某些生物。

但即使在鹦鹉螺成为交易商品（仅 2005—2010 年这五年间，美国就进口了 50 万只鹦鹉螺壳）之前，它们也无异于已接到了死刑判决书。鹦鹉螺的身体发生了演化，可以在温暖的浅水中生存。它利用渗透泵，清空其每个分室形成时原本充满的水；它们发生了演化，可以在富含钙质的浅层海水中生长壳体。与此同时，发生了我们早些时候在本书中介绍过的中生代海洋革命。鹦鹉螺赖以生存的外壳，曾经是坚不可摧的堡垒——直到白垩纪及后来演化出来新的物种，可以轻易地攻破鹦鹉螺们坚固的外壳。这时它们不能再生活在浅水区了。浅水区成为了死亡之地。

生命在于变化。鹦鹉螺经过了千百万年时间，逐渐生活在了更深的水中，以应对新的演化和生态压力。我们新的研究结果表明，在过去的 500 万年中，它们生活在平均 200～300 米深度的水下，但它们的身体结构并不适应如此深邃的海底。它们生长得更缓慢，原本只需一年时间达到成熟的尺寸，现在则需要十到十五年。现在，它们像深海动物一样，数量稀少，生活在阴暗幽邃、资源稀少、环境艰苦的地方。食肉动物亦尾随而来，进入深海。鹦鹉螺们不能再去更深的地方了，因为它们的壳对可承受的深度有一定限制，太深会使它们瞬间死亡。它们无处可藏，退无可退。

鹦鹉螺的命运构成了一种隐喻，象征了所有动物的命运。或早或 356 晚，演化、竞争以及因地球与太阳年龄增加而发生的自然变化，将会使任何人的计划都过时、老朽。对于我们这些陆地生物来说，将吞噬我们的并不是食肉动物，而是膨胀的太阳和含量极低的二氧化碳。地球上将没有可供生存之地。我们种族的唯一希望是：如果我们想"做些什么"的话，就去做鹦鹉螺做过的事——或者，更好的是去做蓝细菌做过的事——离开，然后再得享 20 亿～30 亿年的宇宙时光。最后这一章，讲的是生命在**地球**上的历史。但事实上，也可以掀开一本新的书册，写一本全新的书。事实上，可以写一座新的书山，装满一座大图书馆！

也许，生命——我们这种类型的生命，确实始于火星。当时的选择是要么离开火星，要么死亡。生存，是真真正正，刻在我们基因中的。

前言

1. J. Loewen, *Lies My Teacher Told Me: Everything Your American History Textbook Got Wrong* (New York: Touchstone Press, 2008).

2. J. Baldwin, *Notes of a Native Son* (Boston: Beacon Press, 1955).

3. N. Cousins, *Saturday Review*, April 15, 1978.

4. P. Ward, "Impact from the Deep." *Scientific American* (October 2006). The actual first use of the term "greenhouse mass extinction" is difficult to ferret out, although I used it overtly in a *Discover* magazine article in the 1990s.

5. G. Santayana, *The Life of Reason, Five Volumes in One* (1905).

6. 福提的书曾经是（并且仍然是）一本杰作，不仅仅是因为其中的"事实"，也因为这些科学的故事，它们呈现已知少数知识，并将之转换成更多不露声色的历史。而且现在这本书也过时了（它怎能不过时呢，其中有大量理查德自己的新的工作）。我们以一种有些自欺欺人和自我掩饰的方式使用了他的书，并且祈祷能够被原谅。仅仅对于新手们来说，我们部分地反对这个题目：假设地球上的生命已经存在 40 亿年，在 20 世纪 90 年代中期，当写这本书的时候，也许可能看起来像是一个好的猜测，但是现在这也可能不是一个好的案例。也许他对于这个问题的看法依然是对的，但是我们自己也将做出论证。这本书是：R. Fortey, *Life: A Natural History of the First*

　　　　　　　　新生命史：生命起源和演化的革命性解读

Four Billion Years of Life on Earth（New York: Random House, 1997）。

7. 关于建设新生地质领域（以及它的古生物学术领域）创始人们的哲学的整体方面的伟大文章是在 M. J. Rudwick, *The Meaning of Fossils: Episodes in the Histroy of Palaeontology*（London: Science History Publications, 1972）里面。这本书早期很难找到，后来在其他出版社中重新出版。在 17 世纪后期到 18 世纪早期，当关于地质时间与过程的兴起与早期关于化石地层变化的思想以及早期关于演变的思想交汇，路德维克对于这段时期的看法是具有重大意义的，并且对每一位对时间和自然历史感兴趣的人来说，一直是一部必读经典。

8. 我们告诉我们的本科毕业生们，查尔斯·达尔文首先是一位地质学家。他对化石记录以及多种他无论何时从"小猎犬号"勘察船上登陆看到的化石（这是无论何时尽可能做到的，尽管达尔文曾被晕船严重影响）的理解，为他的观察所做的思想准备是至关重要的，这些观察会引出他著名的关于演化的假设。关于所有这些训练的好书是 A. Desmond, *Darwin*（New York: Warner Books, 1992）。

9. M. Rudwick, *Georges Cuvier, Fossil Bones, and Geological Catastrophes: New Translations and Interpretations of the Primary Texts*（University of Chicago Press, 1997）。

10. 关于不同时间的物种数量有很多研究工作，我们会在接下来的章节中细致地介绍。其中最新的一个是由 John Alroy 等著，"Phanerozoic Trends in Global Diversity of Marine Invertebrates," Science 321（2008）: 97.

11. N. Lane, *The Vital Question: Why Is Life the Way It Is?*（London: Profile Books, 2015）; *Life Ascending: The Ten Great Inventions of Evolution*（London: Profile Books, 2009）; *Power, Sex, Suicide: Mitochondria and the Meaning of Life*（Oxford: Oxford University Press, 2005）; *Oxygen: The Molecule That Made the World*（Oxford: Oxford University Press, 2002）。

第一章：辨别时间

1. 一份好的地层使用指南出版自"国际地层学小组委员会"。这是一个非常正式的组织，它考量每一个术语和名字。他们的网址是 stratigraphy. org-uploaed-bak-defs. htm。

2. 多样的年龄测定法，简短的概要：关于铀，钾氩，铀铅，锶同位素，以及磁性地层学都使用过。为了能掌握全部这些，我们推荐马丁·路德维克的著作，这些书可以在图书馆和线上书店找到。包含最新的 *Earth's Deep History: How It Was Discovered and Why It Matters* (Chicago: University of Chicago Press, 2014)。

3. 第一个系统确实是岩石类型：每种类型的岩石学，比如说火山岩、变质岩，尤其是一些沉积形成的岩石种类（例如砂岩、白垩、页岩）被认为是特殊时间特有的和典型的。因此白垩纪是第一个因同时期在欧洲发现的岩石类型——白垩而命名。后来发现同种类的岩石在任何时期都产生。参见：M. Rudwick *The Meaning of Fossils: Episodes in the Histroy of Palaeontology* (London: Science History Publications, 1972)。

4. 利用化石来分辨时间，以及威廉·"地层"·史密斯在理解和阐述地质时间跨度演化中的角色能够在很多书籍中找到。一本很有用的书出自我们最近的朋友比尔·贝里，他来自加州大学伯克利分校，是一位古生物学家，而且是我非常想念的科学家，W. B. N. Berry, *Growth of a Prehistoric Time Scale* (Boston: Blackwell Scientific Publications, 1987): 202。

5. J. Burchfield, "The Age of the Earth and the Invention of Geological Time," D. J. Blundell and A. C. Scott, eds., *Lyell: the Past is the Key to the Present* (London, Geological Society of London, 1998), 137–43.

6. By the late 1800s a great deal of fame came to be associated with being the author of a geological period. One such grab for glory was by Lapworth. See the ever-readable M. Rudwick, *The Great Devonian Controversy: The Shaping of Scientific Knowledge Among Gentlemanly Specialists* (Chicago: University of Chicago Press, 1985).

7. K. A. Plumb, "New Precambrian Time Scale," *Episode* 14, no. 2 (1991): 134–40.

8. A. H. Knoll, et al., "A New Period for the Geologic Time Scale," *Science* 305, no. 5684 (2004): 621–22.

新生命史：生命起源和演化的革命性解读

第二章：形成一颗类地行星：46 亿～45 亿年前

1. 关于类地行星及其数量的预估：有关"类地"的各种定义千差万别，类地行星的数量也大有不同。对此的科学论述请参考：E. A. Petigura, A. W. Howard, G. W. Marcy, "Prevalence of Earth-Size Planets Orbiting Sun-Like Stars," *Proceedings of the National Academy of Sciences of the United States of America* 110, no. 48（2013）. doi: 10. 1073-pnas. 1319909110, and the NASA publicity view, www. nasa. gov-mission_pages-kepler-news-kepler20130103. html.

2. NASA's sense of it can also be found at science1. nasa. gov-science-news-scienceat-nasa-2003-02oct_goldilocks-are Earth reference, discussion. Also interesting and up to date is S. Dick, "Extraterrestrials and Objective Knowledge," in A. Tough, *When SETI Succeeds: The Impact of High-Information Contact*（Foundation for the Future, 2000）: 47-48.

3. While not the scientific papers that began the revolution, this later article by Geoff Marcy is a good entry into the subject: G. Marcy et al. "Observed Properties of Exoplanets: Masses, Orbits and Metallicities," *Progress of Theoretical Physics Supplement* no. 158（2005）: 24-42.

4. D. McKay et al., "Search for Past Life on Mars: Possible Relic Biogenic Activity in Martian Meteorite AL84001," *Science* 273, no. 5277（1996）: 924-30.

5. P. Ward, *Life as We Do Not Know It: The NASA Search for and Synthesis of Alien Life*（New York: Viking, 2005）; P. Ward and S. Benner, "Alternative Chemistry of Life," in W. Sullivan and J. Baross, eds. *Planets and Life: The Emerging Science of Astrobiology*（Cambridge: Cambridge University Press, 2008）: 537-44.

6. W. K. Hartmann and D. R. Davis, "Satellite-Sized Planetesimals and Lunar Origin," *Icarus* 24, no. 4（1975）: 504-14; R. Canup and E. Asphaug, "Origin of the Moon in a Giant Impact Near the End of the Earth's Formation," *Nature* 412, no. 6848（2001）: 708-12; A. N. Halliday, "Terrestrial Accretion Rates and the Origin of the Moon," *Earth and Planetary Science Letters* 176, no. 1（2000）: 17-30; D. Stöffler and G. Ryder, "Stratigraphy and Isotope Ages

of Lunar Geological Units: Chronological Standards for the Inner Solar System," *Space Science Reviews* 96（2001）: 9–54.

7. A. T. Basilevsky and J. W. Head, "The Surface of Venus," *Reports on Progress in Physics* 66, no. 10（2003）: 1699–1734; J. F. Kasting, "Runaway and Moist Greenhouse Atmospheres and the Evolution of Earth and Venus," *Icarus* 74, no. 3（1988）: 472–94.

8. D. H. Grinspoon and M. A. Bullock, "Searching for Evidence of Past Oceans on Venus," *Bulletin of the American Astronomical Society* 39（2007）: 540.

9. A good general reference for the age of the Earth is G. B. Dalrymple, *The Age of the Earth*（Redwood City: Stanford University Press, 1994）, while his more technical take is "The Age of the Earth in the Twentieth Century: A Problem（Mostly）Solved," *Special Publications, Geological Society of London* 190（2001）: 205–21.

10. 来自加州理工学院的凯文·马赫和大卫·史蒂文森在 1988 年致《自然》的简短信函中，第一次透露了一种担忧，即猛烈的轰击会对生命产生不利影响，而早期生命的历史也因此得以证明。"Impact Frustration of the Origin of Life," Nature 331, no. 6157（1988）: 612–14。许多人都后续跟进，包括凯文·扎恩勒和诺姆·斯利普。一份早期的参考是扎恩勒等人的 Crateing Rates in the Outer Solar System,（Icarus）163（2003）: 263–89 ; E. Tera et al Isotopic Evidence for a Terminal Lunar Cataclysm, Earth and Planetary Science Letters 22, no. 1（1974）: 1–21。最近，关于外行星在主要的吸积阶段几亿年后可能的迁移，使得人们对撞击的起源进行了重新的审视: W. F. Bottke et al., "An Archaean Heavy Bombardment from a Destabilized Extension of the Asteroid Belt", Nature 485（2012）: 78–81 ; G. Ryder et al., "Heavy Bombardment on the Earth at-3. 85 Ga: The Search for Petrographic and Geochemical Evidence," in Origin of the Earth and Moon, R. M. Canup and K. Righter, eds（Tucson: University of Arizona Press, 2000）: 475–92。

11. 关于地球大气层的起源有较多论述，其中生命的作用可参见: www. amnh. org-learnpd-earth-pdf-evolution_earth_atmosphere. pdf. A reference article can be found from K. Zahnle et al., "Earth's Earliest Atmospheres," *Cold Spring Harbor Perspectives in Biology* 2, no. 10（2010）.

12. 当我们在乔治·W. 布什担任总统期间提到"得克萨斯大小的行星"对早期海洋的影响时，经常令本科班学生不自在地咯咯笑。随着时间的推移，这个概念现在看起来有点不一样了，也更科学了。这里有一个好的 PDF 文件（但是有一个奇怪的名字），以易于理解的方式，全面贯通了其中的物理知识：www. breadandbutterscience. com=CATIS. pdf.

13. 探寻出早起地球大气中二氧化碳的含量是困难的，没有真实的直接方法。参考包括：J. Walker "Carbon Dioxide on the Early Earth," Origins of life and Evolution of the Biosphere 16，no. 2（1985）：117-27。关于显生宙，有两篇有巨大影响的论文：D. H. Rothman, "Atmosphere Carbon Dioxide Levels for the Last 500 Million Years," Proceedings of the National Academy of Sciences 99, no. 7（2001）：4167-71，和 D. Royer et al., "CO_2 as a Primary Driver of Phanerozoic Climate," GSA Today 14, no. 3（2004）：4-15。对此章节剩余的大部分而言，没有比 L. Kump 等人撰写的精彩的大学课本更好的初级读物了：The Earth System, 3rd ed.（Upper Saddle River, NJ: Prentice Hall, 2009）。这本也许昂贵的但令人惊艳的教科书，是通往所谓地球系统科学的绝佳门路。这些关于碳循环以及其他引导可居住性的基础系统的讨论都是来自于这本书。

14. Ward has dealt with this topic in book-length treatment（P. Ward, Out of Thin Air. Washington, D. C.: Joseph Henry Press, 2006）. The various Robert Berner references include R. A. Berner, "Models for Carbon and Sulfur Cycles and Atmospheric Oxygen: Application to Paleozoic Geologic History," American Journal of Science 287, no. 3（1987）：177-90. Also highly relevant are: L. R. Kump, "Terrestrial Feedback in Atmospheric Oxygen Regulation by Fire and Phosphorus," Nature 335（1988）：152-54; L. R. Kump, "Alternative Modeling Approaches to the Geochemical Cycles of Carbon, Sulfur, and Strontium Isotopes," American Journal of Science 289（1989）：390-410; L. R. Kump, "Chemical Stability of the Atmosphere and Ocean," Global and Planetary Change 75, no. 1-2（1989）：123-36; L. R. Kump and R. M. Garrels, "Modeling Atmospheric O_2 in the Global Sedimentary Redox Cycle," American Journal of Science 286（1986）：336-60.

15. W. F. Ruddiman and J. E. Kutzbach, "Plateau Uplift and Climate Change,"

Scientific American 264, no. 3（1991）: 66-74, and M. Kuhle, "The Pleistocene Glaciation of Tibet and the Onset of Ice Ages—An Autocycle Hypothesis," *GeoJournal* 17（4）（1998）: 581-95; M. Kuhle, "Tibet and High Asia: Results of the Sino-German Joint Expeditions（Ⅰ）," *GeoJournal* 17, no. 4（1988）. 16. The life and work of Robert Berner: R. A. Berner, "A New Look at the Long-Term Carbon Cycle," *GSA Today* 9, no. 11（1999）: 1-6; R. A. Berner, "Modeling Atmospheric Oxygen over Phanerozoic Time," *Geochimica et Cosmochimica Acta* 65（2001）: 685-94; R. A. Berner, *The Phanerozoic Carbon Cycle*（Oxford: Oxford University Press, 2004）, 150. ; R. A. Berner, "The Carbon and Sulfur Cycles and Atmospheric Oxygen from Middle Permian to Middle Triassic," *Geochimica et Cosmochimica Acta* 69, no. 13（2005）: 3211-17; R. A. Berner, "GEOCARBSULF: A Combined Model for Phanerozoic Atmospheric Oxygen and Carbon Dioxide," *Geochimica et Cosmochimica Acta* 70（2006）: 5653-5664; R. A. Berner and Z. Kothavala, "GEOCARB Ⅲ: A Revised Model of Atmospheric Carbon Dioxide over Phanerozoic Time," *American Journal of Science* 301, no. 2（2001）: 182-204.

第三章：生、死和新发现的中间状态

1. Perhaps the best way to understand the Mark Roth work is his TED talk: www. ted. com-talks-mark_roth_suspended_animation.

2. T. Junod, "The Mad Scientist Bringing Back the Dead... Really," Esquire. com, December 2, 2008.

3. E. Blackstone et al., "H2S Induces a Suspended Animation–Like State in Mice," *Science* 308, no. 5721（2005）: 518.

4. D. Smith et al., "Intercontinental Dispersal of Bacteria and Archaea by Transpacific Winds," *Applied and Environmental Microbiology* 79, no. 4（2013）: 1134-39.

5. K. Maher and D. Stevenson, "Impact Frustration of the Origin of Life," *Nature* 331（1988）: 612-14.

6. E. Schrödinger, *What Is Life?*（Cambridge: Cambridge University Press,

1944), 90.

7. P. Davies, *The Fifth Miracle: The Search for the Origin and Meaning of Life.* (New York: Penguin Press, 1998), 260.

8. P. Ward, *Life as We Do Not Know It* (New York: Viking Books, 2005).

9. W. Bains, "The Parts List of Life," *Nature Biotechnology* 19 (2001): 401−2; W. Bains, "Many Chemistries Could Be Used to Build Living Systems," *Astrobiology*, 4, no. 2 (2004): 137−67; and N. R. Pace, "The Universal Nature of Biochemistry," *Proceedings of the National Academy of Sciences of the Unites States of America* 98, no. 3 (2001): 805−808; S. A. Benner et al., "Setting the Stage: The History, Chemistry, and Geobiology Behind RNA," *Cold Spring Harbor Perspectives in Biology* 4, no. 1 (2012): 7−19; M. P. Robertson and G. F. Joyce, "The Origins of the RNA World," *Cold Spring Harbor Perspectives in Biology* 4, no. 5 (2012); C. Anastasi et al., "RNA: Prebiotic Product, or Biotic Invention?" *Chemistry and Biodiversity* 4, no. 4 (2007): 721−39; T. S. Young and P. G. Schultz, "Beyond the Canonical 20 Amino Acids: Expanding the Genetic Lexicon," *The Journal of Biological Chemistry* 285, no. 15 (2010): 11039−44.

10. F. Dyson, *Origins of Life*, 2nd ed. (Cambridge: Cambridge University Press, 1999), 100

11. 尼克·莱恩是一位带有一贯正确判断的反传统者。为了更好地理解能量复杂性可见: N. Lane, "Bioenergetre Constraints on the Evolution of Complex life," in P. J. Keeling and E. V. Koonin, eds., *The Origin and Evolution of Eukaryotes. Cold Spring Harbor Perspectivies in Biology* (2013).

12. J. Banavar and A. Maritan. "Life on Earth: The Role of Proteins," J. Barrow and S. Conway Morris, *Fitness of the Cosmos for Life* (Cambridge: Cambridge University Press, 2007), 225−55.

13. E. Schneider and D. Sagan, *Into the Cool: Energy Flow, Thermodynamics, and Life* (Chicago, IL: University of Chicago Press, 2005).

第四章: 形成生命: 42 亿～35 亿年前

1. Dr. D. R. Williams, Viking Mission to Mars, NASA, December 18, 2006.

2. www. space. com-18803-viking.

3. ntrs. nasa. gov-archive-nasa-casi. ntrs. nasa. gov-19740026174. pdf. Also see R. Navarro-Gonzáles et al., "Reanalysis of the Viking Results Suggests Perchlorate and Organics at Midlatitudes on Mars," *Journal of Geophysical Research* 115（2010）.

4. P. Rincon, "Oldest Evidence of Photosynthesis," BBC. com, December 17, 2003 and S. J. Mojzsis et al., "Evidence for Life on Earth Before 3,800 Million Years Ago," *Nature* 384（1996）: 55−59; M. Schidlowski, "A 3, 800-Million-Year-Old Record of Life from Carbon in Sedimentary Rocks," *Nature* 333（1988）: 313−18; M. Schidlowski et al., "Carbon Isotope Geochemistry of the 3.7 × 109 Yr Old Isua Sediments, West Greenland: Implications for the Archaean Carbon and Oxygen Cycles," *Geochimica et Cosmochimica Acta* 43（1979）: 189−99.

5. K. Maher and D. Stevenson. "Impact Frustration of the Origin of Life," *Nature* 331（1988）: 612−14.

6. R. Dalton. "Fresh Study Questions Oldest Traces of Life in Akilia Rock," *Nature* 429（2004）: 688. This work is continuing; see Papineau et al., "Ancient Graphite in the Eoarchean Quartz-Pyroxene Rocks from Akilia in Southern West Greenland I: Petrographic and Spectroscopic Characterization," *Geochimica et Cosmochimica Acta* 74, no. 20（2010）: 5862−83.

7. J. W. Schopf, "Microfossils of the Early Archean Apex Chert: New Evidence of the Antiquity of Life," *Science* 260, no. 5108（1993）: 640−46.

8. M. D. Brasier et al., "Questioning the Evidence for Earth's Oldest Fossils," *Nature* 416（2002）: 76−81.

9. D. Wacey et al., "Microfossils of Sulphur-Metabolizing Cells in 3. 4-Billion-Year-Old Rocks of Western Australia," *Nature Geoscience* 4（2011）: 698−702.

10. M. D. Brasier, *Secret Chambers: The Inside Story of Cells and Complex Life*（New York: Oxford University Press, 2012）, 298.

11. "Ancient Earth May Have Smelled Like Rotten Eggs," *Talk of the Nation*, National Public Radio, May 3, 2013.

12. www. nasa. gov-mission_pages-msl-#. U4Izyxa9yxo.

13. www. abc. net. au-science-articles-2011-08-22-3299027. htm.

14. J. Haldane, *What Is Life?* (New York: Boni and Gaer, 1947), 53.

15. L. Orgel, *The Origins of Life: Molecules and Natural Selection* (Hoboken, NJ: John Wiley and Sons, 1973).

16. J. A. Baross and J. W. Deming, "Growth at High Temperatures: Isolation and Taxonomy, Physiology, and Ecology," in *The Microbiology of Deep-sea Hydrothermal Vents*, D. M. Karl, ed. (Boca Raton: CRC Press, 1995), 169–217, and E. Stueken et al., "Did Life Originate in a Global Chemical Reactor?" *Geobiology* 11, no. 2 (2013); K. O. Stetter, "Extremophiles and Their Adaptation to Hot Environments," *FEBS Letters* 452, nos. 1–2 (1999): 22–25. K. O. Stetter, "Hyperthermophilic Microorganisms," in *Astrobiology: The Quest for the Conditions of Life*, G. Horneck and C. Baumstark-Khan, eds. (Berlin: Springer, 2002), 169–84.

17. Y. Shen and R. Buick, "The Antiquity of Microbial Sulfate Reduction," *Earth Science Reviews* 64 (2004): 243–272.

18. S. A. Benner, "Understanding Nucleic Acids Using Synthetic Chemistry," *Accounts of Chemical Research* 37, no. 10 (2004): 784–97; S. A. Benner, "Phosphates, DNA, and the Search for Nonterrean life: A Second Generation Model for Genetic Molecules," *Bioorganic Chemistry* 30, no. 1 (2002): 62–80.

19. G. Wächtershäuser, "Origin of Life: Life as We Don't Know It," *Science*, 289, no. 5483 (2000): 1307–08; G. Wächtershäuser, "Evolution of the First Metabolic Cycles," *Proceedings of the National Academy of Sciences* 87, no. 1 (1990): 200–204; G. Wächtershäuser, "On the Chemistry and Evolution of the Pioneer Organism," *Chemistry & Biodiversity* 4, no. 4 (2007): 584–602.

20. N. Lane, *Life Ascending: The Ten Great Inventions of Evolution* (New York: W. W. Norton & Company, 2009).

21. W. Martin and M. J. Russell, "On the Origin of Biochemistry at an Alkaline Hydrothermal Vent," *Philosophical Transactions of the Royal Society B-Biological Sciences* 362, no. 1486 (2007): 1887–925.

22. C. R. Woese, "Bacterial Evolution," *Microbiological Reviews* 51, no. 2

（1987）: 221-71; C. R. Woese, "Interpreting the Universal Phylogenetic Tree," *Proceedings of the National Academy of Sciences* 97（2000）: 8392-96.

23. S. A. Benner and D. Hutter, "Phosphates, DNA, and the Search for Nonterrean Life: A Second Generation Model for Genetic Molecules," *Bioorganic Chemistry* 30（2002）: 62-80; S. Benner et al., "Is There a Common Chemical Model for Life in the Universe?" *Current Opinion in Chemical Biology* 8, no. 6（2004）: 672-89.

24. A. Lazcano, "What Is Life? A Brief Historical Overview," *Chemistry and Biodiversity* 5, no. 4（2007）: 1-15.

25. B. P. Weiss et al., "A Low Temperature Transfer of ALH84001 from Mars to Earth," *Science* 290, no. 5492,（2000）: 791-95. J. L. Kirschvink and B. P. Weiss, "Mars, Panspermia, and the Origin of Life: Where Did It All Begin?" *Palaeontologia Electronica* 4, no. 2（2001）: 8-15. J. L. Kirschvink et al., "Boron, Ribose, and a Martian Origin for Terrestrial Life," *Geochimica et Cosmochimica Acta* 70, no. 18（2006）: A320.

26. C. McKay, "An Origin of Life on Mars," *Cold Spring Harbor Perspectives in Biology* 2, no. 4（2010）. J. Kirschvink et al., "Mars, Panspermia, and the Origin of Life: Where Did It All begin?" *Palaeolontogia Electronica* 4, no. 2（2002）: 8-15.

27. D. Deamer, *First Life: Discovering the Connections Between Stars, Cells, and How Life Began*（Oakland: University of California Press, 2012）, 286. But also see the great new work from our friend Nick Lane: N. Lane and W. F. Martin, "The Origin of Membrane Bioenergetics," *Cell* 151, no. 7（2012）: 1406-16.

28. www. nobelprize. org-mediaplayer-index. php?id=1218.

第五章：从起源到氧化：35 亿～20 亿年前

1. J. Raymond and D. Segre, "The Effect of Oxygen on Biochemical Networks and the Evolution of Complex Life," *Science* 311（2006）: 1764-67.

2. J. F. Kasting and S. Ono "Palaeoclimates: The first Two Billion

Years," *Philosophical Transactions of the Royal Society B-Biological Sciences* 361 (2006): 917–29

3. P. Cloud, "Paleoecological Significance of Banded-Iron Formation," *Economic Geology* 68 (1973): 1135–43.

4. M. C. Liang et al., "Production of Hydrogen Peroxide in the Atmosphere of a Snowball Earth and the Origin of Oxygenic Photosynthesis," *Proceedings of the National Academy of Sciences* 103 (2006): 18896–99.

5. J. E. Johnson et al., "Manganese-Oxidizing Photosynthesis Before the Rise of Cyanobacteria," *Proceedings of the National Academy of Sciences* 110, no. 28 (2013): 11238–43; J. E. Johnson et al., "O_2 Constraints from Paleoproterozoic Detrital Pyrite and Uraninite," *Geological Society of America Bulletin* (2014), doi: 10. 1130-B30949. 1.

6. J. E. Johnson et al., "O_2 Constraints from Paleoproterozoic Detrital Pyrite and Uraninite," *Geological Society of America Bulletin*, published online ahead of print on February 27, 2014, doi: 10. 1130/B30949. 1

7. R. E. Kopp et al., "Was the Paleoproterozoic Snowball Earth a Biologically Triggered Climate Disaster?" *Proceedings of the National Academy of Sciences* 102 (2005): 11131–36.

8. J. E. Johnson et al., "Manganese-Oxidizing Photosynthesis Before the Rise of Cyanobacteria."

9. Ibid.

10. R. E. Kopp and J. L. Kirschvink, "The Identification and Biogeochemical Interpretation of Fossil Magnetotactic Bacteria," *Earth-Science Reviews* 86 (2008): 42–61.

11. Ibid.

12. D. A. Evans et al., "Low-Latitude Glaciation in the Paleoproterozoic," *Nature* 386 (1997): 262–66.

13. J. L. Kirschvink et al. "Paleoproterozoic Snowball Earth: Extreme Climatic and Geochemical Global Change and Its Biological Consequences," *Proceedings of the National Academy of Sciences* 97 (2000): 1400–1405.

14. J. L. Kirschvink and R. E. Kopp, "Paleoproterozic Ice Houses and the

Evolution of Oxygen-Mediating Enzymes: The Case for a Late Origin of Photosystem-II," *Philosophical Transactions of the Royal Society of London, Series B* 363, no. 1504（2008）: 2755–65.

15. D. A. D. Evans et al., "Paleomagnetism of a Lateritic Paleoweathering Horizon and Overlying Paleoproterozoic Red Beds from South Africa: Implications for the Kaapvaal Apparent Polar Wander Path and a Confirmation of Atmospheric Oxygen Enrichment," *Journal of Geophysical Research* 107, no. 2326.

第六章：漫漫长路，肇造动物：20 亿～10 亿年前

1. H. D. Holland "Early Proterozoic Atmospheric Change," in S. Bengtson, ed., *Early Life on Earth*（New York Columbia University Press, 1994）, 237–44.

2. D. T. Johnston et al., "Anoxygenic Photosynthesis Modulated Proterozoic Oxygen and Sustained Earth's Middle Age," *Proceedings of the National Academy of Sciences* 106, no. 40（2009）, 16925–29.

3. A. El Albani et al., "Large Colonial Organisms with Coordinated Growth in Oxygenated Environments 2. 1 Gyr Ago," *Nature* 466, no. 7302（2002）: 100–104. 2; www. sciencedaily. com-releases-2010-06-100630171711. htm.

4. D. E. Canfield et al., "Oxygen Dynamics in the Aftermath of the Great Oxidation of Earth's Atmosphere," *Proceedings of the National Academy of Sciences* 110, no. 422（2013）.

5. A. H. Knoll, *Life on a Young Planet: The First Three Billion Years of Evolution on Earth*（Princeton: Princeton University Press, 2003）.

第七章：成冰纪与动物的演化：8. 50 亿～6. 35 亿年前

1. R. C. Sprigg, "Early Cambrian 'Jellyfishes' of Ediacara, South Australia and Mount John, Kimberly District, Western Australia," *Transactions of the Royal Society of South Australia* 73（1947）: 72–99.

2. M. F. Glaessner, "Precambrian Animals," *Scientific American* 204, no. 3（1961）: 72–78.

3. 吉姆·格灵是澳大利亚科学界中的伟人之一，而且更重要的是，他与一位真正的国际科学界名人一起合作研究过埃迪卡拉纪。他组织的新展览值得只身前往阿德莱德一看。详见：J. G. Gehling et al., 在 D. E. G. Briggs, ed., Evolving Form and Function: Fossils and Development（Yale Peabody Museum, 2005）, 45−56；J. G. Gehling et al., "The First Named Ediacaran Body Fossil, Aspidella terranovica," *Palaeontology* 43, no. 3（2000）: 429；J. G. Gehling, "Microbial Mats in Terminal Proterozoic Siliciclastics; Ediacaran Death Masks," Palaios 14, no. 1（1999）: 40−57.

4. P. F. Hoffman et al., "A Neoproterozoic Snowball Earth," *Science* 281, no. 5381（1998）: 1342−46; F. A. Macdonald et al., "Calibrating the Cryogenian," *Science*, 327, no. 5970（2010）: 1241−43.

5. F. A. Macdonald et al., "Calibrating the Cryogenian," *Science* 327, no. 5970（2010）: 1241−43.

6. B. Shen et al., "The Avalon Explosion: Evolution of Ediacara Morphospace," *Science* 319 no. 5859（2008）: 81−84; G. M. Narbonne, "The Ediacara Biota: A Terminal Neoproterozoic Experiment in the Evolution of Life," *Geological Society of America* 8, no. 2（1998）: 1−6; S. Xiao and M. Laflamme, "On the Eve of Animal Radiation: Phylogeny, Ecology and Evolution of the Ediacara Biota," *Trends in Ecology and Evolution* 24, no. 1（2009）: 31−40.

7. R. Sprigg, "On the 1946 Discovery of the Precambrian Ediacaran Fossil Fauna in South Australia," *Earth Sciences History* 7（1988）: 46−51.

8. S. Turner and P. Vickers-Rich, "Sprigg, Martin F. Glaessner, Mary Wade and the Ediacaran Fauna," Abstract for IGCP 493 conference, Prato Workshop, Monash University Centre, August 30−31, 2004.

9. A. Seilacher, "Vendobionta and Psammocorallia: Lost Constructions of Precambrian Evolution," *Journal of the Geological Society, London* 149, no. 4（1992）: 607−13; A. Seilacher et al., "Ediacaran Biota: The Dawn of Animal Life in the Shadow of Giant Protists," *Paleontological Research* 7, no. 1（2003）: 43−54. Dolph Seilacher was one of a kind. He and his wife, Edith, were world travelers. He was a champion of science, and one of the warmest scientists we have known. For a full list of his work, see

Derek Briggs, ed., *Evolving Form and Function: A Special Publication of the Peabody Museum of Natural History* (New Haven, CT: Yale University 2005).

10. Martin Glaesner, a longtime faculty member at the University of Adelaide, lives on in that institution with his well-stocked Glaesner Room in Mawson Hall, where many of the fossil he collected and his copious notes can be found.

11. South Australian Museum, Ediacaran fossils. www. samuseumn. sa. gov. au/explore/museum-galleries/ediacaran-fossils.

12. B. Waggoner, "Interpreting the Earliest Metazoan Fossils: What Can We Learn?" *Integrative and Comparative Biology* 38, no. 6 (1998): 975–82; D. E. Canfield et al., "Late-Neoproterozoic Deep-Ocean Oxygenation and the Rise of Animal Life," *Science* 315, no. 5808 (2007): 92–95; B. Shen et al., "The Avalon Explosion: Evolution of Ediacara Morphospace," *Science* 319, no. 5859 (2008): 81–84.

13. B. MacGabhann, "There Is No Such Thing as the 'Ediacaran Biota,'" *Geoscience Frontiers* 5, no. 1 (2014): 53–62.

14. N. J. Butterfield, "*Bangiomorpha pubescens* n. gen., n. sp.: Implications for the Evolution of Sex, Multicellularity, and the Mesoproterozoic-Neoproterozoic Radiation of Eukaryotes," *Paleobiology* 26, no. 3 (2000): 386–404.

15. M. Brasier et al., "Ediacaran Sponge Spicule Clusters from Mongolia and the Origins of the Cambrian Fauna," *Geology* 25 (1997): 303–06.

16. J. Y. Chen et al., "Small Bilaterian Fossils from 40 to 55 Million Years before the Cambrian," *Science* 305, no. 5681 (2004): 218–22; A. H. Knoll et al. "Eukaryotic Organisms in Proterozoic Oceans," *Philosophical Transactions of the Royal Society* 361, no. 1470 (2006): 1023–38; B. Waggoner, "Interpreting the Earliest Metazoan Fossils: What Can We Learn?" *Integrative and Comparative Biology* 38, no. 6 (1998): 975–82.

17. A. Seilacher and F. Pflüger, "From Biomats to Benthic Agriculture: A Biohistoric Revolution," in W. E. Krumbein et al., eds., *Biostabilization of Sediments*. (Bibliotheks-und Informationssystem der Carl von Ossietzky

Universität Odenburg, 1994), 97–105; A. Ivantsov, "Feeding Traces of the Ediacaran Animals," Abstract, 33rd International Geological Congress August 6–14, 2008, Oslo, Norway; S. Dornbos et al., "Evidence for Seafloor Microbial Mats and Associated Metazoan Lifestyles in Lower Cambrian Phosphorites of Southwest China," *Lethaia* 37, no. 2 (2004): 127–37.

18. The data from Svalbard are from A. C. Maloof et al., "Combined Paleomagnetic, Isotopic, and Stratigraphic Evidence for True Polar Wander from the Neoproterozoic Akademikerbreen Group, Svalbard, Norway," *Geological Society of America Bulletin*, 118, nos. 9–10 (2006): 1099–124; the matching data from Central Australia are from N. L. Swanson-Hysell et al., "Constraints on Neoproterozoic Paleogeography and Paleozoic Orogenesis from Paleomagnetic Records of the Bitter Springs Formation, Amadeus Basin, Central Australia," *American Journal of Science* 312, no. 8 (2012): 817–84.

19. R. N. Mitchell, "True Polar Wander and Supercontinent Cycles: Implications for Lithospheric Elasticity and the Triaxial Earth," *American Journal of Science* 314, no. 5 (2014): 966–78.

20. J. Kirschvink, R. Ripperdan, D. Evans, "Evidence for Large Scale Reorganization of Early Cambrian Continental Masses by Inertial Interchange True Polar Wander," *Science* 277, no. 5325 (1997): 541–45.

第八章：寒武纪大爆发：6 亿～5 亿年前

1. Sadly, this great book is no longer required of college students. At the University of Washington we have tried to reverse that, requiring students enrolled in the course A New History of Life to read C. Darwin *On the Origin of Species by Natural Selection* (London: 1859).

2. 一本关于寒武纪、达尔文以及布尔吉斯页岩最奇妙的指南：S. J. Could, *Wonderful Life: The Burgess Shale and the Nature of History* (New York: W. W. Norton & Company, 1989)。我们两人的朋友史蒂夫，是我们所认识的最伟大的演讲者。他的声音是我必须亲自听到的。他作为一个演讲者的力量来自于他无限的智慧和对英国大师达尔文巨大智慧的掌握。那理性、雄辩和科学的声音将被无限地怀念。如果赫胥黎是达尔文的斗牛犬，古尔德就是他的比特犬。

3. K. J. McNamara, "Dating the Origin of Animals," *Science* 274, no. 5295（1996）: 1993-97.

4. A. H. Knoll and S. B. Carroll, "Early Animal Evolution: Emerging Views from Comparative Biology and Geology," *Science* 284, no. 5423（1999）: 2129-371.

5. K. J. Peterson and N. J. Butterfield, "Origin of the Eumetazoa: Testing Ecological Predictions of Molecular Clocks Against the Proterozoic Fossil Record," *Proceedings of the National Academy of Sciences* 102, no. 27（2005）: 9547-52.

6. M. A. Fedonkin et al., *The Rise of Animals: Evolution and Diversification of the Kingdom Animalia*（Baltimore: Johns Hopkins University Press, 2007）, 213-16.

7. 认为寒武纪大爆炸是古生物学中最突出的事件之一是不容置疑的。但是，那些研究生命首次出现的人认为动物作为后来者，并不是那么重要：活下来才是最难的部分，在生命首次出现以后动物都是注定要活下来的。我们对于这个是有分歧的，有许多近些年关于这些相对重要性的好论文。在这些中有：G. E. Budd and J. Jensen, "A Critical Reappraisal of the Fossil Record of the Bilaterian Phyla," *Biological Reviews* 75, no. 2（2000）: 253-95；S. J. Could.

8. Oxygen levels in the Cambrian remain controversial. We continue to trust Bob Berner's work using his GEOCARBSULF models: R. A. Berner, "GEOCARBSULF: A Combined Model for Phanerozoic Atmospheric Oxygen and Carbon Dioxide," *Geochimica et Cosmochimica Acta* 70（2006）: 5653-64.

9. N. J. Butterfield, "Exceptional Fossil Preservation and the Cambrian Explosion," *Integrative and Comparative Biology* 43, no. 1（2003）: 166-77; S. C. Morris, "The Burgess Shale（Middle Cambrian）Fauna," *Annual Review of Ecology and Systematics* 10, no. 1（1979）: 327-49.

10. D. Briggs et al., *The Fossils of the Burgess Shale*（Washington, D. C.: Smithsonian Institution Press, 1994）.

11. H. B. Whittington, Geological Survey of Canada, *The Burgess Shale*（New

Haven: Yale University Press, 1985), 306-308.

12. J. W. Valentine, *On the Origin of Phyla* (Chicago: University of Chicago Press, 2004). See also J. W. Valentine and D. Erwin, *The Cambrian Explosion: The Construction of Animal Biodiversity* (Roberts and Co. Publishing, 2013). 413; J. W. Valentine, "Why No New Phyla after the Cambrian? Genome and Ecospace Hypotheses Revisited," abstract, *Palaios* 10, no. 2 (1995): 190-91. See also S. Bengtson, "Origins and Early Evolution of Predation" (free full text), in M. Kowalewski and P. H. Kelley, *The Fossil Record of Predation. The Paleontological Society Papers 8* (Paleontological Society, 2002): 289-317.

13. P. Ward, *Out of Thin Air* (Joseph Henry Press, 2006).

14. S. Carroll, *Endless Forms Most Beautiful: The New Science of Evo Devo and the Making of the Animal Kingdom* (New York: W. W. Norton & Company, 2004).

15. H. X. Guang et al., *The Cambrian Fossils of Chengjiang, China: The Flowering of Early Animal Life.* (Oxford: Blackwell Publishing, 2004).

16. 如果在 18 世纪，两个非常有文化的作者之间令人不愉悦的争吵可能会靠决斗来结束，结果不是你死就是他死或者双方阵亡。古尔德对西蒙非常感激尊重。反之亦然，适当的描述可见于：www. stephenjaygould, org-library-naturalhistory_canbrian. html.

17. M. Brasier et al., "Decision on the Precambrian-Cambrian Boundary Stratotype," *Episodes* 17, nos. 1-2 (1994): 95-100.

18. W. Compston et al., "Zircon U-Pb Ages for the Early Cambrian Time Scale," *Journal of the Geological Society of London* 149 (1992): 171-84.

19. A. C. Maloof et al., "Constraints on Early Cambrian Carbon Cycling from the Duration of the Nemakit-Daldynian-Tommotian Boundary Delta C-13 Shift, Morocco," *Geology* 38, no. 7 (2010): 623-26.

20. M. Magaritz et al., "Carbon-Isotope Events Across the Precambrian-Cambrian Boundary on the Siberian Platform," *Nature* 320 (1986): 258-59.

第九章：奥陶纪—泥盆纪动物大扩张：5. 0 亿～3. 6 亿年前

1. There is no better source to refer to about ancient reefs than our friend

George Stanley of the University of Montana. A good place to start is his magnificent book: G. Stanley, *The History and Sedimentology of Ancient Reef Systems* (Springer Publishing, 2001). Another good source is E. Flügel in W. Kiessling, E. Flügel, and J. Golonka, eds., *Phanerozoic Reef Patterns* 72 (SEPM Special Publications, 2002), 391–463.

2. 古杯动物门是所有的化石中最引人好奇的。20 世纪，它们被认为不属于任何已知的门。现在它们被放入了多孔动物门。但是有一种神奇的结构"圆锥体中的圆锥体"——仿佛一个空的冰激凌圆锥体上堆了另一个。它们是我们知道的最早形成珊瑚礁的生物——因为它们形成了由生物体构建（我们对珊瑚礁的定义）的三维抗波结构。F. Debrenne and J. Vacelet, "Archaeocyatha: Is the Sponge Model Consistent with Their Structural Organization?" *Palaeontographica Americana* 54 (1984): 358–69。

3. T. Servais et al., "The Ordovician Biodiversification: Revolution in the Oceanic Trophic Chain," *Lethaia* 41, no. 2 (2008): 99.

4. P. Ward, *Out of Thin Air: Dinosaurs, Birds, and Earth's Ancient Atmosphere* (Washington, D. C.: Joseph Henry Press, 2006).

5. P. Ward, *Out of Thin Air*. Also see a magnificent summary by our colleague and coauthor on extinction, C. R. Marshall, "Explaining the Cambrian 'Explosion' of Animals," *Annual Review of Earth and Planetary Sciences* 34 (2006): 355–84.

6. J. Valentine, "How Many Marine Invertebrate Fossils?" *Journal of Paleontology* 44 (1970): 410–15; N. Newell, "Adequacy of the Fossil Record," *Journal of Paleontology* 33 (1959): 488–99.

7. D. M. Raup, "Taxonomic Diversity During the Phanerozoic," *Science* 177 (1972): 1065–71; D. Raup, "Species Diversity in the Phanerozoic: An Interpretation," *Paleobiology* 2 (1976): 289–97.

8. J. J. Sepkoski, Jr., "Ten Years in the Library: New Data Confirm Paleontological Patterns," *Paleobiology* 19 (1993): 246–57; J. J. Sepkoski, Jr., "A Compendium of Fossil Marine Animal Genera," *Bulletins of American Paleontology* 363: 1–560.

9. J. Alroy et al., "Effects of Sampling Standardization on Estimates of Phanerozoic Marine Diversification," *Proceedings of the National Academy of Sciences* 98 (2001): 6261–66.

10. J. Sepkoski, "Alpha, Beta, or Gamma; Where Does All the Diversity Go?" *Paleobiology* 14 (1988): 221–34.

11. J. Alroy et al., "Phanerozoic Diversity Trends," *Science* 321 (2008): 97.

12. A. B. Smith, "Large-Scale Heterogeneity of the Fossil Record: Implications for Phanerozoic Biodiversity Studies," *Philosophical Transactions of the Royal Society of London* 356, no. 1407 (2001): 351–67; A. B. Smith, "Phanerozoic Marine Diversity: Problems and Prospects," *Journal of the Geological Society, London* 164 (2007): 731–45; A. B. Smith and A. J. McGowan, "Cyclicity in the Fossil Record Mirrors Rock Outcrop Area," *Biology Letters* 1, no. 4 (2005): 443–45; A. B. Smith, "The Shape of the Marine Palaeodiversity Curve Using the Phanerozoic Sedimentary Rock Record of Western Europe," *Paleontology* 50 (2007): 765–74; A. McGowan and A. Smith. "Are Global Phanerozoic Marine Diversity Curves Truly Global? A Study of the Relationship between Regional Rock Records and Global Phanerozoic Marine Diversity," *Paleobiology*, 34, no. 1 (2008): 80–103.

13. M. J. Benton and B. C. Emerson, "How Did Life Become So Diverse? The Dynamics of Diversification According to the Fossil Record and Molecular Phylogenetics," *Palaeontology* 50 (2007): 23–40.

14. S. E. Peters, "Geological Constraints on the Macroevolutionary History of Marine Animals," *Proceedings of the National Academy of Sciences* 102 (2005): 12326–31.

15. 这是古生物学中我们最喜欢的 "皇帝穿衣服" 的时刻之一。一个来自堪萨斯州大学的研究小组认为：奥陶纪可能是由来自深空强烈的 γ 射线暴引起的。这些事件是足够真实的，并且其中有巨大的能量从微小而能量充沛的恒星中迸发出来，例如来自星系距离的脉冲星或者磁星。但是这些迹象是仅仅空想的，虽然这些迹象表明一次这样的伽马射线暴（GRB）点燃了地球并引发奥陶纪大灭绝。没有一点证据证明 GRB 和奥陶纪大灭绝有关。它也许是在糟糕的一天里，由瓦肯星人或者达斯·维德造成。见：

A. L. Melott and B. C. Thomas, "Late Ordovician Geographic Patterns of Extinction Compared with Simulations of Astrophysical Ionizing Radiation Damage," Paleobiology 35（2009）: 311-20。也见: www. nasa. gov-vision-universe-starsgalaxies-gammaray_extinction. html.

16. R. K. Bambach et al., "Origination, Extinction, and Mass Depletions of Marine Diversity," *Paleobiology* 30, no. 4（2004）: 522-42.

17. S. A. Young et al., "A Major Drop in Seawater 87Sr-86Sr during the Middle Ordovician（Darriwilian）: Links to Volcanism and Climate?" *Geology* 37, 10（2009）: 951-54.

18. S. Finnegan et al., "The Magnitude and Duration of Late Ordovician-Early Silurian Glaciation," *Science* 331, no. 6019（2011）: 903-906.

19. S. Finnegan et al., "Climate Change and the Selective Signature of the Late Ordovician Mass Extinction," *Proceedings of the National Academy of Sciences* 109, no. 18（2012）: 6829-34.

第十章: 提塔利克鱼和进军陆地: 4. 75 亿～3. 00 亿年前

1. For a nice summary of these early tetrapods and their evolutionary positions, try this website: www. devoniantimes. org-opportunity-tetrapods Answer. html, and S. E. Pierce et al., "Three-Dimensional Limb Joint Mobility in the Early Tetrapod *Ichthyostega*," *Nature* 486（2012）: 524-27, and P. E. Ahlberg et al., "The Axial Skeleton of the Devonian Tetrapod *Ichthyostega*," *Nature* 437, no. 1（2005）: 137-40.

2. J. A. Clack, *Gaining Ground: The Origin and Early Evolution of Tetrapods*, 2nd ed.（Bloomington: Indiana University Press, 2012）.

3. E. B. Daeschler et al., "A Devonian Tetrapod-Like Fish and the Evolution of the Tetrapod Body Plan," *Nature* 440, no. 7085（2006）: 757-63; J. P. Downs et al., "The Cranial Endoskeleton of *Tiktaalik roseae*," *Nature* 455（2008）: 925-29; and a summary: P. E. Ahlberg and J. A. Clack, "A Firm Step from Water to Land," *Nature* 440（2006）: 747-49.

4. N. Shubin, *Your Inner Fish: A Journey into the 3. 5-Billion-Year History of the Human Body*（Chicago: University of Chicago Press, 2008）; B.

Holmes, "Meet Your Ancestor, the Fish That Crawled," *New Scientist*, September 9, 2006.

5. A. K. Behrensmeyer et al., eds., *Terrestrial Ecosystems Through Time: Evolutionary Paleoecology of Terrestrial Plants and Animals* (Chicago and London: University of Chicago Press, 1992); P. Kenrick and P. R. Crane, *The Origin and Early Diversification of Land Plants. A Cladistic Study* (Washington: Smithsonian Institution Press, 1997).

6. S. B. Hedges, "Molecular Evidence for Early Colonization of Land by Fungi and Plants," *Science* 293 (2001): 1129–33.

7. C. V. Rubenstein et al., "Early Middle Ordovician Evidence for Land Plants in Argentina (Eastern Gondwana)," *New Phytologist* 188, no. 2 (2010): 365–69. The press report can be found at www. dailymail. co. uk-sciencetech-article-1319904-Fossils-worlds-oldest-plants-unearthed-Argentina. html.

8. J. T. Clarke et al., "Establishing a Time-Scale for Plant Evolution," *New Phytologist* 192, no. 1 (2011): 266–30; M. E. Kotyk et al., "Morphologically Complex Plant Macrofossils from the Late Silurian of Arctic Canada," *American Journal of Botany* 89 (2002): 1004–1013.

9. Our own work on the insect and vertebrate invasions can be found in P. Ward et al., "Confirmation of Romer's Gap as a Low Oxygen Interval Constraining the Timing of Initial Arthropod and Vertebrate Terrestrialization," *Proceedings of the National Academy of Sciences* 10, no. 45 (2006): 16818–22.

第十一章: 节肢动物时代: 3.5 亿～3.0 亿年前

1. Our own work on the insect and vertebrate invasions can be found in P. Ward et al., "Confirmation of Romer's Gap as a Low Oxygen Interval Constraining the Timing of Initial Arthropod and Vertebrate Terrestrialization," *Proceedings of the National Academy of Sciences* 10, no. 45 (2006): 16818–22.

2. R. Dudley, "Atmospheric Oxygen, Giant Paleozoic Insects and the

Evolution of Aerial Locomotor Performance," *The Journal of Experimental Biology* 201（1988）: 1043–50; R. Dudley, *The Biomechanics of Insect Flight: Form, Function, Evolution*（Princeton: Princeton University Press, 2000）; R. Dudley and P. Chai, "Animal Flight Mechanics in Physically Variable Gas Mixtures," *The Journal of Experimental Biology* 199（1996）: 1881–85; also C. Gans et al., "Late Paleozoic Atmospheres and Biotic Evolution," *Historical Biology* 13（1991）: 199–2191; J. Graham et al., "Implications of the Late Palaeozoic Oxygen Pulse for Physiology and Evolution," *Nature* 375（1995）: 117–20; J. F. Harrison et al., "Atmospheric Oxygen Level and the Evolution of Insect Body Size," *Proceedings of the Royal Society B-Biological Sciences* 277（2010）: 1937–46.

3. D. Flouday et al., "The Paleozoic Origin of Enzymatic Lignin Decomposition Reconstructed from 31 Fungal Genomes," *Science* 336, no. 6089（2012）: 1715–19.

4. Ibid..

5. J. A. Raven, "Plant Responses to High O_2 Concentrations: Relevance to Previous High O_2 Episodes," *Global and Planetary Change* 97（1991）: 19–38; and J. A. Raven et al., "The Influence of Natural and Experimental High O_2 Concentrations on O_2-Evolving Phototrophs," *Biological Reviews* 69（1994）: 61–94.

6. J. S. Clark et al., *Sediment Records of Biomass Burning and Global Change*（Berlin: Springer-Verlag, 1997）; M. J. Cope et al., "Fossil Charcoals as Evidence of Past Atmospheric Composition," *Nature* 283（1980）: 647–49; C. M. Belcher et al., "Baseline Intrinsic Flammability of Earth's Ecosystems Estimated from Paleoatmospheric Oxygen over the Past 350 Million Years," *Proceedings of the National Academy of Sciences* 107, no. 52（2010）: 22448–53. Our own take on these experiments is that they are flawed by their failing to test using higher ignition temperatures. Even in low oxygen, a lightning strike causes initial ignition temperatures far higher than those used in this study.

7. D. Beerling, *The Emerald Planet: How Plants Changed Earth's History*

(New York: Oxford University Press, 2007).

8. Q. Cai et al., "The Genome Sequence of the Ground Tit *Pseudopodoces humilis* Provides Insights into Its Adaptation to High Altitude," *Genome Biology* 14, no. 3 (2013); www. geo. umass. edu-climate-quelccaya-diuca. html, and P. Ward, *Out of Thin Air: Dinosaurs, Birds, and Earth's Ancient Atmosphere* (Washington, D. C.: Joseph Henry Press, 2006), with references therein to high altitude nesting.

9. P. Ward, *Out of Thin Air*.

10. M. Laurin and R. R. Reisz, "A Reevaluation of Early Amniote Phylogeny," *Zoological Journal of the Linnean Society* 113, no. 2 (1995): 165–223.

11. P. Ward, *Out of Thin Air*.

第十二章：大灭亡——缺氧与全球停滞：2.52 亿～2.50 亿年前

1. C. Sidor et al., "Permian Tetrapods from the Sahara Show Climate-Controlled Endemism in Pangaea," *Nature* 434 (2012): 886–89; S. Sahney and M. J. Benton, "Recovery from the Most Profound Mass Extinction of All Time," *Proceedings of the Royal Society, Series B* 275 (2008): 759–65.

2. The invertebrate fauna from Meishan, China, is proving to be the best-studied marine fossil record of this catastrophic event. There is now a large literature on this: S. -Z. Shen et al., "Calibrating the End-Permian Mass Extinction," *Science* 334, no. 6061 (2011): 1367–72; Y. G. Jin et al., "Pattern of Marine Mass Extinction Near the Permian–Triassic Boundary in South China," *Science* 289, no. 5478 (2000): 432–36.

3. C. R. Marshall, "Confidence Limits in Stratigraphy," in D. E. G. Briggs and P. R. Crowther, eds., *Paleobiology II* (Oxford: Blackwell Scientific, 2001), 542–45; see also the newer work by our Adelaide colleagues, C. J. A. Bradshaw et al., "Robust Estimates of Extinction Time in the Geological Record," *Quaternary Science Reviews* 33 (2011): 14–19.

4. "End-Permian Extinction Happened in 60,000 Years—Much Faster than Earlier Estimates, Study Says," Phys. org, February 10, 2014. S. D. Burgess et al., "High-Precision Timeline for Earth's Most Severe

Extinction," *Proceedings of the National Academy of Sciences* 111, no. 9
（2014）: 3316–21.

5. L. Becker et al., "Impact Event at the Permian–Triassic Boundary: Evidence from Extraterrestrial Noble Gases in Fullerenes," *Science* 291（2001）: 1530–33.

6. L. Becker et al., "Bedout: A Possible End-Permian Impact Crater Offshore of Northwestern Australia," *Science* 304（2004）: 1469–76.

7. K. Grice et al., "Photic Zone Euxinia During the Permian-Triassic Superanoxic Event," *Science* 307（2005）: 706–09.

8. C. Cao et al., "Biogeochemical Evidence for Euxinic Oceans and Ecological Disturbance Presaging the End-Permian Mass Extinction Event," *Earth and Planetary Science Letters* 281（2009）: 188–201.

9. L. R. Kump and M. A. Arthur, "Interpreting Carbon-Isotope Excursions: Carbonates and Organic Matter," *Chemical Geology* 161（1999）: 181–98.

10. K. M. Meyer and L. R. Kump, "Oceanic Euxinia in Earth History: Causes and Consequences," *Annual Review of Earth and Planetary Sciences* 36（2008）: 251–88.

11. T. J. Algeo and E. D. Ingall, "Sedimentary Corg: P Ratios, Paleoceanography, Ventilation, and Phanerozoic Atmospheric pO_2," *Palaeogeography, Palaeoclimatology, Palaeoecology* 256（2007）: 130–55; C. Winguth and A. M. E. Winguth, "Simulating Permian-Triassic Oceanic Anoxia Distribution: Implications for Species Extinction and Recovery," *Geology* 40（2012）: 127–30; S. Xie et al., "Changes in the Global Carbon Cycle Occurred as Two Episodes during the Permian-Triassic Crisis," *Geology* 35（2007）: 1083–86; S. Xie et al., "Two Episodes of Microbial Change Coupled with Permo-Triassic Faunal Mass Extinction," *Nature* 434（2005）: 494–97; G. Luo et al., "Stepwise and Large-Magnitude Negative Shift in d13Ccarb Preceded the Main Marine Mass Extinction of the Permian-Triassic Crisis Interval," *Palaeogeography, Palaeoclimatology, Palaeoecology* 299（2011）: 70–82; G. A. Brennecka et al., "Rapid Expansion of Oceanic Anoxia Immediately before the End-Permian Mass Extinction," *Proceedings of the National Academy of Sciences* 108（2011）: 17631–34.

12. P. Ward et al., "Abrupt and Gradual Extinction Among Late Permian Land Vertebrates in the Karoo Basin, South Africa," *Science* 307（2005）: 709–14; C. Sidor et al., "Permian Tetrapods from the Sahara Show Climate-Controlled Endemism in Pangaea"; and S. Sahney and M. J. Benton, "Recovery from the Most Profound Mass Extinction of All Time."

13. R. B. Huey and P. D. Ward, "Hypoxia, Global Warming, and Terrestrial Late Permian Extinctions," *Science*, 308, no. 5720（2005）: 398–401.

14. P. Ward et al., "Abrupt and Gradual Extinction Among Late Permian Land Vertebrates in the Karoo Basin, South Africa."

第十三章：三叠纪大爆发：2.52 亿～2.00 亿年前

1. The high heat in the lowest Triassic strata is a major confirmation of the greenhouse extinction model.

2. S. Schoepfer et al., "Cessation of a Productive Coastal Upwelling System in the Panthalassic Ocean at the Permian–Triassic Boundary," *Palaeogeography, Palaeoclimatology, Palaeoecology* 313–14（2012）: 181–88.

3. The history of reefs was looked at in our chapter on the Ordovician. George Stanley remains the primary expertise. G. D. Stanley Jr., ed., *Paleobiology and Biology of Corals*, Paleontological Society Papers, vol. 1（Boulder, CO: The Paleontological Society, 1996）, and a very accessible work on many aspects of modern as well as ancient reefs: G. Stanley Jr., "Corals and Reefs: Crises, Collapse and Change," presented as a Paleontological Society short course at the annual meeting of the Geological Society of America, Minneapolis, MN, October 8, 2011.

4. P. C. Sereno, "The Origin and Evolution of Dinosaurs," *Annual Review of Earth and Planetary Sciences* 25（1997）: 435–89; P. C. Sereno et al., "Primitive Dinosaur Skeleton from Argentina and the Early Evolution of Dinosauria," *Nature* 361（1993）: 64–66; P. C. Sereno and A. B. Arcucci, "Dinosaurian Precursors from the Middle Triassic of Argentina: *Lagerpeton chanarensis*," *Journal of Vertebrate Paleontology* 13（1994）:

385–99. Other important works on early dinosaur and other vertebrate evolution: M. J. Benton, "Dinosaur Success in the Triassic: A Noncompetitive Ecological Model," *Quarterly Review of Biology* 58（1983）: 29–55; M. J. Benton, "The Origin of the Dinosaurs," in C. A. -P. Salense, ed., *III Jornadas Internacionales sobre Paleontología de Dinosaurios y su Entorno*（Burgos, Spain: Salas de los Infantes, 2006）, 11–19; A. P. Hunt et al., "Late Triassic Dinosaurs from the Western United States," *Geobios* 31（1998）: 511–31; R. B. Irmis et al., "A Late Triassic Dinosauromorph Assemblage from New Mexico and the Rise of Dinosaurs," *Science* 317（2007）: 358–61; R. B. Irmis et al., "Early Ornithischian Dinosaurs: The Triassic Record," *Historical Biology* 19（2007）: 3–22; S. J. Nesbitt et al., "A Critical Re-evaluation of the Late Triassic Dinosaur Taxa of North America," *Journal of Systematic Palaeontology* 5（2007）: 209–43; S. J. Nesbitt et al., "Ecologically Distinct Dinosaurian Sister Group Shows Early Diversification of Ornithodira," *Nature* 464（2010）: 95–98.

5. D. R. Carrier, "The Evolution of Locomotor Stamina in Tetrapods: Circumventing a Mechanical Constraint," *Paleobiology* 13（1987）: 326–41.

6. E. Schachner, R. Cieri, J. Butler, G. Farmer, "Unidirectional Pulmonary Airflow Patterns in the Savannah Monitor Lizard," *Nature* 506, no. 7488（2013）: 367–70.

7. A. F. Bennett, "Exercise Performance of Reptiles," in J. H. Jones et al., eds., *Comparative Vertebrate Exercise Physiology: Phyletic Adaptations*, Advances in Veterinary Science and Comparative Medicine, vol. 3（New York: Academic Press, 1994）, 113–38.

8. N. Bardet, "Stratigraphic Evidence for the Extinction of the Ichthyosaurs," *Terra Nova* 4（1992）: 649–56. See also C. W. A. Andrews, *A Descriptive Catalogue of the Marine Reptiles of the Oxford Clay. Based on the Leeds Collection in the British Museum（Natural History）, London*. Part II（London: 1910）: 1–205, as well as the wonderful new summary by R. Motani, "The Evolution of Marine Reptiles," *Evolution: Education and Outreach* 2, no. 2（2009）: 224–35.

9. P. Ward et al., "Sudden Productivity Collapse Associated with the Triassic-

Jurassic Boundary Mass Extinction," *Science* 292（2001）: 115-19; P. Ward et al., "Isotopic Evidence Bearing on Late Triassic Extinction Events, Queen Charlotte Islands, British Columbia, and Implications for the Duration and Cause of the Triassic-Jurassic Mass Extinction," *Earth and Planetary Science Letters* 224, nos. 3-4: 589-600. Our later work in Nevada and back in the Queen Charlottes expanded on this isotopic anomaly. K. H. Williford et al., "An Extended Stable Organic Carbon Isotope Record Across the Triassic-Jurassic Boundary in the Queen Charlotte Islands, British Columbia, Canada," *Palaeogeography, Palaeoclimatology, Palaeoecology* 244, nos. 1-4（2006）: 290-96.

10. P. E. Olsen et al., "Ascent of Dinosaurs Linked to an Iridium Anomaly at the Triassic-Jurassic Boundary," *Science* 296, no. 5571（2002）: 1305-07.

11. J. P. Hodych and G. R. Dunning, "Did the Manicougan Impact Trigger End-of-Triassic Mass Extinction?" *Geology* 20, no. 1（1992）: 51-54; L. H. Tanner et al., "Assessing the Record and Causes of Late Triassic Extinctions," *Earth-Science Reviews* 65, nos. 1-2（2004）: 103-39; J. H. Whiteside et al., "Compound-Specific Carbon Isotopes from Earths Largest Flood Basalt Eruptions Directly Linked to the End-Triassic Mass Extinction," *Proceedings of the National Academy of Sciences* 107, no. 15（2010）: 6721-25; M. H. L. Deenen et al., "A New Chronology for the End-Triassic Mass Extinction," *Earth and Planetary Science Letters* 291, no. 1-4（2010）: 113-25.

第十四章：低氧世界的恐龙霸权：2.30 亿～1.80 亿年前

1. And just as we pay homage to Bob Bakker, no student of the dinosaurs can do without the magnificent *The Dinosauria* by D. B. Weishampel et al.,（Oakland: University of California Press, 2004）. Heavy, hefty, and expensive, it is the definitive treatise still in 2014.

2. There is now an extensive literature on air sacs in dinosaurs. Bob Bakker was the first to point it out, and the work of Gregory Paul greatly expanded on this hypothesis.

3. D. Fastovsky and D. Weishampel, *The Evolution and Extinction of the Dinosaurs* (Cambridge: Cambridge University Press: 2005).

4. P. O'Connor and L. Claessens, "Basic Avian Pulmonary Design and Flow-Through Ventilation in Non-Avian Theropod Dinosaurs," *Nature* 436, no. 7048 (2005): 253-56, but see the contrary view of J. A. Ruben et al., "Pulmonary Function and Metabolic Physiology of Theropod Dinosaurs," *Science* 283, no. 5401 (1999): 514-16.

5. W. J. Hillenius and J. A. Ruben, "The Evolution of Endothermy in Terrestrial Vertebrates: Who? When? Why?" *Physiological and Biochemical Zoology* 77, no. 6 (2004): 1019-1042. The work of Greg Erickson is also essential: G. M. Erickson et al., "Tyrannosaur Life Tables: An Example of Nonavian Dinosaur Population Biology," *Science* 313, no. 5784 (2006): 213-17; whereas the important career work of de Ricqlès is summarized in A. de Ricqlès et al., "On the Origin of High Growth Rates in Archosaurs and their Ancient Relatives: Complementary Histological Studies on Triassic Archosauriforms and the Problem of a 'Phylogenetic Signal' in Bone Histology," *Annales de Paléontologie* 94, no. 2 (2008): 57.

6. K. Carpenter, *Eggs, Nests, and Baby Dinosaurs: A Look at Dinosaur Reproduction* (Bloomington: Indiana University Press, 2000).

第十五章: 温室性海洋: 2 亿～6500 万年前

1. R. Takashima, "Greenhouse World and the Mesozoic Ocean," *Oceanography* 19, no. 4 (2006): 82-92.

2. A. S. Gale, "The Cretaceous World," in S. J. Culver and P. F. Raqson, eds., *Biotic Response to Global Change: The Last 145 Million Years* (Cambridge: Cambridge University Press, 2006), 4-19.

3. T. J. Bralower et al., "Dysoxic-Anoxic Episodes in the Aptian-Albian (Early Cretaceous)," in *The Mesozoic Pacific: Geology, Tectonics and Volcanism*, M. S. Pringle et al., eds. (Washington, D. C.: American Geophysical Union, 1993), 5-37.

4. B. T. Huber et al., "Deep-Sea Paleotemperature Record of Extreme Warmth

During the Cretaceous," *Geology* 30 (2002): 123–26; A. H. Jahren, "The Biogeochemical Consequences of the Mid-Cretaceous Superplume," *Journal of Geodynamics* 34 (2002): 177–91; I. Jarvis et al., "Microfossil Assemblages and the Cenomanian-Turonian (Late Cretaceous) Oceanic Anoxic Event," *Cretaceous Research* 9 (1988): 3–103. The work on heteromorphic ammonites including buoyancy has been conducted by Ward and many colleagues around the world. *Ammonoid Paleobiology*, Neil Landman et al., eds. (Springer, 1996), is an excellent introduction. The orientation of *Baculites* was ascertained using scale wax models, in P. Ward, Ph. D. thesis, McMaster University, Ontario Canada, 1976.

5. The wonderful study (one of many!) by Neil Landman and his colleagues was discussed in N. H. Landman et al., "Methane Seeps as Ammonite Habitats in the U. S. Western Interior Seaway Revealed by Isotopic Analyses of Well-preserved Shell Material," *Geology* 40, no. 6 (2012): 507. Other new findings by this group were reported in N. H. Landman et al., "The Role of Ammonites in the Mesozoic Marine Food Web Revealed by Jaw Preservation," *Science* 331, no. 6013 (2011): 70–72, showing for the first time the feeding mechanisms of baculitid ammonites as well as insight into their food sources.

6. Ibid.

7. G. J. Vermeij, "The Mesozoic Marine Revolution: Evidence from Snails, Predators and Grazers," *Palaeobiology* 3 (1977): 245–58.

8. S. M. Stanley, "Predation Defeats Competition on the Seafloor," *Paleobiology* 34, no. 1 (2008): 1–21.

9. T. Baumiller et al., "Post-Paleozoic Crinoid Radiation in Response to Benthic Predation Preceded the Mesozoic Marine Revolution," *Proceedings of the National Academy of Sciences of the United States of America* 107, no. 13 (2010): 5893–96.

10. T. Oji, "Is Predation Intensity Reduced with Increasing Depth? Evidence from the West Atlantic Stalked Crinoid Endoxocrinus parrae (Gervais) and Implications for the Mesozoic Marine Revolution," *Palaeobiology* 22 (1996): 339–51.

第十六章: 恐龙之死: 6500 万年前

1. L. W. Alvarez et al., "Extraterrestrial Cause for the Cretaceous-Tertiary Extinction," *Science* 208, no. 4448 (1980): 1095. This was later followed by the discovery of the crater itself: A. R. Hildebrand et al., "Chicxulub Crater: A Possible Cretaceous-Tertiary Boundary Impact Crater on the Yucatán Peninsula, Mexico," *Geology* 19 (1991): 867–71.

2. P. Schulte et al. "The Chicxulub Asteroid Impact and Mass Extinction at the Cretaceous-Paleogene Boundary," *Science* 327, no. 5970 (2005): 1214–18.

3. J. Vellekoop et al., "Rapid Short-Term Cooling Following the Chicxulub Impact at the Cretaceous-Paleogene Boundary," *Proceedings of the National Academy of Sciences* 111, no 21 (2014): 7537–7541.

4. Discussions of this site and the extinction pattern recorded there are in many references, but we rather presumptuously suggest P. Ward, *Under a Green Sky: Global Warming, the Mass Extinctions of the Past, and What They Can Tell Us About Our Future* (Washington, D. C.: Smithsonian, 2007).

5. See also the excellent review by our colleague David Jablonski: D. Jablonski, "Extinctions in the Fossil Record (and Discussion)," *Philosophical Transactions of the Royal Society of London, Series B* 344, 1307 (1994): 11–17.

6. D. M. Raup and D. Jablonski, "Geography of End-Cretaceous Marine Bivalve Extinctions," *Science* 260, 5110 (1993): 971–73. P. M. Sheehan and D. E. Fastovsky, "Major Extinctions of Land-Dwelling Vertebrates at the Cretaceous-Tertiary Boundary, Eastern Montana," *Geology* 20 (1992): 556–60; R. K. Bambach et al., "Origination, Extinction, and Mass Depletions of Marine Diversity," *Paleobiology* 30, no. 4 (2004): 522–42. D. J. Nichols and K. R. Johnson, *Plants and the K–T Boundary* (Cambridge: Cambridge University Press, 2008); P. Ward et al., "Ammonite and Inoceramid Bivalve Extinction Patterns in Cretaceous-Tertiary Boundary Sections of the Biscay Region (Southwestern France, Northern Spain)," *Geology* 19, no. 12 (1991): 1181–84; but see the dissenting N. MacLeod et al., "The Cretaceous-Tertiary Biotic Transition," *Journal of*

the *Geological Society* 154, no. 2（1997）: 265-92. Also see P. Shulte et al., "The Chicxulub Asteroid Impact and Mass Extinction at the Cretaceous-Paleogene Boundary," *Science* 327, no. 5970（2010）: 1214-18.

7. V. Courtillot et al., "Deccan Flood Basalts at the Cretaceous-Tertiary Boundary?" *Earth and Planetary Science Letters* 80, nos. 3-4（1986）: 361-74; C. Moskowitz, "New Dino-Destroying Theory Fuels Hot Debate," space. com, October 18, 2009.

8. T. S. Tobin et al., "Extinction Patterns, d18O Trends, and Magnetostratigraphy from a Southern High-Latitude Cretaceous-Paleogene Section: Links with Deccan Volcanism," *Palaeogeography, Palaeoclimatology, Palaeoecology* 350-52（2012）: 180-88.

第十七章：姗姗来迟的第三哺乳动物时代：
6500 万～5000 万年前

1. The gold standard for vertebrate paleontology has long been Robert L. Carroll, *Vertebrate Paleontology and Evolution*（New York: W. H. Freeman and Company, 1988）. New work on the evolution of what we call the third age of mammals in this book can be found in O. R. P. Bininda-Emonds et al. "The Delayed Rise of Present-Day Mammals," *Nature* 446, no. 7135（2007）: 507-11; Z. -X. Luo et al., "A New Mammaliaform from the Early Jurassic and Evolution of Mammalian Characteristics," *Science* 292, 5521（2001）: 1535-40.

2. J. R. Wible et al., "Cretaceous Eutherians and Laurasian Origin for Placental Mammals Near the K-T Boundary," *Nature* 447, no. 7147（2007）: 1003-6; M. S. Springer et al., "Placental Mammal Diversification and the Cretaceous-Tertiary Boundary," *Proceedings of the National Academy of Sciences* 100, no. 3（2002）: 1056-61.

3. K. Helgen, "The Mammal Family Tree," *Science* 334, no. 6055（2011）: 458-59.

4. Q. Ji et al., "The Earliest Known Eutherian Mammal," *Nature* 416, no. 6883（2002）: 816-22.

5. Z. -X. Luo et al., "A Jurassic Eutherian Mammal and Divergence of Marsupials and Placentals," *Nature* 476, no. 7361（2011）: 442–45.

6. Fossil indicates hairy, squirrel-sized creature was not quite a mammal – See more at: http: //news. uchicago. edu/article/2013/08/07/fossil-indicates-hairysquirrel-sized-creature-was-not-quite-mammal#sthash. zgMkt2xN. dpuf.

7. Z. -X. Luo, "Transformation and Diversification in Early Mammal Evolution," *Nature* 450, no. 7172（2007）: 1011–19.

8. J. P. Kennett and L. D. Stott, "Abrupt Deep-Sea Warming, Palaeoceanographic Changes and Benthic Extinctions at the End of the Paleocene," *Nature* 353（1991）: 225–29.

9. U. Röhl et al., "New Chronology for the Late Paleocene Thermal Maximum and Its Environmental Implications," *Geology* 28, no. 10（2000）: 927–30; T. Westerhold et al., "New Chronology for the Late Paleocene Thermal Maximum and Its Environmental Implications," *Palaeogeography, Paleoclimatology, Palaeoecology* 257（2008）: 377–74.

10. P. L. Koch et al., "Correlation Between Isotope Records in Marine and Continental Carbon Reservoirs Near the Palaeocene-Eocene Boundary," *Nature* 358（1992）: 319–22.

11. M. D. Hatch, "C（4）Photosynthesis: Discovery and Resolution," *Photosynthesis Research* 73, nos. 1–3（2002）: 251–56.

12. E. J. Edwards and S. A. Smith, "Phylogenetic Analyses Reveal the Shady History of C4 Grasses," *Proceedings of the National Academy of Sciences* 107, nos. 6（2010）: 2532–37; C. P. Osborne and R. P. Freckleton, "Ecological Selection Pressures for C4 Photosynthesis in the Grasses," *Proceedings of the Royal Society B-Biological Sciences* 276, no. 1663（2009）: 1753–60.

第十八章：鸟类时代：5000 万～250 万年前

1. 个人关于这个章节的说明。我们中一员（沃德）曾养过两只鹦鹉作为宠物，尽管在人和鹦鹉的关系中谁是宠物还不确定。然而明确的是智力水平。而且不仅鹦鹉如此，任何观察乌鸦或者其他群居鸟类的人都能很容易地看到一种巨大的，可能正在演化的智能在起作用。我们对"鸟脑"不屑一顾。把非洲灰鹦鹉的大脑尺寸与人的相比较，然后考虑到这些鸟类可以说完整的句子、做数学题，它们在行为上是复杂的。尽管我们希望每天吃的鸡是愚蠢的，但事实也许不是这样。

2. K. Padian and L. M. Chiappe, "Bird Origins," in P. J. Currie and K. Padian, eds., *Encyclopedia of Dinosaurs* (San Diego: Academic Press, 1997), 41-96; J. Gauthier, "Saurischian Monophyly and the Origin of Birds," in K. Padian, *Memoirs of the California Academy of Sciences* 8 (1986): 1-55; L. M. Chiappe, "Downsized Dinosaurs: The Evolutionary Transition to Modern Birds," *Evolution: Education and Outreach* 2, no. 2 (2009): 248-56.

3. J. H. Ostrom, "The Ancestry of Birds," *Nature* 242, no. 5393 (1973): 136; J. Gauthier, "Saurischian Monophyly and the Origin of Birds," in K. Padian, *Memoirs of the California Academy of Sciences* 8 (1986): 1-55; J. Cracraft, "The Major Clades of Birds," in M. J. Benton, ed., *The Phylogeny and Classification of the Tetrapods, Volume I: Amphibians, Reptiles, Birds* (Oxford: Clarendon Press, 1988), 339-61.

4. A. Feduccia, "On Why the Dinosaur Lacked Feathers," in M. K. Hecht et al., eds. *The Beginnings of Birds: Proceedings of the International* Archaeopteryx *Conference Eichstatt 1984* (Eichstatt: Freunde des Jura-Museums Eichstatt, 1985), 75-79; A. Feduccia et al., "Do Feathered Dinosaurs Exist? Testing the Hypothesis on Neontological and Paleontological Evidence," *Journal of Morphology* 266, no. 2 (2005): 125-66.

5. J. O'Connor, "A Revised Look at Liaoningornis Longidigitris (Aves)." *Vertebrata PalAsiatica* 50 (2012): 25-37.

6. A. Feduccia, "Explosive Evolution in Tertiary Birds and Mammals," *Science* 267, no. 5198 (1995): 637-38; A. Feduccia, "Big Bang for Tertiary Birds?" *Trends in Ecology and Evolution* 18, no. 4 (2003): 172-76.

7. M. Norell and M. Ellison, *Unearthing the Dragon: The Great Feathered Dinosaur Discovery* (New York: Pi Press, 2005); R. Prum, "Are Current Critiques of the Theropod Origin of Birds Science? Rebuttal to Feduccia

2002," *Auk* 120, no. 2（2003）: 550–61; S. Hope, "The Mesozoic Radiation of Neornithes," in L. M. Chiappe et al., *Mesozoic Birds: Above the Heads of Dinosaurs*（Oakland: University of California Press, 2002）, 339–88; P. Ericson et al., "Diversification of Neoaves: Integration of Molecular Sequence Data and Fossils," *Biology Letters* 2, no. 4（2006）: 543–47; K. Padian, "*The Origin and Evolution of Birds* by Alan Feduccia（Yale University Press, 1996）," *American Scientist* 85: 178–81; M. A. Norell et al., "Flight from Reason. Review of: *The Origin and Evolution of Birds* by Alan Feduccia（Yale University Press, 1996）," *Nature* 384, no. 6606（1997）: 230; L. M. Witmer, "The Debate on Avian Ancestry: Phylogeny, Function, and Fossils," in L. M. Chiappe and L. M. Witmer, eds., *Mesozoic Birds: Above the Heads of Dinosaurs*（Berkeley: University of California Press, 2002）, 3–30.

8. C. Pei-ji et al., "An Exceptionally Preserved Theropod Dinosaur from the Yixian Formation of China," *Nature* 391, no. 6663（1998）: 147–52; G. S. Paul, *Dinosaurs of the Air: The Evolution and Loss of Flight in Dinosaurs and Birds*（Baltimore: Johns Hopkins University Press, 2002）, 472; X. Xu et al., "An *Archaeopteryx*-like Theropod from China and the Origin of Avialae," *Nature* 475（2011）: 465–70.

9. D. Hu et al., "A Pre-*Archaeopteryx* Troodontid Theropod from China with Long Feathers on the Metatarsus," *Nature* 461, no. 7264（2009）: 640–43; A. H. Turner et al., "A Basal Dromaeosaurid and Size Evolution Preceding Avian Flight," *Science* 317, no. 5843（2007）: 1378–81; X. Xu et al., "Basal Tyrannosauroids from China and Evidence for Protofeathers in Tyrannosauroids," *Nature* 431, 7009（2004）: 680–84; C. Foth, "On the Identification of Feather Structures in Stem-Line Representatives of Birds: Evidence from Fossils and Actuopalaeontology," *Paläontologische Zeitschrift* 86, no. 1（2012）: 91–102; R. Prum and A. H. Brush, "The Evolutionary Origin and Diversification of Feathers," *Quarterly Review of Biology* 77, no. 3（2002）: 261–95.

10. M. H. Schweitzer et al., "Soft-Tissue Vessels and Cellular Preservation in *Tyrannosaurus rex*," *Science* 307, no. 5717（2005）; C. Dal Sasso and M. Signore, "Exceptional Soft-Tissue Preservation in a Theropod Dinosaur

新生命史：生命起源和演化的革命性解读

from Italy," *Nature* 392, no. 6674（1998）: 383–87; M. H. Schweitzer et al., "Heme Compounds in Dinosaur Trabecular Bone," *Proceedings of the National Academy of Sciences of the United States of America* 94, no. 12（1997）: 6291–96.

11. Dr. Paul Willis, "Dinosaurs and Birds: The Story," The Slab, http: //www. abc. net. au/science/slab/dinobird/story. htm.

12. J. A. Clarke et al., "Insight into the Evolution of Avian Flight from a New Clade of Early Cretaceous Ornithurines from China and the Morphology of *Yixianornis grabaui*," *Journal of Anatomy* 208（3）（2006）: 287–308.

13. N. Brocklehurst et al., "The Completeness of the Fossil Record of Mesozoic Birds: Implications for Early Avian Evolution," *PLOS One*（2012）; J. A. Clarke et al., "Definitive Fossil Evidence for the Extant Avian Radiation in the Cretaceous," *Nature* 433（2005）: 305–8.

14. L. Witmer, "The Debate on Avian Ancestry: Phylogeny, Function and Fossils," in L. Chiappe et al., eds., *Mesozoic Birds: Above the Heads of Dinosaurs*（Berkeley, California: University of California Press, 2002）, 3–30; L. M. Chiappe and G. J. Dyke, "The Mesozoic Radiation of Birds," *Annual Review of Ecology and Systematics* 33（2002）: 91–124; J. W. Brown et al., "Strong Mitochondrial DNA Support for a Cretaceous Origin of Modern Avian Lineages," *BMC Biology* 6（2008）: 1–18; J. Cracraft, "Avian Evolution, Gondwana Biogeography and the Cretaceous-Tertiary Mass Extinction Event," *Proceedings of the Royal Society B-Biological Sciences* 268（2001）: 459–69; S. Hope, "The Mesozoic Radiation of Neornithes," in L. M. Chiappe et al., eds., *Mesozoic Birds: Above the Heads of Dinosaurs*（Berkeley: University of California Press, 2002）, 339–88; Z. Zhang et al., "A Primitive Confuciusornithid Bird from China and Its Implications for Early Avian Flight," *Science in China Series D* 51, no. 5（2008）: 625–39.

15. N. R. Longrich et al., "Mass Extinction of Birds at the Cretaceous-Paleogene（K-Pg）Boundary," *Proceedings of the National Academy of Sciences* 108（2011）: 15253–57; G. Mayr, *Paleogene Fossil Birds*（Berlin: Springer, 2009）, 262; J. A. Clarke et al., "Definitive Fossil Evidence for the

Extant Avian Radiation in the Cretaceous," *Nature* 433 (2005): 305-8; T. Fountaine, et al., "The Quality of the Fossil Record of Mesozoic Birds," *Proceedings of the Royal Academy of Sciences B-Biological Science* 272 (2005): 289-94.

16. P. Ericson et al. "Diversification of Neoaves: Integration of Molecular Sequence Data and Fossils," *Biology Letters* 2, no. 4 (2006): 543-47; but see J. W. Brown et al., "Nuclear DNA Does Not Reconcile 'Rocks' and 'Clocks' in Neoaves: A Comment on Ericson et al.," *Biology Letters* 3, no. 3 (2007): 257-20; A. Suh et al., "Mesozoic Retroposons Reveal Parrots as the Closest Living Relatives of Passerine Birds," *Nature Communications* 2, no. 8 (2011).

17. K. J. Mitchell et al., "Ancient DNA Reveals Elephant Birds and Kiwi Are Sister Taxa and Clarifies Ratite Bird Evolution," *Science* 344, no. 6186 (2014): 898-900.

第十九章：人类和第十次大灭绝：250 万年前至今

1. P. Ward, *Rivers in Time* (New York: Columbia University Press, 2000).

2. R. Leakey and R. Lewin, *The Sixth Extinction* (Norwell, MA: Anchor Press, 1996).

3. "Lucy's Legacy: The Hidden Treasures of Ethiopia," Houston Museum of Natural Science, 2009.

4. D. Johanson and M. Edey, *Lucy, the Beginnings of Humankind* (Granada: St Albans, 1981); W. L. Jungers, "Lucy's Length: Stature Reconstruction in *Australopithecus afarensis* (A. L. 288-1) with Implications for Other Small-Bodied Hominids," *American Journal of Physical Anthropology* 76, no. 2 (1988): 227-31.

5. B. Yirka, "Anthropologist Finds Large Differences in Gait of Early Human Ancestors," Phys. org, November 12, 2012; P. A. Kramer, "Brief Communication: Could Kadanuumuu and Lucy Have Walked Together Comfortably?" *American Journal of Physical Anthropology* 149 (2012): 616-2; P. A. Kramer and D. Sylvester, "The Energetic Cost of Walking: A

Comparison of Predictive Methods," *PLoS One* (2011).

6. D. J. Green and Z. Alemseged, "*Australopithecus afarensis* Scapular Ontogeny, Function, and the Role of Climbing in Human Evolution," *Science* 338, no. 6106 (2012): 514–17.

7. J. P. Noonan, "Neanderthal Genomics and the Evolution of Modern Humans," *Genome Res.* 20, no. 5 (2010): 547–53.

8. K. Prufer et al., "The Complete Genome Sequence of a Neanderthal from the Althai Mountains," *Nature* 505, no. 7481 (2014): 43–49.

9. P. Mellars, "Why Did Modern Human Populations Disperse from Africa ca. 60, 000 Years Ago?" *Proceedings of the National Academy of Sciences* 103, no. 25 (2006): 9381–86.

10. P. Ward, *The Call of Distant Mammoths: What Killed the Ice Age Mammals* (Copernicus, Springer-Verlag, 1997).

图书在版编目(CIP)数据

新生命史:生命起源和演化的革命性解读/(美)彼得·沃德,(美)乔·克什维克著;李虎,王春艳译.—北京:商务印书馆,2020

ISBN 978-7-100-18605-6

Ⅰ.①新… Ⅱ.①彼… ②乔… ③李… ④王… Ⅲ.①生物—进化—研究 Ⅳ.①Q11

中国版本图书馆 CIP 数据核字(2020)第 096842 号

自然文库

新生命史

生命起源和演化的革命性解读

〔美〕彼得·沃德 乔·克什维克 著

李虎 王春艳 译

吴倩 审校

商 务 印 书 馆 出 版
(北京王府井大街 36 号 邮政编码 100710)
商 务 印 书 馆 发 行
北京新华印刷有限公司印刷
ISBN 978-7-100-18605-6

2020 年 10 月第 1 版 开本 710×1000 1/16
2020 年 10 月北京第 1 次印刷 印张 27¼

定价:88.00 元